R 기반
복합설문
데이터 분석

백영민·박인서 지음

R 기반 복합설문 데이터 분석

2022년 8월 22일 1판 1쇄 박음
2022년 8월 31일 1판 1쇄 펴냄

지은이 | 백영민·박인서
펴낸이 | 한기철·조광재

펴낸곳 | (주)한나래플러스
등록 | 1991. 2. 25. 제22–80호
주소 | 서울시 마포구 토정로 222, 한국출판콘텐츠센터 309호
전화 | 02) 738–5637·팩스 | 02) 363–5637·e–mail | hannarae91@naver.com
www.hannarae.net

* 불법 복사는 지적 재산을 훔치는 범죄 행위입니다. 이 책의 무단 전재 또는 복제 행위는 저작권법에 따라
  5년 이하의 징역 또는 5000만 원 이하의 벌금에 처하거나 이를 병과할 수 있습니다.
* 이 책은 2020년 대한민국 교육부와 한국연구재단의 지원을 받아 집필되었습니다(NRF–2020S1A5C2A03093177).

　사회과학 데이터 중 상당수는 설문조사 데이터입니다. 거의 모든 사회과학 연구방법론 교과서에서는 모집단에 대해 설문조사 표본의 '대표성(representativeness)' 확보를 매우 강조합니다. 아울러 대표성이 확보된 설문조사 표본을 얻기 위해서는 확률표집(probability sampling)을 실시해야 한다고 강조하며, 현실 설문조사에서는 '층화표집(stratified sampling)'과 '(다단계)군집표집(multi-stage cluster sampling)'을 같이 사용한다고 소개합니다. 본서에서 소개하는 복합설문 데이터 분석은 층화군집표집 과정으로 표집된 설문 데이터를 분석하는 방법입니다.

　그런데 안타깝게도 대부분의 사회과학 연구들에서는 제한된 연구비로 인해 인터넷 이용자들을 대상으로 할당표집(quota sampling)으로 수집된 연구표본을 활용하는 경우가 적지 않습니다. 또한 설문조사 데이터를 분석하는 대부분의 사회과학 연구자들은 복합설문 데이터 분석기법이 아닌 통상적인 데이터 분석기법을 기반으로 연구논문이나 연구보고서를 작성합니다. 그러나 해외는 물론 국내에서도 국가통계치 혹은 공중보건과 관련된 표본을 수집할 때는 층화군집표집으로 설문조사 데이터를 수집하고 있으며, 국내외 학술지의 심사위원들 역시 이렇게 수집된 복합설문 데이터를 이용하여 작성된 논문에 대해 통상적인 데이터 분석이 아닌 복합설문 데이터 분석을 실시할 것을 명시적으로 요구하고 있습니다.

　본서에서는 층화군집표집을 통해 수집된 복합설문 데이터를 R을 이용하여 어떻게 분석할 수 있는지 설명하고 소개하였습니다. 책의 구성 방식은 본서의 첫 번째 저자가 앞서 출간한 책들과 비슷합니다. 즉 단순히 R을 이용하여 복합설문 데이터 분석을 실시하는 방법을 소개하기보다는, 복합설문 설계의 기초적인 핵심 개념들을 가급적 쉬운 말로 소개한 후 '왜 복합설문 데이터 분석기법을 실시해야 하며, 어떤 방식으로 복합설문 설계로 인한 설계효과(design effect)를 고려하여 대표성이 확보된 모수추정치를 얻을 수 있는지'를 체계적으로 설명하였습니다. 확률표집기법들, 특히 층화군집표집이 무엇인지 익숙하지 않다면 본서를 순서대로 읽으시는 것이 좋을 듯합니다.

　본서는 다음과 같은 순서로 구성되었습니다. 먼저 1부에서는 '복합설문 설계(complex

survey design)'를 이해하기 위해 필요한 필수 개념들, 복합설문 데이터 분석실습을 위해 필요한 R패키지들을 소개하였습니다. 복합설문 설계를 이해하기 위한 필수 개념들을 소개할 때는 수학공식은 가급적 자제하였으며, 사용하더라도 공식의 의미를 가급적 쉬운 단어와 문장으로 전달하고자 했습니다.

2부에서는 복합설문 설계를 기반으로 수집된 복합설문 데이터를 대상으로 어떻게 총합(sum), 평균(mean), 분산(variance), 표준오차(SE, standard error) 등과 같은 기술통계치들을 계산할 수 있는지, 그리고 일반적인 데이터 분석방법과는 어떤 차이가 있는지를 차근차근 설명하였습니다.

3부에서는 복합설문 데이터를 대상으로 추리통계분석을 실시하는 방법에 대해 설명하였습니다. 일반적인 데이터 분석기법에서 흔히 등장하는 상관계수 분석(연속형 변수 대상)이나 카이제곱 분석(범주형 변수 대상)을 설명하고, 아울러 종속변수가 연속형 변수이거나 범주형 변수, 혹은 횟수형 변수(count variable)인 경우에 적용하는 일반선형모형(GLM, generalized linear model)을 어떻게 복합설문 데이터에 적용할 수 있는지 설명하였습니다. 독자들이 2부와 3부에 소개한 내용만 소화해도 복합설문 데이터 분석기법을 적용한 보고서나 연구논문을 작성하는 데는 큰 문제가 없으리라 생각합니다.

4부에서는 연구자의 분과나 연구상황에 따라 종종 등장하는 고급 데이터 분석기법들을 어떻게 복합설문 데이터에 적용할 수 있는지 다루었습니다. 4부에서 다룰 기법들은 설문조사 데이터를 대상으로 흔히 시도되는 구조방정식(SEM, structural equation modeling)이나 다층모형(MLM, multi-level modeling) 기법, 설문조사 연구와 같은 관측연구에서 널리 사용되는 인과추론 기법인 성향점수분석(propensity score analysis) 기법, 그리고 설문조사 연구에서 흔히 등장하는 결측데이터 분석(missing data analysis) 처리기법입니다. 4부의 내용은 독자 여러분이 처한 상황에 따라 취사선택하여 살펴보셔도 충분할 것입니다.

5부에서는 복합설문 데이터 분석 과정을 정리하고, 유의할 점들에는 어떤 것이 있는지 정리하였습니다. 복합설문 데이터 분석을 적용한 후 가볍게 훑어보면서 체크리스트로 활용하시기 바랍니다.

아쉽게도 본서에서는 복합설문 데이터 분석과 관련된 모든 내용을 다루지는 않았습니다. 예를 들어 본서에서는 복합설문 데이터를 대상으로 '생존분석(survival analysis)'을 실시하고 해석하는 방법을 소개하지 않았습니다. 물론 생존분석은 '사건사 분석(event-history analysis)'이라는 이름으로 사회과학에서도 많이 활용되지만, 전반적으로 활용빈도가 그다지 높지 않다고 생각하기 때문에 별도로 소개하지 않았습니다. 또한 복합설문 데이터 분석에서 흔히 등장하는 소지역 추정(SAE, small area estimation)의 경우도 사회과학 분야에서 거의 활용되지 않는다는 점에서 별도의 설명을 제시하지 않았습니다. 복합설문 데이터를 대상으로 생존분석이나 소지역 추정을 실시하는 방법에 대해서는 관련된 다른 참고문헌들을 찾아보시길 권합니다.

복합설문 데이터 분석에 관심 있는 독자께 다음과 같은 부탁의 말씀을 드립니다.

첫째, R에 대한 기초지식을 습득하신 후에 이 책을 보시기 바랍니다. 이 책은 R을 소개하는 입문서가 아니라, R을 활용하여 어떻게 복합설문 데이터 분석을 진행하는지를 설명하고 소개하는 책입니다. 따라서 이 책에 관심 있는 독자께서는 R이 무엇이며 어떻게 설치하고 어떻게 사용하는지에 대한 기초 지식을 갖추셔야 합니다. 만약 R이 낯설게 느껴지신다면 이 책에 앞서 R 입문서를 먼저 학습해주시기 바랍니다.

둘째, tidyverse 패키지의 내장함수들에 대한 기초 지식이 필요합니다. 현재 R 기반 데이터 과학 분야를 선도하는 이용방식은 타이디버스 접근방식이며, 타이디버스 접근방식을 따르는 여러 패키지를 통합한 패키지(umbrella package)가 바로 tidyverse 패키지입니다. 특히 tidyverse 패키지에 속해 있는 dplyr 패키지와 ggplot2 패키지는 현재 R 이용자라면 거의 모두가 활용하고 있는 상황입니다. 효과적인 데이터 관리는 물론 데이터 분석결과의 시각화를 위해서는 tidyverse 패키지 내장함수에 대한 지식이 필수적입니다. tidyverse 패키지에 대한 전반적 소개와 이용방법에 대해서는 졸저 《R 기반 데이터 과학: tidyverse 접근》(2018b), 혹은 다른 참고서적(Wickham & Grolemund, 2017)을 참조해주시기 바랍니다.

셋째, 본서에서 소개한 복합설문 데이터 분석 관련 내용을 넘어 다른 교재나 학술논문을 추가로 살펴보시길 부탁드립니다. 본서는 복합설문 데이터 분석을 가급적 쉽게 설명하고 전달하는 데 주안점을 두었습니다. 특히 4부에서 다루는 기법들의 경우, 본서에 소개된 내용과 함께 저자들이 미처 다루지 못한 내용과 본서 출간 시점 이후의 내용 등에 대해 보다 심화된 학습을 진행하셔야 합니다.

끝으로 R의 활용과 관련하여 언제나 저희의 귀감이 되시는 가톨릭대학교 심장내과 문건웅 교수님께 감사의 말씀을 드립니다. 아울러 어려운 출판환경 속에서도 소명의식으로 전문도서 출간에 애써주시는 한나래출판사의 한기철, 조광재 대표님께 진심으로 감사의 말씀을 전합니다. 이 책에서 소개한 R코드들과 예시용 데이터는 모두 첫 번째 저자의 홈페이지(https://sites.google.com/site/ymbaek/)에서 다운로드할 수 있습니다. 부디 이 책을 이해하고 유용하게 사용하는 데 활용하시기 바랍니다.

2022년 4월 17일
연세대학교 아펜젤러관에서
저자를 대표하여
백영민

차례

5부 | 마무리

1부
복합설문
데이터 분석 개요

1장

복합설문 설계: 표본과 모집단

대부분의 국가에서는 정기적으로 센서스(census, 인구조사)를 실시합니다. 우리나라에서는 매 5년마다 인구주택총조사를 실시하고 있으며 우리나라 국민이라면 누구나 조사대상자가 됩니다. 이 조사의 목적은 개별 응답을 전수(全數)조사하여 대한민국의 인구 규모나 특성, 주거 형태 등을 파악하는 것입니다. 센서스는 국가의 기초자료를 모으는 데 필수적이지만, 많은 조사비용과 시간, 투입인력을 필요로 하므로 모든 연구에서 센서스를 실시할 수 있는 것은 아닙니다. 이에 필요한 것이 바로 '표본(sample)'입니다. 즉 연구자는 표본을 통해 연구의 관심대상이 되는 전체 집단 혹은 '모집단(population)'을 이해합니다.

다시 말해 연구자는 모집단을 이해하기 위해 연구표본을 수집하고 분석합니다. 사회과학자들에게 익숙한 대부분의 통계기법은 표본 데이터 분석을 통해 모집단의 특성(즉 모수, parameter)을 추정하는 것을 그 목적으로 합니다. 기초적인 기술통계(descriptive statistics) 분석을 사례로 들어보죠. 설문표본 데이터에서 성별변수의 빈도와 비율을 계산하거나, 연령변수의 평균과 분산을 계산하는 것 등은 모두 모수추정치(estimate)를 얻기 위함입니다. 추리통계(inferential statistics) 분석도 마찬가지입니다. 설문조사로 얻은 표본 데이터의 성별과 소득수준 변수들의 관계를 살펴보는 이유도 표본에서 나타난 두 변수의 관계가 모집단에서는 어떤 관계로 나타날 것인지를 추정하기 위한 것입니다.

1 표집기법과 복합설문 데이터

따라서 모집단의 특성을 타당하게 추정하기 위해서는 표본을 수집하는 방법, 즉 표집기법이 타당해야 합니다. 그리고 통계학에서는 확률(probability)에 기반해 표본을 얻은 경우에만 타당한 표집이 이루어졌다고 간주합니다.[1] 일반적인 사회과학 연구방법론 교과서의 경우, 확률표집기법(probability sampling method)으로 다음과 같은 4가지를 소개합니다.

첫째, 단순 무작위 표집(simple random sampling)은 모집단에서 일정 수의 사례를 무작위로 표집합니다. 이때 모집단을 구성하는 사례는 표집될 확률이 모두 동일해야 합니다(equal probability to be selected). 즉 어떤 사례든 표본에 포함될 확률이 동일하므로 표집된 사례들은 '단순 무작위' 추출된 것이며, 모든 확률표집기법은 이처럼 표집과정에서의 무작위성(randomness)을 기반으로 합니다.[2] 단순 무작위 표집은 표집대상을 고려한 방식에 따라 ① 한 번 표집된 사례를 다시금 표집대상으로 고려하는 '교체가능 단순 무작위 표집(SRSWR, simple random sampling with replacement)', ② 한 번 표집된 사례는 표집대상에서 제외하는 '교체불가 단순 무작위 표집(SRSWOR, simple random sampling without replacement)'으로 구분됩니다.[3] SRSWR과 SRSWOR은 가장 단순하면서도 확률표집의 토대를 이루는 기법입니다.

둘째, 체계적 표집(systematic sampling)은 모집단에서 특정 사례를 무작위로 선정한 후, 일정한 간격(fixed interval)에 따라 규칙적으로 사례들을 표집하는 방법입니다. 대표적인 예시로는 선거 당일에 진행되는 출구조사(exit poll)가 있습니다. 예를 들어 투표를 마치고 나오는 매 5번째 투표자를 대상으로 조사를 실시하는 경우, 이는 체계적 표집에 해

---

1 즉 표본으로부터 타당한 통계적 추론을 이끌어내기 위해서는 해당 표본이 확률표본(probability sample)이어야 합니다. 할당표집(quota sampling)이나 편의표집(convenience sampling)과 같은 '비확률표집(non-probability sampling method)'은 사회과학 연구에서 흔히 사용되지만, 통계학적으로 타당한 추론을 이끌어내기 위한 전제 조건은 만족시키지 못합니다. 따라서 본서에서는 확률표집기반 설문표본 데이터를 타당하게 분석하는 방법에 한정해서 살펴보겠습니다.

2 이때 모집단은 고정되어 있고 표집과정이 무작위하다는 점에 주목할 필요가 있습니다. 즉 연구자가 조사하려는 모집단(이를테면 대한민국의 성인 남녀)은 무작위하지 않고, 모집단의 표본을 수집하는 과정에서 무작위성이 발생하는 것입니다. 이처럼 설문 설계(survey design)에 따르는 무작위성에 기반한 '설계기반(design-based) 접근'이 전통적인 표집이론(sampling theory)에서 사용되는 방식입니다.

3 SRSWR은 복원(復原) 표집, SRSWOR은 비복원 표집이라고도 부릅니다.

당합니다. 만약 모집단에 배치된 사례들이 일정한 주기성(periodicity)을 갖는 경우, 체계적 표집은 적절하지 않은 표집기법으로 알려져 있습니다. 한편 주기성 문제가 전혀 존재하지 않는다면 체계적 표집은 앞서 소개한 SRSWOR과 동일한 것으로 볼 수 있습니다. 즉 체계적 표집은 복합설문 데이터 분석에서 특별하게 다루어야 할 표집기법은 아닙니다.

셋째, 층화표집(stratified sampling)은 알려진 모집단 정보를 기반으로 모집단을 유층(類層, strata)으로 구분한 후, 각 유층별로 사례를 표집하는 방법입니다. 대부분의 조사에서는 정기적인 센서스 결과로 얻은 기초적 인구통계 집단의 비율을 기반으로 층화표집을 실시합니다. 예를 들어 어떤 모집단의 여성이 55%이고 남성이 45%라면, 연구자가 수집하려는 표본의 55%는 여성이 되도록 하고, 나머지 45%는 남성이 되도록 표집하는 것입니다. 연구자의 연구 분야와 관련 있는 변수(이를테면 성별)를 '층화(stratification) 변수'로 설정해 표본을 효율적으로 구성할 수 있다는 점에서 층화표집은 복합설문 설계에서 매우 널리 사용됩니다.

넷째, 군집표집(cluster sampling) 혹은 다단계 군집표집(multi-stage cluster sampling)은 집단의 위계적 속성을 이용해 단계적으로 표본을 수집하는 방법입니다. 이를테면 고등학생 표본을 수집하는 것이 목적이라면, 학생들의 집단인 고등학교를 먼저 표집한 후에 학생을 표집하는 것입니다. 사람들은 집단을 이루며 특정 공간에 몰려서 거주합니다. 따라서 집단의 정보를 이용하는 경우 표집과정에서 여러 가지 이점(예를 들어 사례 확보의 용이성, 조사비용 절감, 조사시간 단축 등)이 생기며, 이러한 이유로 군집표집은 복합설문 설계에서 빈번히 사용됩니다. 일반적으로 군집표집은 최소 2단계에 걸쳐 이루어집니다. 그중 첫 번째 단계의 표집단위를 '일차표집단위(PSU, primary sampling unit)'라고 부르며, 복합설문 데이터 분석에서는 '군집(cluster)변수'로 표기합니다.[4] 군집표집에서 반드시 유념할 것은 동일한 군집에 배속(配屬, embedded)된 사례들의 경우 다른 군집의 사례들과 비교해 공통된 속성을 띨 가능성이 높다는 점입니다. 즉 군집 상황을 고려하지 않으면 이러한 공유분산(shared variance)을 추정하지 못하고, 전체분산을 과소추정할 가능성이 큽니다. 따라서 군집표집이 적용된 복합설문 데이터 분석의 경우 군집변수를 고려하는 것이 매우 중요합니다.

---

4 (다단계) 군집표집은 여러 단계에 걸쳐 표집을 실시합니다. 일반적으로 사용하는 이단계 군집표집(two-stage cluster sampling)의 경우, 일차적으로 선택된 PSU들 내에서 '이차표집단위(SSU, secondary sampling unit)'를 설정해 두 번째 표집을 실시합니다. 예를 들어 먼저 선택된 고등학교(PSU)들 내에서 일부 학급(SSU)들을 표집하는 경우가 이에 해당합니다.

이제 복합설문 데이터 분석에 필요한 표집기법을 정리해보겠습니다. 앞서 소개한 표집기법 가운데 복합설문 데이터 분석과 관련하여 주목하고 이해해야 하는 기법은 단순 무작위 표집에 해당하는 SRSWR과 SRSWOR, 층화표집, 군집표집입니다. 구체적으로 본서에서 소개하는 복합설문 데이터는 표집사례 교체불가(without replacement) 상황에서 층화군집표집을 통해 얻은 데이터에 해당합니다.

첫째, SRSWR은 일반적인 데이터 분석기법들에서 가정하는 표집기법입니다. 모집단에 속한 모든 사례는 항상 동일한 표집확률을 가지므로(교체가능 상황), 이는 직관적일뿐 아니라 통계학적으로도 계산의 편의를 제공합니다. 실제로 SRSWR을 적용할 경우 통계치를 계산하는 공식이 매우 간단해지지만, 엄밀히 말해 SRSWR을 적용한 사회과학 표본은 거의 존재하지 않습니다. 사회과학 연구자의 관점에서 한 번 표집된 사례를 다시 표집대상으로 고려하는 것은 그리 타당해 보이지 않으며, 무엇보다 현실적이지 않습니다. SRSWR을 적용하려면 모집단의 모든 사례에 접촉할 수 있어야 하고, 접촉된 사례는 반드시 연구에 협조(compliance)한다고 가정할 수 있어야 하는데, 이는 실현되기 어려운 것은 물론, 설사 가능하다고 하더라도 표집에 엄청난 시간과 비용이 소요되기 때문입니다. 즉 SRSWR은 현실적으로 거의 사용되지 않는 표집기법이지만, 일반적 데이터 분석기법의 기본 틀을 제공한다는 점에서 복합설문 데이터 분석의 필요성과 의미를 평가하는 기준이 됩니다.[5]

둘째, SRSWOR은 특정 사례가 한 번 표집된 이후에는 다시 표집될 수 없습니다(교체불가 상황). SRSWOR 역시 단순 무작위 표집기법에 해당하지만, SRSWR과 달리 표집이 진행됨에 따라 가능한 표집사례의 수가 점차 감소한다는 차이점이 있습니다. 전체 N개 사례로 구성된 모집단에서 n개 사례를 표집할 때, SRSWR의 경우 표집 가능한 사례들의 수는 N으로 항상 일정합니다. 반면 SRSWOR의 경우 1번째 표집사례는 N개 사례들 중 하나이지만, 2번째 표집사례는 $(N-1)$개, $\cdots$, k번째 표집사례는 $(N-k+1)$개 사례들 중에 하나가 될 것입니다. 즉 SRSWOR 기법이 사용된 표본에 SRSWR 가정을 기반으로 한 통계적 방법론을 적용하고자 한다면, SRSWOR 기법에 따르는 분산의 감소를 조정해주어야 한다는 점을 유추할 수 있습니다[만약 이를 무시한다면 분산의 감소로 검정통계량의 크

---

5 즉 SRSWR은 통계학적 가정 중 가장 널리 쓰이는 IID(independently and identically distributed) 가정과 같은 역할을 합니다. IID 가정에 따르면 표본은 동일 분포로부터 독립적으로 추출되었다고 간주됩니다. 이는 물론 비현실적인 가정이지만, 모든 모형의 기본적인 전제로서 기능합니다.

기가 실제보다 커지고, 자연스럽게 제1종 오류(type I error)의 가능성이 커질 것입니다].

SRSWOR은 SRSWR에 비해 현실적인 표집기법이므로 복합설문 설계를 비롯해 사람을 대상으로 한 거의 모든 조사에서 사용됩니다. 따라서 복합설문 데이터를 분석할 때는 '유한모집단수정(FPC, finite population correction)지수'를 통해 수정된(corrected) 분산을 계산해야 합니다. 먼저 SRSWR을 적용한 데이터의 특정 변수 y의 분산 s^2는 다음과 같은 공식에 따라 계산됩니다(공식에서 n은 표본의 사례수).

$$s^2 = \sum_{i=1}^{n} \frac{(y_i - \bar{y})^2}{n-1}$$

여기서 변수 y의 표본평균(sample mean) 분산은 다음과 같이 표현됩니다.

$$V(\bar{y}_{SRSWR}) = \frac{s^2}{n}$$

그러나 SRSWOR을 적용한 데이터의 경우 변수 y의 표본평균 분산을 추정하는 공식은 다음과 같습니다(공식에서 N은 모집단의 사례수).

$$V(\bar{y}_{SRSWOR}) = \frac{s^2}{n} \left(\frac{N-n}{N-1} \right)$$

SRSWOR에서 추가되는 부분, 즉 $\left(\frac{N-n}{N-1} \right)$이 바로 유한모집단수정(FPC)지수입니다. 이때 $n \geq 1$이라는 점에서 항상 1보다 작거나 같은 분수(fraction)를 곱해 SRSWOR 상황에서의 감소된 분산을 계산하는 것을 알 수 있습니다.

일반적으로 모집단 사례수인 N은 큰 값을 갖는 것이 보통입니다. 예를 들어 표본크기가 100인 표본을 $N_1 = 1,000$인 모집단과 $N_2 = 10,000$인 모집단에서 각각 추출한다고 가정해봅시다. 이때 첫 번째 모집단의 FPC지수는 약 0.90이지만, 두 번째 모집단의 FPC지수는 약 0.99로 1에 매우 가깝습니다. 즉 모집단이 충분히 클 때는 FPC지수를 이용하든지 이용하지 않든지 통계치가 크게 바뀌지 않습니다. 다시 말해 SRSWOR로 얻은 데이터에 대해 SRSWR을 기반으로 하는 데이터 분석기법을 적용한다고 해도 실질적으로 큰 차이가 없는 분석결과를 얻을 수 있습니다.

그렇다면 FPC지수를 반영하는 것은 실질적으로 별 의미가 없는 것일까요? 그렇지 않습니다. 왜냐하면 군집표집을 적용할 경우 여러 단계에 걸쳐 표집이 이루어짐에 따라 집단의 크기가 점점 더 작아지기 때문입니다. 즉, 군집에 배속된 사례들이 실제로 표집된 모집단은 상당히 작을 수도 있습니다. 예를 들어 400명의 학생을 표집하기 위해 우선 40개 학급에서 10명의 학생을 각각 표집했고, 이때 학급별 학생의 수는 30명이었다고 가정해봅시다. 이 경우 각 학급에서 표집된 10명의 학생들의 모집단 크기는 30이라고 볼 수 있습니다. 이때 FPC지수는 약 0.67 (= $\frac{40 \times 30 - 400}{40 \times 30 - 1}$)로 FPC지수의 반영 여부는 추정결과에 큰 영향을 미친다고 볼 수 있습니다. 군집표집이 거의 언제나 적용되는 복합설문 데이터는 사례별로 배속된 군집의 크기를 'FPC변수'로서 제공하는 것이 일반적이며, 연구자는 FPC변수를 고려함으로써 FPC지수가 반영된 분석결과를 얻을 수 있습니다. 이처럼 FPC변수는 SRSWOR 및 군집표집 기반 복합설문 데이터를 분석할 때 꼭 필요합니다.

셋째, 층화표집은 복합설문 데이터를 수집할 때 거의 언제나 활용되는 표집기법으로 특히 '층화변수'의 의미와 역할을 이해하는 것은 매우 중요합니다. 예를 들어 어떤 사회과학 연구자가 '연금개혁' 관련 여론조사 연구를 수행한다면, 응답자들의 세대 분포가 균형을 이루어야만 조사결과를 신뢰할 수 있을 것입니다. 만약 65세 이상 어르신이 과반수 이상을 차지하는 표본이라면 어르신 세대의 의견이 강하게 반영될 것이기 때문입니다. 이러한 상황에서 SRSWOR(혹은 SRSWR)을 이용하여 데이터를 얻는다면, 수집된 표본의 세대 분포와 모집단 세대 분포가 정확하게 일치할 가능성은 높지 않습니다. 그리고 표본과 모집단의 세대 분포 차이로 생기는 오차분산(error variance)이 크게 발생한다면 연금개혁 관련 관심 변수에 대한 모집단 추정치는 대표성을 확보하기 어려울 것입니다. 그러나 모집단의 세대 분포 정보를 층화변수로 활용할 경우, 적어도 세대 분포의 차이로 인한 오차분산은 통제할 수 있습니다.[6] 즉 연구자가 다루는 연구 분야와 밀접하게 관련된 층화변수를 잘 활용하면, 오차분산을 효과적으로 감소시킬 수 있고 이를 통해 추정의 효율성(efficiency)과 정확성(precision)을 높일 수 있습니다. 일반적으로 복합설문 설계에서는 인

---

6 분산분석(ANOVA, analysis of variance)의 아이디어, 즉 집단 간 분산(between-group variance)과 집단 내 분산(within-group variance)의 구분을 떠올리면 이 부분을 쉽게 이해할 수 있을 것입니다.

구 센서스 자료를 기반으로 성별, 연령, 지역 등의 변수들을 층화변수로 선택합니다.

그러나 층화표집을 위해서는 표집대상이 되는 모집단 구성원들의 층화변수 정보가 알려져 있어야 합니다. 예를 들어 성별변수를 층화변수로 사용한다면, 표집대상자 중 누가 남성이고 누가 여성인지를 표집 이전에 알 수 있어야만 합니다. 하지만 대부분의 기초적 인구통계학적 정보들은 민감한 개인정보이기 때문에 표집을 실시하기 전에 파악하는 것이 실질적으로 불가능합니다. 이러한 현실적 문제를 해결하기 위해 보통 복합설문 데이터를 분석할 때는 '가중치(weight)', 보다 구체적으로는 '사후층화 가중치(post-stratification weight)'를 층화변수와 함께 고려합니다. 대부분의 층화변수들은 표집이 끝난 후에 파악되기 때문에 실질적인 층화 작업은 표집 이후에 실시되었다는 의미로 '사후층화(post-stratification)'라는 용어를 사용합니다. 또한 사후층화 과정에서 모집단에서의 특정 집단의 비중과 수집된 표본에서의 해당 집단 비중을 동일하게 맞추기 위해 가중치를 계산합니다. 사후층화 가중치는 기대된 표집확률보다 많이 표집된 집단일수록 작은 값이 부여됩니다. 예를 들어 어떤 모집단의 남녀 비율이 각각 50%, 실제로 계산된 표본의 남녀 비율이 각각 60%, 40%라면, 사후층화 가중치는 각각 다음과 같은 방식으로 계산합니다.

$$\text{남성 표본 사후층화 가중치}: 0.83 \approx \frac{0.50}{0.60}$$

$$\text{여성 표본 사후층화 가중치}: 1.25 = \frac{0.50}{0.40}$$

공적 자금이 투입된 대규모 설문조사 데이터의 경우 복합설문 설계를 기반으로 계산한 사후층화 가중치가 '가중치변수' 형태로 제공되어 있습니다. 즉 층화표집이 적용된 복합설문 데이터를 분석할 때는 층화변수 및 가중치변수를 고려해야 합니다. 이때 가중치변수에는 사후층화 가중치 외에도 다른 가중치들이 반영될 수 있습니다. 먼저 '표집 가중치(sampling weight)'는 표집확률의 역수(inverse) 형태로, 표본에 포함될 확률이 낮은 사례들(이를테면 소수자 집단)에 더 큰 가중치를 부여함으로써 표본이 균형적으로 구성되도록 합니다. 또한 '무응답조정 가중치(nonreponse adjustment weight)'의 경우 집단별 응답률의 차이를 보정하기 위해 사용할 수 있습니다. 이 밖에도 가중치변수는 설문 설계에 따라 다양한 형태로 주어지며, 연구자는 자신이 분석하려는 데이터를 정확히 이해하고 가중치 변수를 사용하거나 목적에 따라서는 직접 계산해야 합니다.

넷째, 군집표집은 복합설문 데이터를 수집할 때 거의 언제나 활용되는 표집기법으로 '군집변수'는 복합설문 데이터 분석에서 반드시 고려해야 합니다. 군집표집은 여러 단계를 거쳐 표집을 실시한다는 특징을 가지며, 표본의 대표성에 문제가 되는 몇 가지 요인을 가중치변수를 통해 조정해주어야 합니다. 예를 들어 고등학생 표본을 얻기 위해 1단계로 고등학교를 표집한 후, 각 고등학교에서 학생들을 표집한다고 가정해봅시다. 이때, 일차표집단위(PSU)인 고등학교가 군집변수가 될 것입니다.

첫 단계에서 보통 2가지 문제가 발생합니다. 우선 고등학교의 규모가 제각각입니다. 어떤 고등학교는 학생 수가 많지만, 어떤 고등학교는 학생 수가 적을 것입니다(unequal-sized clusters). 고등학교(즉, 군집)의 규모 차이는 고등학교에 배속된 학생을 표집할 때 문제를 야기할 가능성이 높습니다. 예를 들어 100명 규모의 고등학교 A에서 1명의 학생을 표집할 확률은 0.01이지만, 1,000명 규모의 고등학교 B에서 1명의 학생을 표집할 확률은 0.001이기 때문입니다. 각 학교에서 학생이 표집될 확률은 아래와 같이 10배나 다르게 나타납니다(공식에서 N은 전체 모집단의 고등학교 사례수, n은 표본의 고등학교 사례수).

$$\text{고등학교 A(100명 규모)에 다니는 학생의 표집확률: } \frac{n}{N} \times \frac{1}{100}$$

$$\text{고등학교 B(1,000명 규모)에 다니는 학생의 표집확률: } \frac{n}{N} \times \frac{1}{1,000}$$

즉 이 경우 모집단의 사례를 표집할 확률이 동일하다고 가정하는 SRSWR 혹은 SRSWOR의 가정과 어긋납니다. 따라서 여러 단계에 걸쳐 실시하는 군집표집의 경우, 군집의 규모가 달라서 발생하는 표집확률의 차이를 '표집 가중치'로 반영해주어야 합니다.

다음으로 매우 빈번하게 등장하는 문제는 소수자 집단 표집문제입니다. 예를 들어 예체능을 전공하는 고등학생은 전체 학생 대비 소수이며, 이러한 소수자 집단을 표집할 경우 흔히 과대표집(oversampling)을 실시합니다. 다시 말해 군집표집 첫 단계에서 일반 고등학교가 아닌 특수 목적 고등학교를 선택적으로 표집하여 소수자 집단 표본을 충분히 확보할 수 있도록 해야 합니다. 즉 서로 다른 특성의 군집들을 표집하는 만큼 앞서 소개한 군집의 규모 차이 문제가 거의 필연적으로 발생합니다. 또한 소수자 집단을 과대표집하였기 때문에 모집단 비율 조정을 위해 '사후층화 가중치'를 고려해주어야 합니다.

결론적으로, 군집표집이 적용된 데이터에서는 군집변수를 고려함으로써 군집 내 공유분산을 고려해주어야 하며, 군집의 크기 차이 및 모집단에서의 군집 비율 조정을 위해 가중치변수를 분석에 반영해야 합니다. 즉 군집표집을 사용한 복합설문 데이터를 분석할 때는 군집변수와 가중치변수를 같이 고려해야 합니다.

지금까지 확률표본을 얻기 위해 사용되는 주요 표집기법과 이들 표집기법을 적용할 때 발생할 수 있는 추정상의 문제, 그리고 복합설문 데이터 분석에서 어떤 방식으로 대표성 있는 모집단 추정치를 계산하는지 간략하게 살펴보았습니다. 일반적 데이터 분석기법들에서 가정하는 SRSWR의 경우와 비교했을 때, 복합설문 설계에서 자주 등장하는 SRSWOR, 층화표집, 군집표집을 적용한 표본을 대상으로 데이터 분석을 실시할 경우 반드시 고려해야 할 변수는 다음의 [표 1-1]과 같습니다.

[표 1-1] SRSWOR, 층화표집, 군집표집 시 고려 변수 정리

교체불가 단순 무작위 표집 (SRSWOR)	층화표집 (stratified sampling)	군집표집 (cluster sampling)
유한모집단수정지수	층화변수, 가중치변수	군집변수, 가중치변수

그렇다면 복합설문 설계에서는 [표 1-1]에서 어떤 표집기법을 사용하며, 연구자는 어떤 변수를 고려해야 할까요? 복합설문 데이터를 수집할 때는 주로 '교체불가 단순 무작위 표집(SRSWOR)', '층화표집', '군집표집'을 동시에 사용합니다. 첫째, SRSWOR만 적용된 경우라면 FPC변수만 고려하면 됩니다. SRSWOR만으로 복합설문 데이터를 수집하는 경우는 거의 없지만, 대다수 조사가 SRSWOR 상황에서 진행되기 때문에 복합설문 데이터를 분석할 때는 FPC변수를 항상 고려해야 합니다. 둘째, 층화표집만 적용된 경우라면 층화변수, 가중치변수를 고려하면 됩니다. 셋째, 군집표집만 적용된 경우라면 군집변수, 가중치변수를 고려하면 됩니다. 하지만 실제 복합설문 설계에서는 'SRSWOR' 상황에서 '층화', '군집' 표집을 하는 경우가 대부분입니다. 따라서 일반적으로 복합설문 데이터 분

석 시 고려해야 하는 변수는 충화변수, 군집변수, 가중치변수, FPC변수, 이렇게 4가지입니다. 이 변수들을 '설계변수(design variable)'라고 부릅니다.

2 복합설문 데이터 분석 과정

복합설문 데이터 분석은 ①복합설문을 직접 설계하고 수집한 복합설문 데이터를 분석하는 연구자, ②자신이 복합설문 데이터를 수집하지는 않았으나 '2차 분석(secondary analysis)'을 위해 복합설문 데이터를 분석하는 연구자, 2가지 관점으로 구분해 살펴보는 것이 좋습니다. 먼저 복합설문 데이터를 직접 수집한 연구자라면, 어떤 과정으로 표집을 진행했는지 충분히 알고 있기 때문에 설계과정에 맞게 복합설문 데이터 분석을 진행하는 데 큰 문제가 없는 것이 보통입니다.

그러나 공개된 복합설문 데이터를 2차 분석하는 연구자는 조금 다를 수 있습니다. 첫째, 복합설문 데이터 분석과 관련된 지식(knowledge)과 기술(skill)이 충분하지 않은 경우를 생각해볼 수 있습니다. 이 경우 복합설문 설계를 무시하고 '교체가능 단순 무작위 표집(SRSWR)'에 따라 데이터가 수집되었다고 가정하고 2차 분석을 실시한 연구들이 적지 않습니다. 뒤에서 살펴보겠지만, 일반적으로 군집표집을 반영하여 얻은 데이터 분석 결과는 SRSWR에 기반해 얻은 데이터 분석결과와 일치하지 않으며, 통계적 유의도 테스트 결과가 SRSWR에 비해 보수적으로 추정되는 것이 보통입니다. 본서에서 소개될 내용은 이러한 문제점을 극복하는 데 큰 도움이 될 것으로 생각합니다. 둘째, 복합설문 데이터 분석과 관련된 지식과 기술을 갖고 있다고 하더라도 복합설문 설계를 잘못 파악하였을 가능성입니다. 예상할 수 있듯, 이렇게 얻은 복합설문 데이터 분석결과에는 오류가 있을 수밖에 없습니다. 복합설문 설계를 정확하게 이해하기 위해서는 복합설문 설계에 사용된 표집기법은 무엇이며, 관련 변수들(구체적으로 설계변수들; 충화변수, 군집변수, 가중치변수, FPC변수)은 어떤 과정을 통해서 도출된 것인지에 대한 설문조사 매뉴얼 문서를 충분히 검토하고 숙지해야 합니다. 공개된 복합설문 데이터의 경우 데이터 파일과 함께 설문설계 과정과 표집기법 등을 설명한 문서 파일이 같이 포함된 것이 보통입니다.

히링가 등(Heeringa et al., 2017, pp. 9-13)은 2차 분석을 실시하는 연구자 관점에서 복합설문 데이터 분석 과정을 [표 1-2]와 같이 여섯 단계로 구분한 바 있습니다.

[표 1-2] 복합설문 데이터 분석 과정

1단계	연구문제를 정의하고 연구목표를 확고히 한다 (Definition of the problem and statement of the objectives).
2단계	복합설문 설계를 이해한다 (Understanding the sample design).
3단계	복합설문 설계에 사용된 변수와 연구모형 구성 측정치, 결측데이터 등을 이해한다 (Understanding design variables, underlying constructs, and missing data).
4단계	복합설문 데이터를 분석한다 (Analyzing the data).
5단계	복합설문 데이터 분석결과를 해석하고 평가한다 (Interpreting and evaluating the results of the analysis).
6단계	복합설문 데이터를 통해 얻은 추정치를 보고한다 (Reporting of estimates and inferences from the survey data).

- 1단계에서 연구자는 자신의 연구문제가 무엇인지, 그리고 데이터를 통해 그 연구문제에 어떻게 답할 수 있는지 명확히 인식해야 합니다. 사실 1단계의 내용은 복합설문 데이터 분석에만 해당되지 않을지 모릅니다. 그러나 복합설문 데이터 분석 과정에서 1단계는 특히 중요합니다. 왜냐하면 복합설문 데이터 분석을 시도하는 대부분의 연구자들은 자신이 수집한 데이터가 아닌 공개된 복합설문 데이터를 2차 분석하는 경우가 더 빈번하기 때문입니다. 다시 말해 대부분의 연구자에게 복합설문 데이터는 자신이 아닌 다른 누군가가 수집한 데이터이며, 따라서 복합설문 데이터를 수집한 연구자 혹은 기관의 연구목표가 자신의 연구목표와 어느 정도 합치되는지에 대한 인식을 명확히 가질 필요가 있습니다. 어떤 연구든 데이터 분석 그 자체가 목적이 될 수는 없습니다. 과학의 목적은 데이터 분석을 통해 현상을 이해하고 현실의 문제에 대한 해결방안을 모색하는 것이기 때문입니다.

- 2단계에서 연구자는 복합설문 설계를 이해해야 합니다. 말 그대로, 복합설문 데이터는 복합설문 설계를 기반으로 수집된 표본입니다. 예를 들어 층화표집을 통해 수집된 데이터의 경우 층화변수가 무엇이며 어떤 층화과정을 거쳤는지에 대한 이해 없이 분석할 경

우 효율적인(efficient) 분석이 불가능합니다. 마찬가지로 군집표집의 경우도 군집변수가 무엇이며 표집단계별 표집단위가 무엇인지 이해하지 못한 채 산출된 통계치는 대표성을 확보하지 못할 가능성이 높습니다. 복합설문 설계과정을 이해하기 위해서는 복합설문 설계를 기반으로 수집된 데이터를 대상으로 일반적 데이터 분석을 적용할 때 어떤 문제가 발생하는지를 이해해야 합니다. 이를 통해 층화변수나 군집변수 등이 모형 추정에 있어서 어떤 역할을 하는지 파악할 수 있기 때문입니다.

- 3단계에서 연구자는 복합설문 설계에 사용된 변수, 그리고 연구자의 연구모형에 투입될 변수들과 결측데이터(missing data)를 확인합니다. 먼저 연구모형에 투입되는 변수들을 살펴보는 것은 모든 데이터 분석의 기본입니다. 특히 복합설문 데이터 분석에서 중요한 것은 앞서 소개한 복합설문 '설계변수(design variable)'입니다. 일반적으로 복합설문 데이터를 분석할 때는 층화변수, 군집변수(즉 PSU, 일차표집단위), 가중치변수, 유한모집단수정(FPC)지수 4가지를 고려하며, 각 변수는 2단계에 해당하는 복합설문 설계 및 표집 기법들과 연계해 이해해야 합니다. 아울러 대부분의 설문 데이터에서는 결측데이터(즉, 설문조사 무응답)가 흔히 발견됩니다. 결측데이터가 발생하는 원인을 파악하고 알맞게 대처하는 것은 타당한 추정을 위해 꼭 필요한 과정이며, 이는 4부에서 심화이슈를 통해 살펴보겠습니다.

- 4단계에서 연구자는 복합설문 데이터를 분석합니다. 복합설문 데이터 분석을 실시하기 위해서는 통상적인 데이터 분석 프로그램 외 별도의 데이터 분석 프로그램이나 패키지가 필요합니다. 본서에서는 R의 survey 패키지(version 4.1-1)와 srvyr 패키지(version 1.1.1)를 중심으로 복합설문 데이터 분석을 실시했습니다. 두 패키지는 본질적으로 서로 동일한 분석을 수행하지만, survey 패키지가 전통적 방식의 R프로그래밍을 따른다면 srvyr 패키지는 타이디버스 방식의 R프로그래밍을 따른다는 점이 다릅니다. 본서에서는 최신의 srvyr 패키지를 중심으로 복합설문 데이터 분석을 소개하고, 전통적 survey 패키지 사용방법을 보조적으로 소개하였습니다. 본서에서는 소개하지 않았지만, R이 아닌 SAS, Stata, Mplus 등의 다른 상업용 통계분석 프로그램을 통해서도 복합설문 데이터 분석을 실시할 수 있습니다. 또한 SUDAAN, WesVar 등도 복합설문 데이터 분석에 많이 사용되는 패키지입니다.

- 5단계와 6단계에서 연구자는 복합설문 데이터 분석결과를 해석하고, 이를 토대로 자신이 구상한 연구모형을 평가합니다(5단계). 평가 결과, 연구모형이 적절할 경우 복합설문 데이터 분석으로 얻은 모집단 통계치를 보고합니다(6단계). 이들 두 단계 역시 복합설문 데이터 분석에서만 나타나는 것은 아닙니다. 그러나 분석결과를 얻는 방법에서 고려할 사항들이 있습니다. 특히 복합설문 데이터 분석에서는 모형 적합도를 계산하거나 가설검정을 실시하는 방식이 일반적 데이터 분석과 다르므로 독자 여러분이 활동하는 분과의 관례가 어떠한지 잘 살펴본 뒤에 분석결과를 제시하시기 바랍니다.

3 복합설문 데이터 분석 용어 정리

표본(sample) 데이터를 수집하는 목적은 모집단(population)을 이해하는 것입니다. 물론 모집단을 이해하는 가장 좋은 방법은 모집단을 구성하는 모든 개체를 조사하는 것이겠지만(즉 센서스), 이는 막대한 비용이 소요되며 무엇보다 현실적으로 불가능합니다. 표본, 보다 정확하게 '좋은 표본'은 모집단을 구성하는 일부 개체만으로 모집단의 특성들을 고르게 반영할 수 있도록 합니다. 모집단 특성을 잘 반영하는 표본일수록 '좋은 표본'이며, 이를 흔히 '대표성 확보 표본(representative sample)'이라고 부릅니다.

　복합설문 설계의 목표는 '적절한 비용'으로 '대표성을 확보한 표본'을 얻는 것입니다. 복합설문 설계를 보다 잘 이해하기 위해서는 사회과학 연구방법론이나 표집이론(sampling theory)에서 소개하는 다음과 같은 개념들을 먼저 이해할 필요가 있습니다. 표집상황으로 대한민국에서 국회의원 선거를 앞둔 시점에 유권자들의 투표율을 예측하기 위해 표본을 수집한다고 가정해봅시다.

- **관측단위(observation unit) 혹은 원소(element)**: 실제 관측이 이루어지는 단위(unit)이자 표본을 구성하는 개별 사례를 의미합니다. 예시로 언급한 표집상황의 경우 '사람', 구체적으로 '대한민국의 유권자'가 관측단위입니다.

- **표적모집단(target population)**: 표집대상인 모든 관측단위의 집합이자, 연구자가 표본 데이터 분석결과를 일반화할 수 있는 모집단을 의미합니다. 보통 약칭된 형태로 '모집단'

이라고 부르기도 하지만, 복합설문 설계가 적용된 경우 다음에 소개할 '표본모집단'과 구분하기 위해 '표적모집단'으로 부릅니다. 예시로 언급한 표집상황의 경우 '선거권이 있는 대한민국 성인남녀'가 표적모집단입니다.

- **표본모집단(sampled population)** : 표본에 포함될 수 있는 모든 가능한 관측단위들의 집합 (the collection of all possible observation units that might have been chosen in a sample; Lohr, 2010, p. 3)을 의미합니다. 표본모집단은 실제 조사가 가능한 사례들로 구성되므로 조사모집단(survey population)이라고도 부릅니다. 즉 설문 설계상 특정 응답대상자에게 접촉하거나 응답을 얻는 것이 불가능한 경우, 해당 사례는 표적모집단에는 속하지만 표본모집단에는 속하지 않습니다(예를 들어 유선전화조사 방식의 경우 유선전화가 없거나 조사 시간 및 기간에 부재중인 사례들은 표집하지 못함). 표본모집단은 구체적인 설문 설계에 따라 달라지므로 대표성 확보 표본을 얻기 위해서는 표본모집단이 표적모집단과 비슷해지도록 설문조사를 설계해야 합니다. 또한 다단계 군집표집과 같이 여러 단계에 걸쳐 얻은 복합설문 데이터를 분석하는 경우 표본모집단이 무엇인지 파악하는 것이 매우 중요합니다. 예시로 언급한 표집상황의 첫 번째 표집단계에서 특정 시군구를 표집한 후, 두 번째 표집 단계에서 해당 시군구에 거주하는 선거권 보유 대한민국 성인남녀를 표집했다고 가정해 봅시다. 이때 관측단위(즉 유권자)는 특정 시군구에서만 표집되므로 두 번째 표집단계에 서의 '모집단' 혹은 표본모집단은 해당 시군구에 거주하는 사람들이 됩니다. 즉 표본모 집단은 모집단의 정의가 단계적으로 구체화되는 복합설문 설계를 이해하기 위한 핵심 개념입니다.

- **표집단위(sampling unit)** : 표집단위는 각 표집단계에서 표본으로 선택될 수 있는 단위를 뜻합니다. '표본모집단'을 설명하면서 언급한 표집상황의 경우, 첫 번째 표집단계에서는 지역단위인 '시군구'가 표집단위가 되며(즉 PSU, 일차표집단위), 두 번째 표집단계에서는 '유권자'가 표집단위가 됩니다(즉 SSU, 이차표집단위). 군집표집을 진행할 때 관측단위는 최종 단계의 표집단위와 동일합니다.

- **표집틀(sampling frame)** : 표본이 선택되는 모집단의 표집단위가 표시된 명단을 의미합니다. 앞서 언급한 표집상황의 경우, 첫 번째 표집단계에서의 표집틀은 대한민국의 '시군구' 정보를 모두 담고 있는 지도나 리스트일 것이며, 두 번째 표집단계에서의 표집틀은 표집된 해당 시군구의 '거주자들의 접촉정보(주소 혹은 전화번호)'가 담긴 명단일 것입니

다. 이때 거주자들 중 투표권이 없는 사람들(이를테면 18세 미만이거나 외국인 등)이 포함되어 있다면 이들은 '선거권이 있는 대한민국 성인남녀'가 아니기 때문에 표집대상에서 제외됩니다. 만약 표집틀이 선거권 유무와 상관없이 구성되어 있는 경우라면 표집틀을 형성하고 있는 모집단은 표적모집단과 다를 수 있으며, 이를 표적모집단과 구별하기 위해 '표집틀모집단(sampling frame population)'이라고 부르기도 합니다.

설문 설계에서 목표로 하는 모집단은 '표적모집단'이지만 이는 표집틀을 형성하고 있는 '표집틀모집단'과 다를 수 있고, 실제로 표본으로 포함시킬 수 있는 '표본모집단'과도 다를 수 있습니다. 특히 복합설문 설계를 이해할 때 핵심이 되는 표본모집단이 표적모집단이나 표집틀모집단과 어떻게 구분되는지를 그림으로 나타내면 [그림 1-1]과 같습니다. [그림 1-1]에서 분류된 A집단에서 F집단까지의 사례를 역순으로 하나하나 살펴보겠습니다.

먼저 'F. 표집대상 아님' 집단은 표적모집단에 해당되지 않기 때문에 표집과정에서 의도적으로 배제해야 합니다. 예를 들어 유권자가 아닌 사람은 표집틀에 포함되었다고 하더라도 표집할 이유가 없습니다[이를테면 투표권이 없는 외국인이 표집틀(주소록이나 전화번호 명부 등)에 등재되었다고 하더라도 외국인을 표집할 이유는 전혀 없습니다]. 표본의 대표성을 확보하기 위해서는 F집단을 표집하지 않는 것이 좋습니다.

다음으로 'E. 표집틀에 포함되지 않은 사례' 집단의 구성사례를 표집하는 것은 표집틀의 한계로 인해 불가능합니다. 예를 들어 주소록이나 전화번호 명부와 같이 연구자가 확보한 표집틀에 수록되지 않은 유권자들이 이 집단에 해당됩니다. 표본의 대표성을 확보하기 위해서는 E집단 구성사례를 표집해야 하겠지만, 이 집단에 속한 사례들을 표집하기 위해서는 설문 설계 단계에서 더 좋은 표집틀을 새로 구하는 방법밖에 없습니다.

'D. 도달불가' 집단은 연구자가 접촉을 시도하였지만 접촉하는 데 실패한 집단을 의미합니다. 연구자의 능력으로 접촉할 수 없는 지역이거나 혹은 접촉은 가능하지만 실질적으로 접촉하지 못하는 사례가 여기에 속합니다. 예를 들어 유무선 전화조사를 실시하는 경우, 재외국민 투표자(부재자 투표자)가 거주하는 '외국'은 연구자가 고려하는 지역단위이지만 현실적으로 도달할 수 없습니다. 또한 국내라고 하더라도 여러 차례 전화를 받지 않거나 전화기가 꺼져 있는 상태의 사례들 역시 D집단에 속합니다. 실제 조사환경에서 D집단 사례들은 매우 빈번하게 나타나며, 특히 조사방식(survey mode)의 영향을 크게 받습니다.

'C. 응답불능' 집단은 연구자의 접촉시도가 성공하였지만 실질적인 응답을 얻어낼 수 없는 상태의 사례들로 구성된 집단입니다. 예를 들어 스마트폰 앱으로 진행되는 조사에서 갑자기 스마트폰 기기의 인터넷 연결이 끊어지거나, 응답자에게 건강상의 이유나 급한 용무가 생겨 실제 응답을 하지 못하는 경우 등이 C집단에 속합니다.

'B. 응답거부' 집단은 연구자가 접촉하는 데 성공했으나 응답자가 설문에 협조할 것을 명시적으로 거절한 사례를 뜻합니다. 예를 들어, 전화조사 도중에 응답자가 직접 거절 의사를 밝히고 전화를 끊는 경우라면 B집단에 해당합니다. B집단은 C집단과 달리 응답자가 의도적인 무응답을 발생시킨다는 점에서 조사목표, 조사내용, 질문지(questionnaire) 등에 따라 체계적인 특성을 가진 집단일 가능성이 높습니다.

끝으로 'A. 표본모집단'은 실제로 응답을 얻을 수 있는 사례들의 집합입니다. 앞서 설명하였듯 '표본모집단(sampled population)'은 표적모집단의 일부라는 점에서 '표집된 (sampled)' 데이터지만, 모든 가능한 관측단위의 집합이라는 점에서 '모집단(population)' 이기도 합니다. '표본모집단'의 관측사례들을 확률표집하여 구성한 데이터가 바로 연구자의 연구표본이 되며, 복합설문 데이터의 경우 흔히 SRSWOR, 층화표집, 군집표집을 동시에 적용하여 수집한 관측사례들의 데이터를 말합니다.

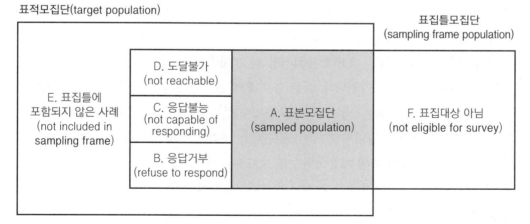

[그림 1-1] 표본모집단 구성사례의 의미

출처: 로(Lohr, 2010, p. 4)의 그림을 수정 · 재편집하였음.

표적모집단을 잘 이해하려면 A집단부터 E집단까지의 모든 사례를 고르게 관측할 수 있어야 합니다. 그러나 연구자가 개별 사례들에 접촉하기 위해서는 표집틀 정보가 필요하며, 연구자가 확보한 표집틀에 따라 표집틀모집단이 새롭게 정의됩니다. 만약 표집틀모집단과 표적모집단에 유의미한 차이가 있다면 심각한 조사오차(survey error)가 발생할 수 있으며, 이를 구체적으로 '도달률 오차(coverage error)'라고 부릅니다. 예를 들어 투표율 예측조사에서 표집틀로 '유선전화번호 데이터베이스'를 활용한다면, 표집틀모집단과 E집단(즉 유선전화 비가입자)이 연령대나 직업 등에서 서로 구별되는 특징을 지닐 가능성이 높습니다. 즉 대표성 있는 표본을 얻기 위해서는 표집틀모집단이 표적모집단과 비슷해지는 표집틀을 확보하여 E집단을 최소화해야 합니다. 또한 그러한 표집틀을 확보하였다고 하더라도, 실제로 연구자가 접촉하고 응답을 얻을 수 있는 집단은 표본모집단인 A집단뿐입니다. 접촉이 불가능하거나(D집단), 접촉은 가능하지만 응답이 불가능하거나(C집단) 응답을 거부한(B집단) 사례들은 표본모집단에서 배제되며, 이들이 만약 A집단과 구별되는 독특한 성향을 지닌 집단이라면 표본의 대표성 문제가 불가피할 것입니다. 특히 '무응답 오차(nonresponse error)'의 원인이 되는 B집단은 최근의 설문조사에서 급속하게 증가하는 추세입니다.

복합설문 데이터 분석에서는 '표본모집단'에서 얻은 분석결과를 '표적모집단'으로 일반화할 수 있도록 통상적인 데이터 분석과 다른 기법들을 적용합니다. 이를 위해 사용하는 변수들이 바로 4가지 '설계변수(design variable)', 즉 층화변수, 군집변수, 가중치변수, FPC변수입니다. 복합설문 데이터 분석기법 및 설계변수의 역할은 표본모집단의 특성과 한계를 추정에 반영하는 것입니다. 예를 들어 FPC변수는 표본과 모집단의 크기 차이를 반영하고, 군집변수는 표본모집단이 특정 군집에 한정된다는 점을 추정에서 고려합니다. 또한 표적모집단에는 포함되지만 표본모집단에는 포함되지 않은 집단들(즉 B, C, D, E 집단)의 특성을 고려하기 위해 가중치변수를 고도화할 수 있습니다. 사후층화 가중치의 경우 복합설문 설계에서 고려된 유층 정보와 표적모집단의 유층 정보가 서로 다른 것을 조정할 수 있고, 무응답조정 가중치의 경우 앞서 지적한 무응답 오차에 대한 한 가지 방안이 될 수 있습니다. 그리하여 복합설문 설계에 사용된 '설계변수'들을 반영한 후 도출한 평균 및 표준편차, 빈도 및 비율계산과 같은 기술통계분석이나 변수 간 상관관계 분석 및 회귀모형 추정과 같은 추리통계분석을 복합설문 데이터 분석이라고 부릅니다.

4 설계효과

설계효과($Deff$, design effect)란 교체가능 단순 무작위 표집(SRSWR)을 기반으로 표집된 데이터 대비 다른 방식으로 표집된 데이터로 얻은 분산의 비율을 뜻합니다. 특히 복합설문 데이터에서는 군집표집이나 층화표집을 적용함으로써 모집단 추정치에 나타나는 효과가 무엇인지, 만약 복합설문 설계를 고려하지 않으면 분석결과에 어떤 영향을 미치는지 살펴볼 필요가 있습니다. 설계효과를 계산하고자 하는 추정량(estimator) $\hat{\theta}$에 대한 현행 복합설문 설계(p)의 효과는 다음과 같이 표현됩니다.[7]

$$Deff = \frac{V(\hat{\theta}_p)}{V(\hat{\theta}_{SRSWR})}$$

앞에서 저희는 교체불가 단순 무작위 표집(SRSWOR)을 소개하면서 유한모집단수정(FPC)지수를 소개한 바 있습니다. SRSWR 상황에서 표본평균의 분산과 SRSWOR 상황에서 표본평균의 분산 공식을 다시 적어보면 각각 다음과 같습니다.

$$V(\bar{y}_{SRSWR}) = \frac{s^2}{n}$$

$$V(\bar{y}_{SRSWOR}) = \frac{s^2}{n}\left(\frac{N-n}{N-1}\right)$$

---

[7] 가장 널리 사용되는 설계효과 공식으로, 처음 설계효과를 제안한 키쉬(Kish, 1965)의 정의입니다. 대안적인 설계효과 공식으로는 $Deft = \sqrt{Deff}$ ($Deft$, design effect factor)을 사용하거나, 분모에 SRSWR 대신 SRSWOR을 사용하기도 합니다(Kish, 1995).

설계효과 공식을 따르면 SRSWOR은 SRSWR에 비해 $(\frac{N-n}{N-1})$, 즉 FPC지수를 곱한 만큼 작은 분산을 갖는 것을 알 수 있습니다. 즉 SRSWOR을 적용하여 얻은 표본평균의 설계효과는 $Deff = (\frac{N-n}{N-1})$입니다. 예를 들어 $N = 10$이고, $n = 5$인 상황을 가정하면 $Deff \approx 0.56$입니다. 다시 말해 $n = 5$인 SRSWOR 표본과 동일한 수준의 표본평균 분산을 얻고자 할 경우, SRSWR 표본의 규모는 5보다 커야 합니다(구체적으로 $5/0.56 \approx 8.93$).[8]

이처럼 $Deff$를 추정하면 복합설문 설계가 SRSWOR에 비해 얼마나 분산을 증가 혹은 감소시키는지 파악할 수 있습니다. 첫째, $Deff = 1$이라면, 복합설문 데이터를 분석할 때 SRSWR을 기반으로 하는 일반적인 데이터 분석기법을 적용해도 무방합니다. 둘째, $Deff < 1$이라면, 복합설문 설계를 기반으로 얻은 표본의 크기는 SRSWR을 기반으로 일반적 데이터 분석기법에 기반했을 때 요구되는 표본의 크기보다 더 작아도 괜찮습니다. 즉 $Deff < 1$이라면, 표본의 크기가 동일할 때 복합설문 데이터 분석을 통해 얻은 통계량이 SRSWR을 기반으로 얻은 통계량보다 더 작은 분산, 표준편차, 표준오차를 갖습니다. 셋째, $Deff > 1$이라면, 복합설문 설계를 기반으로 얻은 표본의 크기는 SRSWR을 기반으로 일반적 데이터 분석기법에 기반했을 때 요구되는 표본의 크기보다 더 커야 합니다. 다시 말해 $Deff > 1$이라면, 표본의 크기가 동일할 때 복합설문 데이터 분석을 통해 얻은 통계량은 SRSWR을 기반으로 얻은 통계량보다 더 큰 분산, 표준편차, 표준오차를 갖습니다.

현실에서 거의 모든 조사는 SRSWOR 기반이기 때문에 복합설문 설계에서 보다 주목하는 것은 군집표집 및 층화표집으로 인한 $Deff$입니다. 앞서 간략하게 설명드렸듯, 층화표집은 층화변수를 이용해 오차분산(error variance)을 통제할 수 있으므로 SRSWR에 비해 분산이 작아지는 반면, 군집표집은 군집 내 공유분산(shared variance)이 추가되므로 전체분산이 커질 가능성이 높습니다. 특히 군집표집을 적용한 복합설문 설계는 일반적으로 $Deff > 1$이므로 만약 복합설문 설계를 고려하지 않고 SRSWR 기반 통상적 데이터 분석을 실시한다면, 실제 분산을 과소추정하게 되고 자연스럽게 제1종 오류의 가능성이 커질 것입니다. $Deff > 1$을 야기하는 주원인인 군집표집에 대해 자세히 살펴보면 다음과 같습니다.

---

8 복합설문 표본수 n을 $Deff$로 나눈 값을 '유효표본수(ESS, effective sample size)'라고 합니다. 즉 ESS는 표본수 n인 복합설문 설계와 동일한 분산을 얻는 데 필요한 SRSWOR 표본의 크기를 뜻합니다. 만약 $Deff < 1$이라면 ESS는 n보다 크고, $Deff > 1$이라면 ESS는 n보다 작을 것입니다.

군집표집을 적용한 경우, 설계효과 $Deff$는 흔히 급내상관계수(ICC, intra-class correlation)의 형태로 계산됩니다. 만약 다층모형(MLM, multi-level modeling)을 학습해 본 독자분들이라면 ICC 개념과 계산방법이 낯설지 않으실 것입니다. ICC는 전체분산 중 군집 간(between-cluster, 즉 inter-class) 분산의 비율을 의미하며, 이때 분모에 해당하는 전체분산은 '군집 간 분산(공식에서 $\sigma^2_{Between}$)'과 '군집 내(within-cluster, 즉 intra-class) 분산(공식에서 σ^2_{Within})'의 합으로 표현될 수 있습니다.

$$ICC = \frac{\sigma^2_{Between}}{\sigma^2_{Between} + \sigma^2_{Within}}$$

ICC가 0인 경우는 군집 간 분산 $\sigma^2_{Between}$이 존재하지 않는다는(다시 말해 군집별 평균이 모두 동일하다는) 것을 뜻하고, ICC가 1인 경우는 군집 내 분산 σ^2_{Within}이 존재하지 않는다는(다시 말해 군집 내 사례들이 완전히 동일하다는) 것을 의미합니다. 서로 다른 군집은 각 군집마다 특징을 지니며(예를 들어 특수목적 고등학교와 일반계 고등학교는 서로 다른 특성을 지님), 군집 내 사례들은 유사한 특성을 띨 가능성이 높으므로(예를 들어 같은 특수목적 고등학교에 다니는 학생들은 다른 일반계 고등학교 학생들과 비교해 공통점을 지님), ICC는 0에서 1 사이의 값을 가지는 것이 자연스러울 것입니다.

ICC의 개념을 이해했다면 ICC=0은 군집표집으로 얻은 표본의 설계효과가 전혀 존재하지 않는다는 것, 즉 $Deff=1$임을 의미한다는 것을 이해할 수 있을 것입니다. 그러나 완벽하게 동일한 군집들을 가정하지 않는 이상 ICC는 0보다 큰 값을 가집니다. 그리고 ICC가 0에서 1로 증가함에 따라(즉 군집 내 사례들이 동질적일수록) $Deff$ 역시 1보다 큰 값으로 증가합니다. 구체적으로 모든 군집의 표본수가 M으로 일정한(equal-sized clusters) 1단계 군집표집 상황을 가정해보겠습니다. 이 경우 $Deff$는 다음과 같은 공식으로 표현됩니다.

$$Deff \approx 1 + (M-1) \times ICC$$

ICC는 일반적으로 0보다 큰 값을 가진다는 점에서, 군집표집을 적용한 복합설문 설계는 $Deff > 1$입니다.[9] 만약 ICC가 0에 가깝게 작다고 하더라도 군집의 표본수인 M이 크다면 $Deff$가 1보다 커집니다. 이러한 상황에서 군집표집, 구체적으로 군집 배속관계로 인한 공유분산을 반영하지 않는다면 전체분산을 과소추정하는 문제가 발생할 것입니다.

SRSWOR만 적용한 경우나 오직 군집표집만 사용하여 표본을 수집했을 경우에는 계산이 상대적으로 간단하지만, 층화표집과 군집표집을 동시에 적용하여 얻은 복합설문 데이터 분석의 경우 $Deff$를 구하는 것은 매우 복잡합니다. 왜냐하면 FPC변수 외에도 군집의 규모(군집변수), 층화변수, 가중치변수 등을 동시에 고려하여 설계효과를 계산해야 하기 때문입니다.[10] 현재 복합설문 데이터 분석이 가능한 패키지들(본서에서 소개하는 R 패키지들 포함)을 이용하면 어렵지 않게 설계효과를 계산할 수 있습니다.

5 복합설문 데이터 분석 방법: 설계기반 대(對) 모형기반 접근

표집이론에서는 일반적으로 2가지 접근에 따라 설문 데이터를 분석합니다. 첫 번째 방법은 전통적인 설계기반 접근(design-based approach) 방법입니다. 앞서도 언급하였지만, 표집이론의 핵심이 되는 것은 바로 확률(probability)입니다. 연구자가 조사하려는 목표모집단은 고정되어 있으므로 무작위성을 띠지 않으며, 모집단의 표본을 수집하는 과정에서 확률 또는 무작위성이 개입됩니다. 즉 설계기반 접근에 따르면 이러한 표집과정에서의 확률을 이용해서 모집단의 특성을 추정해볼 수 있습니다. 설계기반 접근의 대표적인 추정방식으로는 호비츠-톰슨 추정량(Horvitz-Thompson, HT, estimator)이 있습니다. 예를 들어

---

9 만약 ICC가 0보다 작다면(즉 군집 내 사례들이 서로 부적 상관관계를 가진다면) 군집표집이 SRSWR보다 효율적이겠지만, 이러한 상황은 현실에서 찾아보기 어렵습니다. 자연적으로 발생하는 군집 내 유사성(즉 ICC > 0) 때문에 군집표집은 사례들이 SRSWR 표본에 비해 정보(information)의 양이 적고, '유효한' 표본수(즉 유효표본수, ESS) 역시 실제 사례수보다 적어집니다. 이러한 비효율성에도 불구하고, 군집표집은 조사 비용이나 시간 면에서 많은 이점을 제공하기에 널리 쓰입니다.

10 가중치변수 역시 군집변수와 마찬가지로 $Deff$를 증가시킵니다. 즉 기존의 응답값에 1 아닌 가중치를 곱하기 때문에 가중치를 곱한 후 응답값들의 변동폭이 더 커지는 것입니다.

모집단의 총계(t)를 추정하는 경우, HT 추정량($\hat{t}_{HT}$)은 다음과 같이 사례별 표집확률(π_i)의 역수를 가중치(w_i)로 활용합니다(공식에서 y_i는 개별 사례들의 응답).

$$\hat{t}_{HT} = \sum_i \frac{y_i}{\pi_i} = \sum_i w_i y_i$$

즉 전통적인 설계기반 접근에서 사용되는 HT 추정량의 경우 가중평균(weighted mean)과 다름없습니다. 즉 표집확률이 높은 사례일수록 낮은 가중치를 부여함으로써 표본이 균형적으로 구성되도록 하는 것입니다. 실제로 복합설문 분석에서 HT 추정량을 계산할 때에는 가중치에 표집확률 말고도 무응답조정 가중치, 사후층화 가중치 등이 함께 반영됩니다. HT 추정량은 표본모집단이 목표모집단을 대표할 수 있도록 '설계'된 정보를 활용하는 방법이라고도 이해할 수 있습니다.

설계기반 접근과 달리, 만약 모집단이 고정되어 있지 않다고 가정하면 어떨까요? 모집단에 대한 가정사항을 추가하면 보다 복잡한 분석이 가능해지겠지만, 그만큼 현실에서 가정사항을 만족시키기가 어려워질 것입니다. 즉 이 경우 적절한 가정을 도입하는 것이 중요할 것이라 쉽게 생각할 수 있습니다. 두 번째에 해당하는 방법이 바로 모형기반 접근(model-based approach) 방법입니다. 설계기반 접근방법에서는 모수를 추정할 때 반복표집을 기반으로 한 확률 이론을 적용하는 반면, 모형기반 접근방법에서는 모집단에 대한 모형을 가정[이를 초(超)모집단(superpopulation) 모형이라고도 부릅니다]하고, 이를 기반으로 모수를 추정합니다. 즉 설계기반 접근에서 모집단의 변수들은 (아직 관측하지는 않았지만) 알려진 값인 반면, 모형기반 접근에서는 무작위 값입니다. 예를 들어 실제 모집단 값들이 정규분포를 따른다고 가정한다면, 정규분포의 평균 및 분산 모수를 추정하는 방식으로 모집단의 특성을 추정할 수 있습니다. 이는 분포가정을 기반으로 하므로 일반적으로 베이지안 접근(Bayesian approach)과 결합되며, 추정이 매우 유연하다는 점에서 결측데이터 분석이나 데이터 통합 등의 분야에 널리 사용되고 있습니다(Little, 2004). 하지만 그와 동시에 적절한 초모집단 모형을 가정하는 것이 분석에 있어서 매우 중요하며, 실제로 모형기반 접근을 모형의존 접근(model-dependent approach)이라고도 부릅니다(Hansen et al., 1983).

본서에서는 모형기반 접근 대신 전통적인 설계기반 접근을 이용해 복합설문 데이터 분석을 진행하였습니다. 설계기반 접근은 이해하기 쉽고, 모형과 상관없이 항상 통계학적으로 불편향(unbiased) 추정치를 제공합니다. 따라서 설계기반 접근을 선택하면 불필요한 모형 가정 없이 보다 일반적인 데이터 분석 상황에 적용할 수 있습니다. 하지만 복합설문 데이터와 같이 데이터가 복잡한 구조로 되어 있거나, 직접 관측하지 못한 응답값들을 추정하여 분석에 사용하고자 할 때 모형기반 접근은 굉장히 유용합니다. 또한 표집과정에서 확실하게 알려진 정보가 있다면 보다 타당한 모형을 가정할 수 있습니다. 이에 대해 관심이 있는 독자들은 리틀(Little, 2004)이나, 설계기반 및 모형기반 접근의 타협안으로서 모형지지 접근(model-assisted approach: Särndal et al., 2003)을 살펴보시기 바랍니다.

2부부터는 본서의 예시데이터인 '2020년 청소년건강행태조사' 데이터에 대해 복합설문 데이터 분석을 실시해보겠습니다. 본서에서는 설계기반 접근, 구체적으로 호비츠-톰슨(HT) 추정방식을 기반으로 분석을 실시하겠습니다.

2장

복합설문 데이터 분석
실습을 위한 예시데이터와 R 패키지

2장에서는 공개된 설문 데이터를 2차 분석(secondary analysis)하는 연구자의 관점에서 복합설문 데이터 분석을 설명하겠습니다. 복합설문 분석 실습을 위한 예시데이터와 이를 위해 필요한 R 패키지들도 소개합니다. 독자들께서는 2부의 내용을 살펴보기에 앞서 분석 실습을 위한 예시데이터, 예시데이터를 이해하기 위한 안내문서 및 매뉴얼 등을 먼저 내려받은 후 복합설문 데이터 분석을 위한 R 패키지들을 설치하시기 바랍니다.

1 복합설문 실습용 예시데이터

앞서 1장에서 언급하였듯, 복합설문 데이터 분석에서 가장 중요한 것은 데이터가 어떤 표집방법을 통해 수집된 것인지 이해하는 것입니다. 공적 자금을 기반으로 복합설문 데이터를 수집한 경우, 보통 데이터 파일(*.dat, *.csv 등과 같은 형태나 SAS, SPSS, Stata 등의 상업용 데이터 처리 프로그램 형태)과 함께 데이터의 수집목적과 복합설문 설계과정에 대한 자세한 정보를 담은 안내문서, 복합설문 설계변수들의 의미와 활용방법에 대한 매뉴얼 등이 담겨 있습니다.

  공개된 복합설문 데이터 분석을 실시하기 전에 연구자는 반드시 데이터 수집과정 및 분석방법에 대한 안내문서와 매뉴얼을 살펴보아야 합니다. 이를 통해 2차 분석을 계획하는 연구자는 최소한 다음과 같은 정보들을 명확하게 이해하여야 합니다.

- 복합설문 표본의 모집단, 보다 정확하게는 표적모집단(target population)은 어떻게 정의 되었는가?
- 데이터 수집을 위해 사용된 표집기법(들)은 무엇인가? 예를 들어 군집표집을 사용했다면, 몇 단계(stage)에 걸쳐 군집표집을 진행하였으며, '일차표집단위(PSU)'와 같이 각 단계별 표집단위는 어떠한가? 층화표집을 사용하였다면 유층(類層, strata)은 어떻게 확정하였는가?
- 가중치(weight)는 어떤 가중치를 사용하였으며 어떤 과정을 통해 계산하였는가?

　　본서에서는 복합설문 설계를 기반으로 수집된 예시데이터로 '제16차 2020년 청소년 건강행태조사' 데이터를 사용하였습니다. '청소년건강행태조사'는 질병관리청에서 주관하여 매년 실시되는 국가 통계자료로 원데이터가 공개되어 있으며(http://www.kdca.go.kr/yhs/), 간단한 인증절차만 거치면 누구나 다운로드하여 살펴볼 수 있습니다. 현재 SAS, SPSS 형식의 데이터 파일을 제공하고 있으며, 구체적인 설문문항의 경우 PDF 파일도 제공하고 있습니다. 본서에서는 SPSS 형태의 데이터를 예시데이터로 사용하였지만, SAS 형식의 데이터를 다운로드해도 무방합니다(단, SAS 형식의 데이터를 불러올 때는 SAS 형식에 맞도록 파일 형식을 바꾸어주어야 합니다).

　　본서를 이해하기 위해서는 다음의 파일들이 필요합니다. 첫째, "kyrbs2020.sav" 파일은 분석 과정 실습에 사용되는 제16차 2020년 청소년건강행태조사 데이터 파일입니다. 둘째, "제16차(2020년)_청소년건강행태조사_통계집.pdf"는 예시데이터의 표적모집단, 표집방법은 물론 해당 데이터의 기초적인 기술통계치들에 대한 정보를 제시하고 설명한 문서입니다. 총 389쪽에 달할 정도로 많은 분량이지만, 청소년 건강행태에 대한 학문적 관심이 없더라도 "제1부 청소년건강행태조사 개요", "제4부 부록"은 반드시 살펴보시기 바랍니다.

　　더불어 질병관리청에서는 청소년건강행태조사 자료활용 워크숍을 정기적으로 열고 있으며, 워크숍 자료들 역시 온라인에 공개하고 있습니다. 관련 웹사이트(http://www.kdca.go.kr/yhs/yhshmpg/result/yhsresult/statsWorkshpList.do)를 방문해 "2020년 국민건강영양조사 및 청소년건강행태조사 자료활용 워크숍 자료집"의 파일을 다운로드하면 총 4개의 PDF 파일을 확인할 수 있습니다. 이 파일들 중 "1. 국민건강영양조사 및 청소년건강행태조사 자료분석 개요.pdf"는 군집표집과 층화표집, 그리고 복합설문 데이터 분석 관련 중요 개념들에 대하여 매우 유용한 정보와 설명을 제공하니 꼼꼼하게 살펴보면 큰 도움을 받을 수 있습니다. 아울러 다른 파일들의 경우 SPSS를 이용하여 복합설문 데이터 분석을 실시하는 방법들을 소개하고 있습니다. 본서에서는 R을 이용할 예정이기 때문에 다른 3가지 PDF 파일의 경우 굳이 살펴보지 않아도 무방합니다.

2 복합설문 데이터 분석을 위한 R 패키지들

복합설문 데이터 분석기법을 실습하기 위해 본서에서 소개할 R 패키지들은 크게 ① '일반적 데이터 관리 목적', ② '일반적 데이터 분석 목적', ③ '복합설문 데이터 분석 목적', ④ '확장된 복합설문 데이터 분석 목적'이라는 4가지 집단으로 묶을 수 있습니다. 여기에 소개하는 R 패키지는 R CRAN에서 install.packages() 함수를 이용해 무료로 인스톨할 수 있습니다. 참고로 실습과정 소개를 위해 사용한 R의 버전(version)은 4.1.3이며, 2022년 4월을 기준으로 여기에 소개한 버전의 R 패키지들과 특별하게 충돌하거나 버그가 발생하는 일은 경험하지 못하였습니다.

1) 일반적 데이터 관리 목적 R 패키지

일반적 데이터 관리 목적 R 패키지는 복합설문 데이터 분석과 직접적 관련은 없지만, 데이터 관리와 사전처리(preprocessing), 그리고 분석결과 및 모형추정결과의 시각화를 위해 필요한 R 패키지들입니다. 복합설문 데이터 분석 역시 데이터 분석의 일종이며, 따라서 데이터 분석과 관련된 기본적인 능력들이 요구됩니다. 여기에 속하는 패키지로 tidyverse, haven, modelr 등을 사용하였습니다.

첫째, tidyverse 패키지(version 1.3.1)는 데이터 관리 및 변수의 사전처리 과정에 혁신을 가져온 매우 유용한 패키지입니다. tidyverse 패키지 함수들을 본서 전반에 걸쳐 두루두루 사용하였습니다. 파이프 오퍼레이터인 %>%와 함께, tidyverse 패키지를 구성하는 dplyr 패키지의 함수인 select(), filter(), mutate(), across(), summarise() 등을 이용하면 매우 효과적이며 효율적으로 데이터를 관리하고 변수를 사전처리할 수 있습니다. 또한 purrr 패키지의 함수인 map(), map_df() 등을 이용하면 여러 개의 모형추정결과를 한번에 정리할 수 있습니다. tidyverse 패키지를 구성하는 ggplot 패키지 함수들 역시 효과적인 시각화를 위한 유용한 도구입니다. 그러나 여기서는 tidyverse 패키지 함수들을 하나하나 설명하지는 않았습니다. tidyverse 패키지 함수들에 대한 보다 자세한 설명은 《R을 활용한 데이터 과학*R for Data Science*》(Wickham & Grolemund, 2017) 혹은 졸저 《R 기반 데이터 과학: tidyverse 접근》(백영민, 2018b)을 참조해주시기 바랍니다.

둘째, haven 패키지(version 2.4.3)는 SPSS 형식의 데이터를 불러올 때 사용하였습니다. 본서의 예시데이터는 SPSS 형식의 데이터로 저장되어 있습니다. haven 패키지의 경우 read_spss() 함수 하나만 사용하였기 때문에 library() 함수를 사용하지 않고, haven::read_spss()와 같은 형태로 사용하였습니다.

셋째, modelr 패키지(version 0.1.8)는 모형을 추정한 뒤 해당 모형을 토대로 예측값을 도출할 때 사용하였습니다. modelr 패키지의 data_grid() 함수는 모형추정결과를 시각화하기 위해 독립변수들의 조건들을 지정한 데이터 오브젝트를 생성할 때 매우 유용합니다.

2) 일반적 데이터 분석 목적 R 패키지

일반적 데이터 분석 목적 R 패키지는 복합설문 설계를 고려하지 않은, 다시 말해 '교체 가능 단순 무작위 표집(SRSWR)' 기법을 기반으로 수집된 데이터 분석에서 널리 사용되고 있는 R 패키지들입니다. 이러한 R 패키지들은 복합설문 데이터 분석을 고려한 경우와 고려하지 않은 경우의 분석결과 및 모형추정결과를 비교하기 위해 사용하였습니다. psych, MASS, nnet, lavaan, lme4, MatchIt 등이 여기에 속합니다.

첫째, psych 패키지(version 2.2.3)는 사회과학 연구에서 매우 빈번하게 사용되는 크론바흐의 알파(Cronbach's α)를 계산하기 위해 사용하였습니다. 그러나 psych 패키지의 alpha() 함수는 복합설문 설계를 고려하지 않은 데이터를 대상으로 크론바흐의 알파를 계산해주는 함수입니다. 참고로 복합설문 데이터를 대상으로 크론바흐의 알파를 계산하려면 다음에 소개한 survey 패키지의 svycralpha() 함수를 사용해야 합니다. 본서에서는 복합설문 설계 고려 여부에 따라 크론바흐의 알파가 어떻게 달라지는지를 비교하는 목적으로 psych::alpha() 함수를 사용하였습니다.

둘째, MASS 패키지(version 7.3-55)는 사회과학 연구에서 흔히 등장하는 순위 로지스틱 회귀모형(ordered/ordinal logistic regression model)을 추정하기 위해 사용하였습니다. 그러나 MASS 패키지의 polr() 함수는 복합설문 설계를 고려하지 않았다고 가정된 데이터를 대상으로 순위 로지스틱 회귀모형을 추정합니다. 복합설문 데이터를 대상으로 순위 로지스틱 회귀모형을 추정하기 위해서는 survey 패키지의 svyolr() 함수를 사용해야 합니다. 크론바흐의 알파 계산과 마찬가지로 복합설문 설계 고려 여부에 따라 순위 로지스틱 회귀모형 추정결과가 어떻게 달라지는지 비교하기 위해서 MASS::polr() 함수를 사용하였습니다.

셋째, nnet 패키지(version 7.3-17)는 다항 로지스틱 회귀모형(multinomial logistic regression model)을 추정하기 위해 multinom() 함수를 사용하였습니다. 하지만 크론바흐의 알파나 순위 로지스틱 회귀모형과 마찬가지로 nnet::multinom() 함수 역시 복합설문 설계를 고려하지 않았다고 가정된 데이터를 대상으로 다항 로지스틱 회귀모형을 추정합니다. 복합설문 데이터를 대상으로 다항 로지스틱 회귀모형을 추정하기 위해서는 svyVGAM 패키지의 svy_vglm() 함수 또는 survey 패키지의 withReplicates() 함수를 기반으로 꽤 복잡한 방식으로 다항 로지스틱 회귀모형을 추정해야 합니다(자세한 내용은 3부 6장에서 설명할 예정입니다).

넷째, 심화 이슈에서 구조방정식 모형, 다층모형, 성향점수분석, 결측데이터 분석과 관련한 패키지들을 사용하였습니다. lavaan 패키지(version 0.6-11)는 SRSWR 기법을 적용하였다고 가정할 수 있는 데이터를 대상으로 경로분석(PM, path modeling), 확증적 인자분석(CFA, confirmatory factor analysis), 구조방정식 모형(SEM, structural equation modeling)을 추정할 때 사용하였습니다(복합설문 데이터를 대상으로 PM, CFA, SEM 등을 추정할 경우에는 나중에 소개할 lavaan.survey 패키지를 사용해야 합니다). 이때 복합설문 데이터에 나타난 결측데이터를 분석하는 패키지로 mice 패키지(version 3.14.0)를 사용하였습니다. 결측데이터 분석에 앞서 결측데이터 패턴을 살펴보기 위해 naniar 패키지(version 0.6.1)를 소개하였으며, 결측데이터 분석기법을 survey 패키지와 연동하기 위해 micetools 패키지(version 2.4) 역시 사용하였습니다. 또한 복합설문 설계를 고려하지 않은 다층모형 추정을 위하여 lme4 패키지(version 1.1-29)를 사용하였습니다(단 복합설문 다층모형 추정을 위해서는 다음에 소개할 WeMix 패키지를 사용해야 합니다). 성향점수매칭(propensity score matching) 기법을 적용하기 위하여 MatchIt 패키지(version 4.3.4)를 사용하였습니다.

끝으로 일반선형모형의 추정결과들을 효율적으로 정리하기 위해 broom 패키지 (version 0.7.12)를 사용하였습니다. 일반선형모형에서 다른 함수들은 각기 다른 방식으로 모형추정결과를 출력하기 때문에 연구자가 결과를 손쉽게 정리하기 위한 도구(tool)로서 broom::tidy() 함수를 사용하면 매우 편리합니다. 또한 다층모형을 추정하는 lme4 패키지 함수에 tidy() 함수를 적용할 수 있는 broom.mixed 패키지(version 0.2.9.3)도 사용하였습니다.

3) 복합설문 데이터 분석 목적 R 패키지

복합설문 데이터 분석 목적 R 패키지는 복합설문 데이터 분석을 위해 가장 중요한 핵심 R 패키지들입니다. 본서에서는 survey, srvyr 패키지를 사용하는데 이 두 R 패키지는 복합설문 데이터 분석에 가장 중요한 패키지입니다. 본서는 이 두 패키지의 함수들을 어떻게 사용하는지를 되도록 쉽고 구체적으로 설명하는 데 집중하였습니다.

먼저 survey 패키지(version 4.1-1)와 srvyr 패키지(version 1.1.1)는 본질적으로 동일한 패키지입니다. 유일하게 다른 점이라면 survey 패키지는 전통적 R 프로그래밍 방식을 기반으로 작성된 반면, srvyr 패키지는 타이디버스 프로그래밍 방식을 기반으로 작성되었다는 점입니다. 다시 말해 survey 패키지와 srvyr 패키지 중 어떤 것을 쓸지는 사용자가 어떤 R 프로그래밍 방식을 선호하는가에 달려 있습니다.

본서에서는 srvyr 패키지를 중심으로 복합설문 데이터 분석을 실시한 후, survey 패키지를 보조적으로 소개하는 방식을 택하였습니다. 최근 주도적으로 사용되는 R 프로그래밍 방식은 타이디버스 접근방식이기 때문입니다. 전통적 R 프로그래밍에 비해 타이디버스 접근방식은 보다 빠르고 효율적으로 데이터를 분석하고 다룰 수 있습니다.

4) 확장된 복합설문 데이터 분석 목적 R 패키지

확장된 복합설문 데이터 분석 목적의 R 패키지는 survey, srvyr 패키지에서 제공하는 함수들을 보완·확장하는 복합설문 데이터 분석 패키지로 jtools, sjstats, svyVGAM, lavaan.survey, WeMix 등이 여기에 속합니다.

첫째, 복합설문 데이터의 피어슨 상관계수(Pearson's correlation coefficient)와 테스트 통계치를 계산하기 위해 jtools 패키지(version 2.1.4)의 svycor() 함수를 사용하였습니다. 사회과학 연구에서 피어슨 상관계수는 매우 빈번하게 등장하는 비교적 간단한 통계치이지만, 복합설문 데이터에서는 의외로 계산이 매우 까다롭고 복잡한 통계치입니다.

둘째, 복합설문 데이터를 대상으로 음이항 회귀모형(negative binomial regression model)을 추정하기 위해 sjstats 패키지(version 0.18.1)의 svyglm.nb() 함수를 사용하였습니다. 종속변수가 횟수형 변수(count variable)일 때 사용하는 표준적 회귀모형은 포아송(Poisson) 회귀모형입니다. 그러나 횟수형 변수에서 '0'의 빈도가 과도하게 많을 경우, 즉 과대분포(over-dispersion)가 나타난 경우에는 음이항 회귀모형의 사용이 권장됩니다. sjstats 패키지의 svyglm.nb() 함수는 복합설문 데이터를 대상으로 음이항 회귀모형을 추정할 때 사용합니다.

셋째, 다항 로지스틱 회귀모형의 경우 survey, srvyr 패키지에서 추정할 수 없습니다. 따라서 그에 대한 한 가지 대안으로 svyVGAM 패키지(version 1.0)를 사용하였습니다. svyVGAM::svy_vglm() 함수에 다항분포를 지정하는 방식으로 복합설문 다항 로지스틱 회귀모형을 추정할 수 있습니다. 이 밖에는 비모수접근방식으로 survey 패키지에서 제공하는 survey::withReplicates() 함수를 사용할 수 있습니다.

넷째, 복합설문 데이터를 대상으로 경로모형(PM), 확증적 인자분석(CFA), 구조방정식 모형(SEM) 등을 추정할 때 lavaan.survey 패키지(version 1.1.3.1)의 lavaan.survey() 함수를 사용하였습니다.

다섯째, 복합설문 데이터를 대상으로 2층 다층모형(MLM)을 추정할 때 WeMix 패키지(version 3.1.8)의 mix() 함수를 사용하였습니다.

```
> # 복합설문 데이터 분석을 위한 패키지 설치
> # 2부 3장
> install.packages("tidyverse")  # 데이터 관리
> install.packages("survey")      # 전통적 접근을 이용한 복합설문 분석
> install.packages("srvyr")       # tidyverse 접근을 이용한 복합설문 분석
> install.packages("haven")       # SPSS 데이터 불러오기

> # 3부 5장
> install.packages("jtools")   # 상관계수 계산
> install.packages("psych")    # 크론바흐의 알파 계산
```

```
> # 3부 6장
> install.packages("MASS")        # 일반적 순위로지스틱, 음이항 회귀모형
> install.packages("sjstats")     # 복합설문 음이항 회귀모형
> install.packages("nnet")        # 일반적 다항 로지스틱 회귀모형
> install.packages("svyVGAM")     # 복합설문 다항 로지스틱 회귀모형
> install.packages("modelr")      # 추정결과 시각화
> install.packages("broom")       # 추정결과 정리

> # 4부 7장
> install.packages("lavaan")          # SEM
> install.packages("lavaan.survey")   # SEM-CS
> install.packages("mice")            # MI
> install.packages("mitools")         # MI-CS
> install.packages("naniar")          # 결측데이터 요약통계

> # 4부 8장
> install.packages("lme4")         # 다층모형
> install.packages("WeMix")        # 복합설문 다층모형
> install.packages("broom.mixed")  # 다층모형 정리

> # 4부 9장
> install.packages("MatchIt")   # 성향점수매칭
```

    분석에 필요한 R 패키지를 모두 설치했다면 이제부터 예시데이터를 대상으로 복합설문 데이터 분석을 실습해보겠습니다.

2부
복합설문 데이터 기술통계분석

3장

복합설문 설계와 기술통계분석

이번 장에서 다룰 내용은 복합설문 데이터를 대상으로 기술통계분석을 실시하는 방법과 이를 시각화하는 방법입니다. 여기서 기술통계분석을 위해 범주형 변수를 대상으로 빈도표(frequency table)를 도출하고, 연속형 변수의 평균 및 95% 신뢰구간(CI, confidence interval), 표준오차(SE, standard error) 등을 계산하였습니다. 또한 기술통계분석의 시각화 방법으로 빈도표를 막대그래프나 사면도표(fourfold plot)로 구현하고, 연속형 변수의 경우 평균과 95% CI를 오차막대 그래프로 표시하였습니다.

복합설문 설계를 통해 얻은 데이터에 대해 일반 데이터 분석기법을 적용할 수 있을까요? 이 질문에 답하기는 쉽지 않습니다. 왜냐하면 데이터가 수집된 상황에 따라 복합설문 설계에 따른 '설계효과(design effect)'가 다르기 때문입니다. 만약 설계효과가 1에 매우 가깝다면, 복합설문 데이터 분석으로 얻은 결과는 일반 데이터 분석기법으로 얻은 결과와 크게 다르지 않을 것입니다. 반면 설계효과가 1보다 훨씬 크다면, 일반 데이터 분석 결과를 받아들이지 말고 복합설문 데이터 분석을 활용해야 합니다. 다시 말해 일반 데이터 분석기법을 반영해 얻은 결과는 복합설문 설계를 반영하여 얻은 분석결과와 기껏해야 비슷한 수준이며, 상황에 따라서는 심각하게 왜곡된 결과일 수 있습니다. 따라서 복합설문 설계가 적용되었으며, 군집변수, 층화변수, 가중치변수, 유한모집단수정(FPC, finite population correction)지수 등을 파악할 수 있다면 복합설문 데이터 분석을 수행하는 것이 좋습니다.

여기서는 본서의 예시데이터인 '2020년 청소년건강행태조사' 데이터에 대해 일반 데이터 분석으로 얻은 기술통계 분석결과와 복합설문 데이터 분석, 보다 구체적으로 호비츠–톰슨 추정량(Horvitz–Thompson, HT, estimator)을 기반으로 한 모수접근방식(parametric approach)으로 얻은 기술통계 분석결과 2가지를 비교해보겠습니다.

1 복합설문 데이터 분석 사전작업

복합설문 데이터 분석 역시 데이터 분석의 일종입니다. 따라서 복합설문 데이터 분석의 첫 단계는 일반적 데이터 분석의 첫 단계와 동일하게 데이터를 불러오고 변수를 사전처리하는 작업입니다. 앞서 말씀드렸듯 본서에서는 타이디버스(tidyverse) 접근방식을 택하였습니다. 타이디버스 접근법으로 데이터를 불러오고 변수를 처리하는 방식에 대해서는 위캠과 그롤문트(Wickham & Grolemund, 2017) 혹은 졸저(백영민, 2018b)를 참조하시길 부탁드립니다.

먼저 다음 3가지 패키지를 library() 함수를 이용해 구동합니다. tidyverse는 타이디버스 접근법을 중심으로 데이터 사전처리 과정과 시각화를 진행하는 패키지이며, survey는 전통적 R 사용법을 기반으로 복합설문 데이터 분석을 진행하는 패키지입니다. 그리고 srvyr은 survey의 함수들을 타이디버스 접근방식으로 처리할 수 있도록 작성한 패키지입니다. 이 3가지가 타이디버스 기반 복합설문 데이터 분석에서 핵심적인 패키지들입니다.

```
> # 패키지 구동
> library(tidyverse) # 데이터 관리
-- Attaching packages --------------------------------------------- tidyverse 1.3.0 --
√ ggplot2 3.3.3    √ purrr  0.3.4
√ tibble  3.0.6    √ dplyr  1.0.2
√ tidyr   1.1.2    √ stringr 1.4.0
√ readr   1.3.1    √ forcats 0.5.0
-- Conflicts -------------------------------------------- tidyverse_conflicts() --
x dplyr::filter() masks stats::filter()
x dplyr::lag()  masks stats::lag()
> library(survey)   # 전통적 접근을 이용한 복합설문 분석
필요한 패키지를 로딩중입니다: grid
```

필요한 패키지를 로딩중입니다: Matrix

다음의 패키지를 부착합니다: 'Matrix'

The following objects are masked from 'package:tidyr':

    expand, pack, unpack

필요한 패키지를 로딩중입니다: survival

다음의 패키지를 부착합니다: 'survey'

The following object is masked from 'package:graphics':

    dotchart

> library(srvyr)   # tidyverse 접근을 이용한 복합설문 분석

다음의 패키지를 부착합니다: 'srvyr'

The following object is masked from 'package:stats':

    filter

세 패키지를 구동시킨 후 예시데이터를 불러옵시다. 해당 예시데이터는 SPSS 버전(*.sav)으로 저장되어 있습니다. 저장된 데이터의 위치를 지정한 후 haven 패키지의 read_spss() 함수를 이용해 데이터를 불러오는 방법은 아래와 같습니다.


```
> # 데이터 소환
> setwd("D:/ComplexSurvey/young_health_2020")
> dat <- haven::read_spss("kyrbs2020.sav")
> dat
# A tibble: 54,948 x 171
   OBS   CITY CTYPE CTYPE_SD SCHOOL STYPE  STRATA STRATA_NM CLUSTER GROUP
   <chr> <chr> <chr> <chr>    <chr>  <chr>  <chr>  <chr>       <dbl> <chr>
 1 A1000~ 서울 대도시 대도시   중학교 남녀공학~ 2020_~ 서울대_중학교4_~      1 서울대4~
 2 A1000~ 서울 대도시 대도시   중학교 남녀공학~ 2020_~ 서울대_중학교4_~      1 서울대4~
 3 A1000~ 서울 대도시 대도시   중학교 남녀공학~ 2020_~ 서울대_중학교4_~      1 서울대4~
 4 A1000~ 서울 대도시 대도시   중학교 남녀공학~ 2020_~ 서울대_중학교4_~      1 서울대4~
 5 A1000~ 서울 대도시 대도시   중학교 남녀공학~ 2020_~ 서울대_중학교4_~      1 서울대4~
 6 A1000~ 서울 대도시 대도시   중학교 남녀공학~ 2020_~ 서울대_중학교4_~      1 서울대4~
 7 A1000~ 서울 대도시 대도시   중학교 남녀공학~ 2020_~ 서울대_중학교4_~      1 서울대4~
 8 A1000~ 서울 대도시 대도시   중학교 남녀공학~ 2020_~ 서울대_중학교4_~      1 서울대4~
 9 A1000~ 서울 대도시 대도시   중학교 남녀공학~ 2020_~ 서울대_중학교4_~      1 서울대4~
10 A1000~ 서울 대도시 대도시   중학교 남녀공학~ 2020_~ 서울대_중학교4_~      1 서울대4~
# ... with 54,938 more rows, and 161 more variables: W <dbl>, FPC <dbl>,
#   mod_d <chr>, YEAR <dbl>, MH <chr>, PR_HT <dbl>, PR_BI <dbl>,
#   PR_HD <dbl>, F_BR <dbl>, F_FRUIT <dbl>, F_SODA <dbl>, F_SWDRINK <dbl>,
```

불러온 데이터의 변수들 이름이 모두 대문자로 입력되어 있습니다. R 함수의 이름과 옵션이 많은 경우 소문자로 구성되어 있다는 점에서 대문자 변수명은 프로그래밍이 다소 까다로울 수 있습니다. 손쉬운 프로그래밍을 위하여 아래와 같이 변수명을 모두 소문자로 전환하였습니다.

```
> # 프로그래밍 편의를 위해 소문자로 전환
> names(dat) <- tolower(names(dat))
```

예시데이터는 다음과 같이 사전처리한 뒤 선별하였습니다. 먼저 범주형 변수로는 성별 (female, 남/녀), 학교타입(sch_type, 남녀공학/남학교/여학교), 학교구분(sch_mdhg, 중학교/고등학교), 스마트폰 이용 여부(use_smart, 이용/비이용), 부정적 감정경험 여부(exp_sad, 경험/비경험) 변수들이 있습니다. 연속형 변수로는 연령(agem), 사회경제적 지위(socio-economic status, ses), 성적수준(achieve), 스마트폰 이용시간(spend_smart), 범불안장애 척도(generalized anxiety disorder, scale_gad), 스마트폰 중독 척도(smartphone addiction, scale_spaddict), 일주일 운동빈도(exercise), 주관적 행복감(happy) 변수들이 있습니다. 연속형 변수들 중 '스마트폰 이용시간'과 '스마트폰 중독 척도' 변수의 경우 다중 항목들로 측정되어 있으며, 여기서는 스마트폰 이용자들만을 대상으로 측정된 것으로 가정하였습니다.[1] 타이디버스 접근에 기반하여 변수를 사전처리하는 방법에 대해서는 위캠과 그롤문트(Wickham & Grolemund, 2017) 혹은 졸저(백영민, 2018b) 등을 참조하시기 바랍니다.

또한 복합설문 설계를 반영하기 위해 4가지 설계변수(design variable)를 분석데이터에 포함하였습니다. 복합설문 오브젝트를 설정하기 위해 사용할 설계변수들은 군집변수 (cluster), 층화변수(strata), 가중치변수(w), FPC변수(fpc)입니다.

```
> # 분석대상 변수 사전처리 및 복합설문 설계 투입 변수 선별
> mydata <- dat %>%
```

---

1 연구자의 이론적 판단이 있었겠지만, 스마트폰을 이용하지 않는 학생들에게서 스마트폰 중독성향을 측정한 것은 잘 이해되지 않습니다. 물론 스마트폰을 사용했던 경험이 있는 학생들이 설문 응답시점에는 스마트폰을 소유하고 있지 않았을 가능성도 배제하기는 어렵습니다.

```
+ mutate(
+   female=ifelse(sex==1,0,1) %>% as.factor(), # 성별
+   agem=age_m/12, # 연령(월기준)
+   ses=e_ses, # SES
+   sch_type=factor(stype), # 남녀공학, 남, 여
+   sch_mdhg=as.factor(mh),  # 중/고등학교 구분
+   achieve=e_s_rcrd, # 성적
+   use_smart=ifelse(int_spwd==1&int_spwk==1,0,1) %>% as.factor(), # 스마트폰 이용 여부
+   int_spwd_tm=ifelse(is.na(int_spwd_tm),0,int_spwd_tm), # 주중 스마트폰 비이용자인 경우 0
+   int_spwk=ifelse(is.na(int_spwk_tm),0,int_spwk_tm),  # 주말 스마트폰 비이용자인 경우 0
+   spend_smart=(5*int_spwd_tm+2*int_spwk)/(7*60), # 스마트폰 이용시간(시간기준, 일주일의 하루 기준)
+   spend_smart=ifelse(use_smart==0,NA,spend_smart),  # 스마트폰 미사용자의 결측값
+   scale_gad=rowMeans(dat %>% select(starts_with("m_gad"))), # 범불안 장애 스케일
+   scale_spaddict=rowMeans(dat %>% select(starts_with("int_sp_ou"))), # 스마트폰 중독 스케일
+   scale_spaddict=ifelse(use_smart==0,NA,scale_spaddict), # 스마트폰 미사용자의 결측값
+   covid_suffer=e_covid19, # Covid19로 인한 경제적 변화
+   exp_sad=ifelse(m_sad==2,1,0)%>% as.factor(), # 슬픔/절망 경험
+   exercise=pa_tot-1, # 일주일 운동 빈도
+   happy=pr_hd, # 주관적 행복감 인식수준
+ ) %>%
+ select(female:happy,
+         starts_with("m_gad"),
+         starts_with("int_sp_ou"),
+         cluster,strata,w,fpc) # 설계변수
```

2 복합설문 설계 적용

복합설문 데이터 분석에서 가장 중요한 것은 복합설문 설계를 이해하는 것입니다. '2020년 청소년건강행태조사'라는 예시데이터가 낯설게 느껴지더라도, 본격적인 분석에 앞서 〈제 16차(2020년) 청소년건강행태조사 통계〉 보고서를 읽고 어떠한 방식으로 데이터를 얻게 되었는지 이해하기 바랍니다. 복합설문 데이터 분석과 관련하여 예시데이터에서는 다음의 4가지 변수를 반드시 고려해야 합니다.

첫째, strata변수는 층화표집에서의 유층(類層, strata)을 나누는 층화변수를 의미합니다. 〈제16차(2020년) 청소년건강행태조사 통계〉 보고서에 따르면 연구자들은 "표본오차를 최소화하기 위해 39개 지역군과 학교급(중학교, 일반계교, 특성화계교)을 층화변수로 사용하여 모집단을 117개의 층[알림: 본서에서는 유층(類層)으로 언급함]으로 나누었다"(4쪽)라고 설명하고 있습니다. 보고서의 표현은 간결하지만 여기서 표본오차 감소를 층화표집의 목적으로 언급하고 있다는 점에 주목하기 바랍니다.

둘째, cluster변수는 다단계 군집표집 과정에서의 '군집(cluster, 집락)'을 의미합니다. 〈제16차(2020년) 청소년건강행태조사 통계〉 보고서에 따르면 연구자들은 "층화집락추출법(알림: '층화군집표집'을 의미함)을 사용하였으며, 1차 추출단위[알림: 'PSU(primary sampling unit)'를 의미함]는 학교, 2차 추출단위[알림: 'SSU(secondary sampling unit)'를 의미함]는 학급"이며, 학교와 학급은 무작위 표집하였고, 표집된 학급의 경우 장기결석이나 설문참여가 불가능한 특수아동이나 문자해독장애 학생을 제외한 모든 학생을 조사(4쪽)하였다고 합니다. 즉 '제16차 2020년 청소년건강행태조사'의 경우 2단계 층화군집표집이 이루어졌으므로 엄밀히 말하면 2개의 군집변수(즉 학교 변수, 학급 변수)가 필요한데, 예시 데이터에서는 그중 '학교'만 군집변수로 제공하고 있습니다.[2]

셋째, w변수는 표본의 가중치(weight)변수입니다. 가중치는 추출률, 응답률, 모집단의 인구구성 정보(가중치 사후보정률)를 반영하여 계산하였습니다. 보고서 10쪽에 따르면 가중치를 구성하는 추출률, 응답률, 가중치 사후보정률의 공식은 다음과 같습니다.

$$추출률 = 학교추출률 \times 학급추출률$$
$$= \frac{표본학교수}{모집단 \ 학교수} \times \frac{1}{표본학교 \ 학년별 \ 학급수}$$

---

2 보고서 4쪽에 따르면 "2차 추출은 선정된 표본학교에서 학년별로 1개 학급을 무작위로 추출하였다"고 설명되어 있기 때문에, '학년'을 학급의 식별자(identifier)로 사용하는 방법도 생각해볼 수 있습니다. 하지만 예시데이터에는 하나의 FPC변수, 즉 학교(PSU) 기준 FPC변수만 알려져 있고, 학급(SSU) 기준 FPC변수는 알려져 있지 않으므로 분석에 반영할 수 없습니다. 이처럼 개인정보 보호 혹은 행정상의 문제로 인해 모든 정보가 공개되지 않는 경우는 매우 빈번히 발생합니다. 공개된 복합설문 데이터를 '2차 분석'하는 연구자의 입장에서는 데이터를 수집한 기관 또는 단체에서 제공하는 안내 지침을 충분히 검토하고 숙지하여 분석을 진행해야 합니다.

추출률은 다단계 군집표집 과정에서의 표집단위인 '학교'와 '학급'이 표본으로 추출될 확률을 곱한 값입니다. 즉 각각의 학교에 배속된 학급들 가운데 특정 학급이 선택될 확률로, 추출률의 역수가 바로 '표집 가중치(sampling weight)'에 해당합니다.

$$\text{응답률} = \frac{\text{표본학교 학년별 응답자수}}{\text{표본학교 학년별 대상자수}}$$

다음으로 응답률은 표본학교 학년별 응답률을 의미하며, 구체적으로 표본학교의 학년별 대상자수 대비 표본학교의 학년별 응답자수를 의미합니다. 예를 들어 조사대상으로 선정된 학급의 학생수가 출석부 기준 30명이라고 하더라도, 질병으로 인해 결석한 학생이 발생한 경우라면 응답률은 1보다 작은 값을 갖게 됩니다. '무응답조정 가중치(nonresponse adjustment weight)'는 바로 응답률의 역수를 뜻하며, 이를 가중치변수에 반영함으로써 응답률 차이로 인해 특정 학년이 과소 또는 과대 대표되는 것을 방지할 수 있습니다.

$$\text{가중치 사후보정률} = \frac{\text{모집단 지역군내 성별·학교급별·학년별 해당 학생수}}{\text{지역군내 성별·학교급별·학년별 가중치의 합}}$$

추출률과 응답률이 단계별로 표본을 추출하는 과정에서 나타나는 오차를 조정하기 위한 것이라면, 가중치 사후보정률(알림: '사후층화 가중치'를 의미함)은 센서스 데이터를 기준으로 전국의 중고등학생수와 지역군 내 성별·학교급별·학년별 가중치의 합산값이 같도록 조정하기 위한 것입니다.[3] 즉 가중치 사후보정률을 적용하면 표본모집단(sampled population, 2만 8,961명의 중학생과 2만 5,987명의 고등학생, 총 5만 4,948명)이 표적모집단(target population, 2020년 4월 기준 대한민국의 132만 6,523명의 중학생과 130만 5,365명의 고등학생, 총 263만 1,888명)을 대표할 수 있도록 조정됩니다.

최종적으로 w변수는 추출률, 응답률, 가중치 사후보정률 정보들을 다음의 공식에 대

---

[3] 복합설문을 설계한 연구자들은 극단적 가중치를 재조정하였습니다. 이에 대해서는 〈제16차(2020년) 청소년건강행태조사 통계〉 보고서 10쪽을 참조하시기 바랍니다.

입한 값입니다. 달리 말하면, 최종 가중치변수는 표집 가중치, 무응답조정 가중치, 그리고 가중치 사후보정률의 곱으로 이루어져 있습니다.

$$가중치 = \frac{1}{추출률} \times \frac{1}{응답률} \times 가중치\ 사후보정률$$

넷째, FPC변수는 '유한모집단수정지수'를 의미합니다. 앞서 설명드렸듯, FPC지수는 교체가능 단순 무작위 표집(SRSWR)이 아니라 교체불가능 단순 무작위 표집(SRSWOR)이 적용됨으로써 발생하는 분산의 감소를 반영하는 값입니다. 예시데이터의 경우를 포함해 거의 모든 조사가 SRSWOR 기법으로 이루어지므로 이론(SRSWR)과 현실(SRSWOR)의 차이를 보정하기 위해서는 FPC지수를 분석에서 고려해주어야 합니다. survey 및 srvyr 패키지에서는 FPC변수로 표집이 이루어진 모집단의 크기를 투입해주어야 하며, 예시데이터의 경우 fpc라는 이름으로 FPC변수가 주어져 있습니다.[4]

이제 예시데이터에 대해 복합설문 설계를 적용해봅시다. 복합설문 설계를 적용하는 방법에는 srvyr 패키지의 as_survey_design() 함수, survey 패키지의 svydesign() 함수를 사용하는 방법이 있습니다. 두 방법은 동일한 기능을 하지만, 전자는 타이디버스 접근법을 택하고 후자는 전통적인 R 사용방법을 택한다는 차이점이 있습니다. 먼저 srvyr 패키지의 as_survey_design() 함수를 적용하는 방법은 아래와 같습니다. ids 옵션에는 군집을 의미하는 cluster변수를, strata 옵션에는 유층을 의미하는 strata 변수를, weights 옵션에는 가중치를 의미하는 w변수를, fpc 옵션에는 FPC지수를 의미하는 fpc 옵션을 지정하면 됩니다. 복합설문 설계에서 고려한 4개 변수를 지정하면 되므로 적용하시는 데 큰 문제는 없을 것입니다.

---

4 아래와 같이 군집(cluster)별 FPC변수의 값(n_fpc)이 유일하다는 점에서 확인할 수 있습니다.

```
> # 군집별 규모
> mydata %>% group_by(cluster) %>%
+ summarize(n_fpc=n_distinct(fpc)) %>% count(n_fpc)
# A tibble: 1 x 2
  n_fpc     n
  <int> <int>
1     1   793
```

```
> # 복합설문 설계 적용: 타이디버스 접근
> cs_design <- mydata %>%
+   as_survey_design(ids=cluster,      # 군집
+                    strata=strata,    # 유층
+                    weights=w,        # 가중치
+                    fpc=fpc)          # 유한모집단수정지수
> cs_design
Stratified 1 - level Cluster Sampling design
With (793) clusters.
Called via srvyr
Sampling variables:
 - ids: cluster
 - strata: strata
 - fpc: fpc
 - weights: w
Data variables: female (fct), agem (dbl), ses (dbl), sch_type (fct), sch_mdhg (fct),
 achieve (dbl), use_smart (fct), spend_smart (dbl), scale_gad (dbl), scale_spaddict
 (dbl), covid_suffer (dbl), exp_sad (fct), exercise (dbl), happy (dbl), m_gad_1 (dbl),
 m_gad_2 (dbl), m_gad_3 (dbl), m_gad_4 (dbl), m_gad_5 (dbl), m_gad_6 (dbl), m_gad_7
 (dbl), int_sp_ou_1 (dbl), int_sp_ou_2 (dbl), int_sp_ou_3 (dbl), int_sp_ou_4 (dbl),
 int_sp_ou_5 (dbl), int_sp_ou_6 (dbl), int_sp_ou_7 (dbl), int_sp_ou_8 (dbl),
 int_sp_ou_9 (dbl), int_sp_ou_10 (dbl), cluster (dbl), strata (chr), w (dbl), fpc (dbl)
```

위의 결과를 이해하는 것은 어렵지 않습니다만, 복합설문 설계과정에서 사용된 변수들이 제대로 지정되었는지 꼭 확인하기 바랍니다(즉 Sampling variables: 부분). 아울러 summary() 함수를 이용하면 각 군집, 유층의 빈도와 응답사례 등에 대한 요약통계치도 살펴볼 수 있습니다.

```
> summary(cs_design)
Stratified 1 - level Cluster Sampling design
With (793) clusters.
Called via srvyr
Probabilities:
     Min.    1st Qu.  Median   Mean     3rd Qu.  Max.
  0.005155 0.016544 0.021456 0.027994 0.030372 0.486352
Stratum Sizes:
         2020_1  2020_10  2020_100  2020_101  2020_102  2020_103  2020_104  2020_105  2020_106
obs         169      206       718       451       612       660       240       645       534
```

design.PSU	3	4	10	7	9	10	4	8	7
actual.PSU	3	4	10	7	9	10	4	8	7

	2020_107	2020_108	2020_109	2020_11	2020_110	2020_12	2020_13	2020_14	2020_15
obs	584	238	558	196	154	155	179	201	126
design.PSU	8	4	7	3	2	3	3	3	2
actual.PSU	8	4	7	3	2	3	3	3	2

	2020_16	2020_17	2020_18	2020_19	2020_2	2020_20	2020_21	2020_22	2020_23
obs	137	218	130	123	248	114	191	103	178
design.PSU	2	3	2	2	4	2	3	2	4
actual.PSU	2	3	2	2	4	2	3	2	4

	2020_24	2020_25	2020_26	2020_27	2020_28	2020_29	2020_3	2020_30	2020_31
obs	157	112	173	88	179	156	121	139	85
design.PSU	3	2	3	2	3	3	2	3	2
actual.PSU	3	2	3	2	3	3	2	3	2

	2020_32	2020_33	2020_34	2020_35	2020_36	2020_37	2020_38	2020_39	2020_4
obs	123	857	558	742	821	712	576	611	180
design.PSU	2	12	9	10	13	11	8	9	3
actual.PSU	2	12	9	10	13	11	8	9	3

	2020_40	2020_41	2020_42	2020_43	2020_44	2020_45	2020_46	2020_47	2020_48
obs	494	672	383	864	755	691	395	846	580
design.PSU	7	10	6	12	12	10	7	12	9
actual.PSU	7	10	6	12	12	10	7	12	9

	2020_49	2020_5	2020_50	2020_51	2020_52	2020_53	2020_54	2020_55	2020_56
obs	1233	280	960	1212	218	251	273	590	131
design.PSU	17	5	14	15	3	4	5	8	2
actual.PSU	17	5	14	15	3	4	5	8	2

	2020_57	2020_58	2020_59	2020_6	2020_60	2020_61	2020_62	2020_63	2020_64
obs	670	176	615	101	215	545	303	460	359
design.PSU	9	3	9	2	4	8	5	7	6
actual.PSU	9	3	9	2	4	8	5	7	6

	2020_65	2020_66	2020_67	2020_68	2020_69	2020_7	2020_70	2020_71	2020_72
obs	239	389	362	409	283	177	408	153	1059
design.PSU	4	5	5	6	5	3	5	2	16
actual.PSU	4	5	5	6	5	3	5	2	16

	2020_73	2020_74	2020_75	2020_76	2020_77	2020_78	2020_79	2020_8	2020_80
obs	734	986	1216	989	668	760	618	107	1100
design.PSU	12	14	17	13	10	11	10	2	15
actual.PSU	12	14	17	13	10	11	10	2	15

	2020_81	2020_82	2020_83	2020_84	2020_85	2020_86	2020_87	2020_88	2020_89
obs	535	1009	1159	909	505	1143	918	1668	1217

```
design.PSU       7       15      15      13       8      13      11      21      15
actual.PSU       7       15      15      13       8      13      11      21      15
              2020_9  2020_90 2020_91 2020_92 2020_93 2020_94 2020_95 2020_96 2020_97
obs            124    1647     464     369     242     850     239    1002     309
design.PSU       2      20       6       5       4      11       4      14       4
actual.PSU       2      20       6       5       4      11       4      14       4
              2020_98 2020_99
obs            953     299
design.PSU      13       5
actual.PSU      13       5
```

Population stratum sizes (PSUs):

```
 2020_1  2020_10 2020_100 2020_101 2020_102 2020_103 2020_104 2020_105 2020_106
     19       20      161       96       95       92       83       79       60
2020_107 2020_108 2020_109 2020_11 2020_110  2020_12  2020_13  2020_14  2020_15
     64       65       30       12       15       12       11       16        9
 2020_16  2020_17  2020_18  2020_19   2020_2  2020_20  2020_21  2020_22  2020_23
     14       20       18        9       25       17       11       16       32
 2020_24  2020_25  2020_26  2020_27  2020_28  2020_29   2020_3  2020_30  2020_31
     14       18       31       19       31       22        9       26       11
 2020_32  2020_33  2020_34  2020_35  2020_36  2020_37  2020_38  2020_39   2020_4
      6       64       55       57       70       59       47       37       21
 2020_40  2020_41  2020_42  2020_43  2020_44  2020_45  2020_46  2020_47  2020_48
     36       55       41       56       50       47       20       64       55
 2020_49   2020_5  2020_50  2020_51  2020_52  2020_53  2020_54  2020_55  2020_56
    114       24       70      100       43       20       27       18       39
 2020_57  2020_58  2020_59   2020_6  2020_60  2020_61  2020_62  2020_63  2020_64
     26       59       53       13       48       47       47       36       51
 2020_65  2020_66  2020_67  2020_68  2020_69   2020_7  2020_70  2020_71  2020_72
     45       41       36       35       41       11       16        8      107
 2020_73  2020_74  2020_75  2020_76  2020_77  2020_78  2020_79   2020_8  2020_80
     87       86      108       91       82       60       65        9       81
 2020_81  2020_82  2020_83  2020_84  2020_85  2020_86  2020_87  2020_88  2020_89
     55       91       88       64       24      101       74      186      110
  2020_9  2020_90  2020_91  2020_92  2020_93  2020_94  2020_95  2020_96  2020_97
      9      167       78       43       42       49       78       65      123
 2020_98  2020_99
     99      112
```

Data variables:
```
[1] "female"        "agem"          "ses"           "sch_type"      "sch_mdhg"
[6] "achieve"       "use_smart"     "spend_smart"   "scale_gad"     "scale_spaddict"
```

```
[11] "covid_suffer"  "exp_sad"       "exercise"      "happy"         "m_gad_1"
[16] "m_gad_2"        "m_gad_3"       "m_gad_4"       "m_gad_5"       "m_gad_6"
[21] "m_gad_7"        "int_sp_ou_1"   "int_sp_ou_2"   "int_sp_ou_3"   "int_sp_ou_4"
[26] "int_sp_ou_5"    "int_sp_ou_6"   "int_sp_ou_7"   "int_sp_ou_8"   "int_sp_ou_9"
[31] "int_sp_ou_10"   "cluster"       "strata"        "w"             "fpc"
```

다음으로 전통적 방식으로 복합설문 데이터 분석을 진행하는 방법은 아래와 같습니다. 한 가지 주의할 것은 복합설문 설계에 사용된 변수를 지정할 때 ~ 표시를 덧붙여 사용한다는 점입니다. 아래 결과에서 살펴볼 수 있듯, 함수의 이름이 다르고 함수 내부의 data 옵션에 예시데이터(mydata)를 지정한다는 것이 조금 다를 뿐 사용하는 데 큰 불편은 없을 것입니다.

```
> # 복합설문 설계 적용: 전통적 접근
> cs_design_classic <- svydesign(ids=~cluster,        # 군집
+                                 strata=~strata,      # 유층
+                                 weights=~w,          # 가중치
+                                 fpc=~fpc,            # 유한모집단수정지수
+                                 data=mydata)
> cs_design_classic
Stratified 1 - level Cluster Sampling design
With (793) clusters.
svydesign(ids = ~cluster, strata = ~strata, weights = ~w, fpc = ~fpc,
  data = mydata)
```

데이터와 복합설문 설계변수들이 동일하다면 2가지 방식으로 얻은 결과는 본질적으로 동일합니다. 여기서는 최근의 R 이용방식인 타이디버스 접근방식을 위주로 설명하되, 전통적 접근방식으로 동일한 분석을 실시하는 방법도 간단히 소개하였습니다. 먼저 복합설문 데이터 분석을 기반으로 어떻게 빈도표를 계산할 수 있는지 살펴보겠습니다.

3 범주형 변수 대상 기술통계분석 및 시각화

우선 예시데이터의 범주형 변수들을 대상으로 빈도표를 산출해보겠습니다. 먼저 복합설문 설계를 고려하지 않은 경우, 남학생과 여학생 빈도표를 구하면 다음과 같습니다.

```
> # 범주형 변수 대상 기술통계분석 및 시각화
> # 시나리오1: 복합설문 계획을 전혀 고려하지 않은 상황
> mydata %>% count(female)
# A tibble: 2 x 2
 female      n
 <fct>    <int>
1 0       28353
2 1       26595
```

제시되는 빈도는 표본의 크기에 따라 달라집니다. 범주형 변수의 수준별 비율을 구해보죠.

```
> mydata %>% count(female) %>% mutate(prop=n/sum(n))
# A tibble: 2 x 3
 female    n  prop
 <fct> <int> <dbl>
1 0    28353 0.516
2 1    26595 0.484
```

복합설문 설계를 고려하지 않은 경우, 남학생이 약 52%, 여학생이 약 48%인 것을 확인할 수 있습니다. 이제 다음으로 복합설문 설계를 고려하여 분석해보죠. 앞서 설정했던 복합설문 데이터 오브젝트인 cs_design을 이용하여 남학생과 여학생의 빈도를 계산해보겠습니다. srvyr 패키지의 survey_count() 함수를 이용하면 간단하게 빈도표를 계산할 수 있습니다.

```
> # 범주형 변수 대상 기술통계분석 및 시각화
> cs_design %>% survey_count(female)
# A tibble: 2 x 3
  female      n   n_se
  <fct>    <dbl>  <dbl>
1 0     1364840. 37424.
2 1     1267048. 34886.
```

결과에서 잘 드러나듯 계산된 남학생과 여학생의 수가 매우 증가한 것을 알 수 있습니다. 아울러 학생의 빈도가 정수가 아닌 소수점으로 표현되는 것도 확인할 수 있습니다. 이렇게 나타난 이유는 바로 가중치를 사용했기 때문입니다. 남녀 학생을 모두 합하면 총 263만 1,888(= 1,364,840 + 1,267,048)명이 되는데, 이 수치는 바로 2020년 4월 기준 대한민국의 중고등학생 수와 일치합니다(보고서 4쪽 참고).[5] 이때 가중치의 총합은 목표모집단의 총계, 즉 2020년 4월 기준 대한민국의 중고등학생 수와 일치합니다. 즉 가중치변수를 고려함으로써 표본모집단이 목표모집단을 대표하도록 조정한다는 것을 알 수 있습니다.

```
> nrow(mydata); sum(mydata$w)
[1] 54948
[1] 2631888
```

아울러 n_se라는 변수는 그 이름에서 알 수 있듯, 빈도수의 표준오차(SE)입니다. 만약 표준오차 대신 남학생과 여학생 빈도의 95% 신뢰수준을 알고 싶다면, vartype 옵션을 "ci"로 지정해주면 됩니다.

---

5 복합설문 데이터 분석기법은 일반적 데이터 분석기법에서 가중치를 추가로 고려한 것, 즉 '가중평균(weighted mean)'과 동일한 계산값을 냅니다. 즉 가중치(w)변수만 고려하더라도 survey_count()와 동일한 빈도표 결과가 출력됩니다. 하지만 이는 점추정치(point estimate)가 같다는 것일 뿐, 정확한 분산이나 신뢰구간을 추정하기 위해서는 survey_count() 함수가 필요하며, 군집(cluster) 및 층화(strata)변수 정보가 내재된 복합설문 설계 오브젝트(cs_design)를 기반으로 하여야 합니다.

```
> mydata %>% group_by(female) %>%
+ summarize(n=sum(w)) %>% mutate(prop=n/sum(n))
# A tibble: 2 x 3
  female     n  prop
  <fct>   <dbl> <dbl>
1 0     1364840 0.519
2 1     1267048 0.481
```

```
> cs_design %>% survey_count(female,vartype="ci")
# A tibble: 2 x 4
  female       n     n_low    n_upp
  <fct>     <dbl>     <dbl>    <dbl>
1 0      1364840.  1291359. 1438321.
2 1      1267048.  1198551. 1335545.
```

그렇다면 복합설문 계획을 고려하지 않으면 남녀학생의 비율추정에 어떤 문제가 발생할까요? 빈도표의 빈도 성격이 서로 다르기 때문에 빈도를 비교하는 것은 불가능합니다. 여기서는 2가지 빈도표의 비율을 비교해보도록 합시다.

```
> # 두 시나리오 사이의 남녀 비율 비교: 타이디버스 접근
> ftable_n <- mydata %>% count(female) %>% mutate(prop=n/sum(n))
> ftable_y <- cs_design %>% survey_count(female) %>% mutate(prop=n/sum(n))
> ftable_n$prop
[1] 0.5159969 0.4840031
> ftable_y$prop
[1] 0.5185783 0.4814217
```

위의 결과에서 알 수 있듯, 복합설문 설계를 고려하지 않으면 남학생 비율은 상대적으로 작게 추정되고(51.60% < 51.86%), 여학생 비율은 상대적으로 크게 추정됩니다(48.40% > 48.14%). 그러나 성별의 경우 크게 다른 결과가 나타나지 않습니다. 사실 이는 당연한 결과입니다. 왜냐하면 성별변수는 가중치, 보다 구체적으로 '가중치 사후보정률'을 계산할 때 '학교급(중학교/일반계고/특성화계고)', '학년' 등과 함께 고려했던 변수이기 때문입니다.

다른 범주형 변수들도 복합설문 설계를 고려한 경우와 고려하지 않은 경우의 빈도와 비율이 어떻게 달라지는지 살펴보겠습니다. 예시데이터에는 5개의 범주형 변수가 있습니다.

```
> # 범주형 변수들에 대해 반복 적용
> Fvars <- mydata %>% select_if(is.factor) %>% names(.)
> Fvars
[1] "female"  "sch_type" "sch_mdhg" "use_smart" "exp_sad"
```

map_df() 함수를 이용하면 각 변수의 수준별 빈도 및 비율을 효율적으로 반복계산할 수 있습니다. '_df'라는 이름에서 알 수 있듯, 개별 변수에 대해 얻은 '데이터프레임' 결과들을 하나로 결합하였습니다. 먼저 복합설문 설계를 고려하지 않은 경우는 다음과 같습니다.

```
> # 시나리오1: 고려안함
> Ftable_NO <- Fvars %>%
+   map_df(~mydata %>% mutate(group=!!sym(.x)) %>%
+          count(group) %>%
+          mutate(variable=.x,prop=n/sum(n)))
> Ftable_NO
# A tibble: 11 x 4
   group        n  variable   prop
   <fct>    <int>     <chr>   <dbl>
1  0        28353    female   0.516
2  1        26595    female   0.484
3  남녀공학  36531  sch_type   0.665
4  남학교     9338  sch_type   0.170
5  여학교     9079  sch_type   0.165
6  고등학교  25987  sch_mdhg   0.473
7  중학교    28961  sch_mdhg   0.527
8  0         1491 use_smart  0.0271
9  1        53457 use_smart   0.973
10 0        41108   exp_sad   0.748
11 1        13840   exp_sad   0.252
```

같은 방식으로 복합설문 설계에 대해서도 동일한 작업을 반복하였습니다. 2가지 시나리오에 따라 기술통계 분석결과를 비교한 결과는 [표 3-1]에 정리되어 있습니다.

```
> # 시나리오2: 고려함
> Ftable_CS <- Fvars %>%
+   map_df(~cs_design %>% mutate(group=!!sym(.x)) %>%
+          survey_count(group) %>%
+          mutate(variable=.x,prop=n/sum(n)))
> # 시나리오별 빈도표 정리
> Ftable <- bind_rows(Ftable_CS %>% mutate(CS="YS"),
```

```
+                          Ftable_NO %>% mutate(CS="NO")) %>%
+ mutate(myreport=str_c(round(n), # 빈도수는 0에서 반올림
+                        "\n(", # 비율은 소수점 4자리에서 반올림
+                        format(round(prop,4),nsmall=4),")")) %>%
+ select(variable,group,CS,myreport) %>%
+ pivot_wider(names_from="CS",values_from="myreport")
> Ftable %>% write_excel_csv("Table_Part2_Ch3_1_descriptive_freq.csv")
```

[표 3-1] 복합설문 설계 고려 여부에 따른 범주형 변수의 수준별 빈도와 비율

변수명	범주	복합설문 설계	
		고려안함	고려함
female	남학생	28,353 (0.5160)	1,364,840 (0.5186)
	여학생	26,595 (0.4840)	1,267,048 (0.4814)
sch_type	남녀공학	36,531 (0.6648)	1,7504,71 (0.6651)
	남학교	9,338 (0.1699)	455,876 (0.1732)
	여학교	9,079 (0.1652)	425,541 (0.1617)
sch_mdhg	고등학교	25,987 (0.4729)	1,326,523 (0.5040)
	중학교	28,961 (0.5271)	1,305,365 (0.4960)
use_smart	미사용	1,491 (0.0271)	74,842 (0.0284)
	사용	53,457 (0.9729)	2,557,046 (0.9716)
exp_sad	미경험	41,108 (0.7481)	1,968,832 (0.7481)
	경험	13,840 (0.2519)	663,056 (0.2519)

알림: 보고된 수치는 빈도이며, 괄호 속은 비율을 의미함. srvyr 패키지(version 1.1.1) 함수들을 이용하여 복합설문
설계를 반영한 분석결과는 군집변수, 층화변수, 가중치변수, 유한모집단수정지수 4가지를 적용해 추정한 결과이며,
보고된 빈도는 반올림한 결과임.

[표 3-1]에서 잘 나타나듯 범주형 변수의 수준별 비율은 동일하지 않습니다. 특히 sch_mdhg 변수의 경우, 복합설문 설계를 고려하지 않을 때 중학생 비율이 약 3% 과대추정되는 것을 알 수 있습니다.

다음으로 전통적 R 분석방법을 적용하는 경우의 복합설문 데이터의 범주형 변수 기술통계치를 계산해보겠습니다. 여기서는 sch_mdhg 변수 하나만 예시로 살펴보겠습니다 (다른 변수들의 경우 변수의 이름만 바꾸어 응용하면 됩니다).

```
> # 전통적 접근방법
> svytable(~sch_mdhg, cs_design_classic) # 빈도계산
sch_mdhg
고등학교   중학교
1326523 1305365
> prop.table(svytable(~sch_mdhg, cs_design_classic)) # 비율계산
sch_mdhg
   고등학교      중학교
0.5040195 0.4959805
```

위의 결과와 [표 3-1]의 결과를 비교해보기 바랍니다. 2가지 방식으로 얻은 결과는 (어쩌면 당연하지만) 동일합니다.

끝으로 복합설문 설계 고려 여부에 따라 범주형 변수의 수준별 비율 차이가 어떻게 다르게 나타나는지를 시각화하면 다음과 같습니다. 타이디버스 접근, 즉 ggplot2 패키지의 함수들을 사용하면 효과적인 시각화가 가능합니다.

```
> # 분석결과의 시각화: 학교타입(3수준 범주형 변수) 분포
> bind_rows(
+ mydata %>% count(sch_mdhg) %>%
+   mutate(prop=n/sum(n),CS="고려안함"),
+ cs_design %>% survey_count(sch_mdhg) %>% select(-n_se) %>%
+   mutate(prop=n/sum(n),CS="고려함")) %>%
+ ggplot(aes(x=sch_mdhg, y=prop, fill=CS))+
+ geom_bar(stat='identity',position=position_dodge(width=0.8),alpha=0.7)+
+ scale_fill_manual(values=c("grey70","grey10"))
+ labs(x="중고등학교 구분",y="비율",fill="복합설문 설계")+
+ coord_cartesian(ylim=c(0.4,0.55))+
+ theme_bw()
> ggsave("Figure_Part2_Ch3_1_descriptive_prop_school.png",width=12,height=8,units='cm')
```

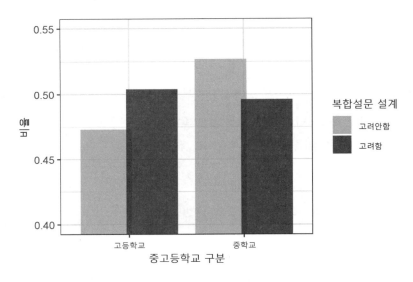

[그림 3-1] 복합설문 설계 적용 여부에 따른 범주형 변수의 추정비율 변화 비교

지금까지 복합설문 설계 상황에서 하나의 범주형 변수를 대상으로 빈도표와 범주별 비율을 계산하는 방법을 살펴보았습니다. 물론 인구집단별 범주형 변수의 빈도를 구하는 것도 가능합니다(이를테면 남학생과 여학생을 구분한 후 성별에 따라 스마트폰 이용비율을 계산하는 것). 전체 표본모집단을 여러 하위모집단으로 구분한 후 실시하는 범주형 변수 분석은 '하위모집단 분석(subpopulation analysis)'에서 다루도록 하겠습니다.

4 연속형 변수 대상 기술통계분석 및 시각화

다음으로 연속형 변수의 평균과 95% CI, 표준오차 등을 구해보겠습니다. 복합설문 데이터 분석도 본질적으로는 일반 데이터 분석과 크게 다르지 않습니다. 특히 타이디버스 접근에 익숙한 분들이라면 여러 연속형 변수들의 기술통계치들을 간단하게 계산할 수 있습니다. 먼저 주관적 행복감(happy)이라는 연속형 변수 하나에 대해서 평균과 95% 신뢰구간을 계산해보겠습니다. 우선 복합설문 설계에 대한 고려 없이 연속형 변수에 대한 기술통계분석을 실시하면 다음과 같습니다.

```
> # 연속형 변수의 평균과 95% CI, 설계효과 계산
> # 복합설문 설계 고려안함
> mydata %>%
+ summarise(M=mean(happy))  # 평균
# A tibble: 1 x 1
      M
  <dbl>
1  2.19
> lm(happy~1, mydata) %>% confint()  # 95%CI
                 2.5%     97.5%
(Intercept) 2.177891  2.194024
```

일반적 데이터 분석기법을 적용하여 95% 신뢰구간(CI)을 계산할 때, 절편만 투입한 OLS(ordinary least squares) 회귀모형을 사용하였습니다. 즉 OLS 모형의 정규분포에서 '단순 무작위 표집(SRSWR)'되었다는 가정을 기반으로 평균 및 95% CI를 추정하였습니다. 다음으로 cs_design 오브젝트를 활용하여 복합설문 데이터 분석결과를 실시하면 다음과 같습니다.

```
> # 복합설문 설계 고려함
> cs_design %>%
+ summarise(happy=survey_mean(happy,vartype='ci'))
     happy  happy_low  happy_upp
1  2.194077   2.182434   2.205721
```

vartype 옵션을 조정하면 표준오차('se'), 분산('var'), 변동계수(CV, coefficient of variation, 'cv')[6] 등도 계산할 수 있습니다. 그러나 일반적으로는 95% CI를 가장 많이 사용하며, 만약 95%가 아닌 90% CI 혹은 99% CI 등을 원하면 level 옵션을 각각 0.90, 0.99 등으로 조정하면 됩니다. 간단한 예를 들면 다음과 같습니다.

```
> # 기타 옵션들: 90% CI
> cs_design %>%
+ summarise(happy=survey_mean(happy,vartype=c('se','ci','var','cv')),level=.90)
```

---

6 표준편차를 평균으로 나누어준 값을 뜻합니다.

```
     happy   happy_se  happy_low  happy_upp   happy_var    happy_cv  level
1  2.194077  0.005930113   2.182434   2.205721  3.516624e-05  0.002702782   0.9
```

또한 변수별 설계효과(*Deff*, design effect)도 추정할 수 있습니다. 다음과 같이 deff 옵션을 TRUE로 바꾸면 됩니다.

```
> # 설계효과
> cs_design %>%
+ summarise(happy=survey_mean(happy,vartype='ci',deff=TRUE))
     happy   happy_low  happy_upp  happy_deff
1  2.194077   2.182434   2.205721   2.125928
```

이제 예시데이터의 연속형 변수들을 대상으로 평균과 95% CI, 그리고 설계효과를 일괄적으로 계산해보겠습니다. across() 함수를 summarise() 함수와 같이 사용하면 여러 연속형 변수들을 대상으로 쉽고 빠르게 분석결과를 얻을 수 있습니다. 여기서 2가지 유념할 사항이 있습니다. 첫째, 앞서 저희는 스마트폰을 사용하지 않는 학생들의 경우 스마트폰 사용시간(spend_smart)과 스마트폰 중독성향(scale_spaddict)의 두 변수에 대해 결측값 처리하였습니다. 왜냐하면 두 변수는 스마트폰 이용자, 즉 전체 복합설문 표본의 특정 하위모집단에만 의미 있는 변수라고 판단했기 때문입니다. 아울러 연령(agem) 변수의 경우도 결측값이 발생했습니다. 이로 인해 총 3가지 변수에서 결측값이 발생하였으므로 survey_mean() 함수에서 na.rm=TRUE 옵션을 통해 결측값을 제외하였습니다.[7]

```
> # 연속형 변수들의 평균, 95% CI 계산
> Dvars <- mydata %>% select(female:happy) %>%
+ select_if(is.double) %>% names(.)
> descriptives <- cs_design %>%
+ select(female:happy) %>%
+ summarise(across(
+   .cols=where(is.double),
```

---

7 복합설문 데이터의 결측데이터 분석기법에 대해서는 본서의 4부 심화 이슈에서 설명하였습니다.

```
+     .fns=function(x){survey_mean(x,vartype='ci',
+                                  deff=TRUE,na.rm=TRUE)}
+ ))
> descriptives
      agem   agem_low   agem_upp   agem_deff       ses  ses_low   ses_upp  ses_deff
1 15.64762   15.60292   15.69233    9.581095  2.636828  2.62161  2.652045  4.231636
  achieve  achieve_low  achieve_upp  achieve_deff  spend_smart  spend_smart_low
1 2.93945     2.922811     2.956089      2.957824      3.35194         3.308774
  spend_smart_upp  spend_smart_deff  scale_gad  scale_gad_low  scale_gad_upp
1        3.395106          4.989528   3.437844       3.429016       3.446671
  scale_gad_deff  scale_spaddict  scale_spaddict_low  scale_spaddict_upp
1       2.916316        3.127829            3.119527            3.136132
  scale_spaddict_deff  covid_suffer  covid_suffer_low  covid_suffer_upp
1            2.539933      2.943506          2.932607          2.954405
  covid_suffer_deff  exercise  exercise_low  exercise_upp  exercise_deff     happy
1          2.243254  1.852995      1.819314      1.886676       3.756696  2.194077
  happy_low  happy_upp  happy_deff
1  2.182434   2.205721    2.125928
```

계산된 결과를 바탕으로 먼저 연속형 변수별 설계효과를 살펴보겠습니다. 아래와 같이 하면 설계효과 통계치들만 쉽게 확인할 수 있습니다.

```
> # 설계효과
> descriptives %>%
+ select(contains("_deff")) %>%
+ round(4)
  agem_deff  ses_deff  achieve_deff  spend_smart_deff  scale_gad_deff
1    9.5811    4.2316        2.9578            4.9895          2.9163
  scale_spaddict_deff  covid_suffer_deff  exercise_deff  happy_deff
1               2.5399             2.2433         3.7567      2.1259
```

비슷한 방식으로 각 연속형 변수의 평균과 95% 신뢰구간을 살펴보겠습니다.

```
> # 평균, 95% 하한과 상한
> descriptives %>%
+ select(-contains("_deff"),
+        -contains("_low"),
```

```
+          -contains("_upp")) %>%
+ round(4)
     agem    ses  achieve  spend_smart  scale_gad  scale_spaddict  covid_suffer
1 15.6476 2.6368   2.9395       3.3519     3.4378          3.1278        2.9435
 exercise  happy
1    1.853 2.1941
> descriptives %>%
+ select(contains("_low"),
+        contains("_upp")) %>%
+ round(4)
 agem_low  ses_low  achieve_low  spend_smart_low  scale_gad_low
1  15.6029   2.6216       2.9228           3.3088          3.429
 scale_spaddict_low  covid_suffer_low  exercise_low  happy_low  agem_upp  ses_upp
1             3.1195            2.9326        1.8193     2.1824   15.6923    2.652
 achieve_upp  spend_smart_upp  scale_gad_upp  scale_spaddict_upp
1      2.9561           3.3951         3.4467              3.1361
 covid_suffer_upp  exercise_upp  happy_upp
1           2.9544        1.8867     2.2057
```

위와 같은 방식으로 얻은 평균과 95% 신뢰구간을 앞서 복합설문 설계에 대한 고려 없이 계산한 평균 및 95% 신뢰구간과 비교하였습니다.

```
> # 표로 정리
> # 시나리오1: 고려안함
> Dtable_NO <- tibble(variable=Dvars) %>%
+ mutate(fit=map(variable,~lm(str_c(.x,"~1"),mydata)),
+        M=map_dbl(fit,coef),
+        LLUL=map(fit,confint)) %>%
+ unnest(LLUL) %>%
+ mutate(myreport=str_c(format(round(M,4),nsmall=4),
+                       "\n(",
+                       format(round(LLUL[,1],4),nsmall=4),
+                       ", ",
+                       format(round(LLUL[,2],4),nsmall=4),
+                       ")")) %>%
+ select(variable,myreport)
> # 시나리오2: 고려함
> Dtable_CS <- descriptives %>%
+ select(!contains("_deff")) %>%
```

```
+ pivot_longer(cols=everything()) %>%
+ mutate(
+   type=ifelse(str_detect(name,"_low"),"ll",
+                ifelse(str_detect(name,"_upp"),"ul","mn")),
+   variable=str_remove(name,"_low|_upp")
+ ) %>% select(-name) %>%
+ pivot_wider(names_from="type",values_from="value") %>%
+ mutate(
+   myreport=
+   str_c(format(round(mn,4),nsmall=4),
+        "\n(",
+        format(round(ll,4),nsmall=4),
+        ", ",
+        format(round(ul,4),nsmall=4),
+        ")")
+ ) %>% select(variable,myreport)
```

앞서 개별 변수에 적용했던 과정을 반복한 것이므로 어렵지 않게 이해할 수 있을 것입니다. 위와 같은 방식으로 얻은 두 결과를 정리하면 [표 3-2]와 같습니다.

```
> # 복합설문 설계 고려 여부에 따른 비교
> Dtable <- full_join(Dtable_NO %>% rename(no=myreport),
+                      Dtable_CS %>% rename(yes=myreport))
Joining, by = "variable"
> Dtable %>% write_excel_csv("Table_Part2_Ch3_2_descriptive_M_CI.csv")
```

[표 3-2] 복합설문 설계 고려 여부에 따른 평균과 95% CI 비교

연속형 변수명	복합설문 설계	
	고려함	고려안함
agem	15.6476 (15.6029, 15.6923)	15.5574 (15.5430, 15.5718)
ses	2.6368 (2.6216, 2.6520)	2.6562 (2.6487, 2.6637)
achieve	2.9395 (2.9228, 2.9561)	2.9430 (2.9332, 2.9528)

spend_smart	5.2049 (5.1415, 5.2682)	5.2647 (5.2366, 5.2929)
scale_gad	3.4378 (3.4290, 3.4467)	3.4420 (3.4367, 3.4472)
scale_spaddict	3.1278 (3.1195, 3.1361)	3.1358 (3.1305, 3.1410)
covid_suffer	2.9435 (2.9326, 2.9544)	2.9304 (2.9230, 2.9377)
exercise	1.8530 (1.8193, 1.8867)	1.9018 (1.8841, 1.9196)
happy	2.1941 (2.1824, 2.2057)	2.1860 (2.1779, 2.1940)

알림: 보고된 수치는 평균이며 괄호 속은 95% CI를 의미함. srvyr 패키지(version 1.1.1) 함수들을 이용하여 복합설문 설계를 반영한 분석결과는 군집변수, 층화변수, 가중치변수, 유한모집단수정지수 4가지를 적용해 추정한 결과이며, 보고된 평균과 95% CI는 소수점 넷째자리에서 반올림하였음.

위의 결과를 다음과 같이 시각화하면 더 효과적으로 비교할 수 있습니다.

```
> # 시각화를 통한 비교
> myfig <- Dtable %>%
+ pivot_longer(-variable) %>%
+ mutate(value=str_remove_all(value,"\\(|\\)")) %>%
+ separate(value,into=c("mean","llul"),sep="\n") %>%
+ separate(llul,into=c("ll","ul"),sep=", ") %>%
+ arrange(name) %>%
+ mutate(across(mean:ul,as.double),
+        name=ifelse(name=="no","고려안함","고려함"),
+        variable=fct_reorder(variable, row_number()))
> myfig %>%
+ ggplot(aes(x=name,y=mean,color=name))+
+ geom_point(size=2)+
+ geom_errorbar(aes(ymin=ll,ymax=ul),width=0.2)+
+ facet_wrap(~variable,scales="free")+
+ coord_flip()+
+ labs(x="",y="변수별 평균 및 95% CI")+
+ theme_bw()+
+ guides(color="none")
> ggsave("Figure_Part2_Ch3_2_descriptive_M_CI.png",width=25,height=22,units='cm')
```

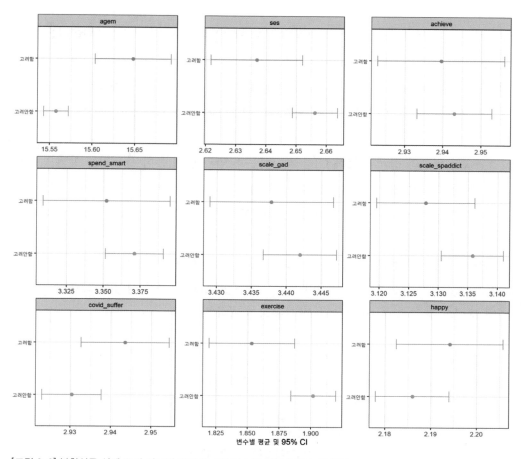

[그림 3-2] 복합설문 설계 고려 여부에 따른 연속형 변수의 평균과 95% CI 비교

알림: 제시된 점과 오차막대는 평균과 95% CI를 의미함. srvyr 패키지(version 1.1.1) 함수들을 이용하여 복합설문 설계를 반영한 분석결과는 군집변수, 층화변수, 가중치변수, 유한모집단수정지수 4가지를 적용해 추정한 결과이며, 보고된 평균과 95% CI는 소수점 넷째자리에서 반올림하였음.

위의 [그림 3-2]에서 2가지에 주목해야 합니다. 첫째, agem, ses, spend_smart, scale_spaddict, covid_suffer, exercise 변수들의 경우 복합설문 설계를 고려하지 않은 채 추정한 평균과 95% CI에 무시하기 어려운 정도의 큰 오차가 존재합니다. [그림 3-2]는 복합설문 설계에 기반한 데이터를 분석할 때, 왜 복합설문 데이터 분석을 실시해야 하는지를 매우 잘 보여줍니다.

둘째, 살펴본 9개 변수 모두에서 복합설문 설계를 고려해서 얻은 95% CI가 복합설문 설계를 고려하지 않고 얻은 95% CI보다 훨씬 더 폭이 큽니다. 다시 말해 복합설문 설계를 무시할 경우 분산을 과소추정할 가능성이 높아집니다. [그림 3-2]의 결과는 나중에 통계적 유의도 테스트에서도 다시 중요하게 등장합니다. 즉 분산을 과소추정한다는 것은 표준오차를 과소추정한다는 의미로, 테스트 통계치의 값(예를 들어 *t*-value)이 과대추정된다는 의미입니다. 바꿔 말하면 복합설문 설계로 수집된 데이터에 대해 복합설문 데이터 분석을 적용하지 않으면 제1종 오류(type I error)를 범하게 될 가능성이 증가합니다.

연속형 변수의 평균과 95% CI를 제시하는 방법과 함께 흔히 사용되는 방법으로 히스토그램을 그리는 방법과 오차막대(error bar)를 그리는 방법이 있습니다. 여기서는 복합설문 데이터 분석을 적용하여 연속형 변수의 히스토그램을 그리는 방법을 알아보고, 오차막대 그림은 조금 후에 살펴볼 하위모집단 분석에서 보겠습니다.

먼저 전통적인 접근방식으로 히스토그램을 그리면 [그림 3-3]과 같습니다. 복합설문 설계를 고려하지 않은 일반적 데이터 분석의 경우 hist() 함수를 사용하고, 복합설문 데이터 분석의 경우 svyhist() 함수를 사용하면 됩니다.

```
> # 전통적 접근
> png("Figure_Part2_Ch3_3_descriptive_agehist.png",width=960)
> par(mfrow=c(1,2))
> hist(mydata$agem,prob=TRUE,main="일반설문 데이터 분석",
+       col="red",xlab="연령",ylab="비율")
> svyhist(~agem,cs_design,main="복합설문 데이터 분석",
+         col="blue",xlab="연령",ylab="비율")
> par(mfrow=c(1,1))
> dev.off()
```

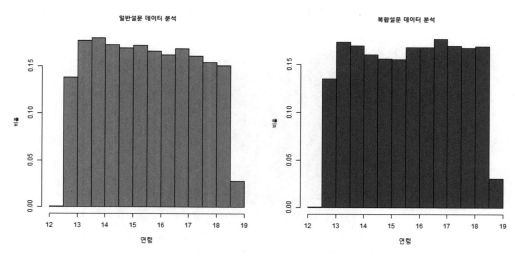

[그림 3-3] 복합설문 설계 고려 여부에 따른 히스토그램 비교 (전통적 접근)

한편 타이디버스 접근, 구체적으로 ggplot 패키지를 활용하면 더욱 효율적으로 시각화할 수 있습니다. 복합설문 설계 고려 여부에 따른 히스토그램을 한 화면에 배치하면 각각의 연령 분포가 어떻게 다른지 한눈에 확인할 수 있습니다. 실제로 표본의 연령 분포는 더 어리지만, 복합설문 데이터 분석기법을 적용함으로써 목표모집단(2020년 4월 기준 대한민국의 중고등학생)의 연령 분포와 비슷해지도록 조정할 수 있습니다.

```
> # 타이디버스 접근
> hist_no <- hist(mydata$agem,prob=TRUE) # 고려안함
> hist_cs <- svyhist(~agem,cs_design) # 고려함
> tibble(mids=hist_no$mids) %>%
+   ggplot(aes(x=mids))+
+   geom_bar(aes(y=hist_cs$density,fill="고려함"),stat="identity",width=0.5,alpha=0.3)+
+   geom_bar(aes(y=hist_no$density,fill="고려안함"),stat="identity",width=0.5,alpha=0.3)+
+   theme_bw()+
+   scale_fill_manual(values=c("red","blue"))+
+   labs(x="연령",y="비율",fill="복합설문 설계")+
+   theme(legend.position="top")
> ggsave("Figure_Part2_Ch3_4_descriptive_agehist_ggplot.png",width=12,height=10,units='cm')
```

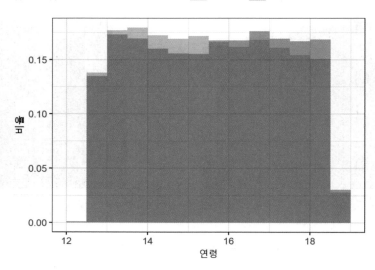

[그림 3-4] 복합설문 설계 고려 여부에 따른 히스토그램 비교 (타이디버스 접근)

연속형 변수에 대한 기술통계분석을 마무리하기 전에 연속형 변수의 평균과 표준오차, 95% CI를 전통적 접근으로 계산하는 방법을 간단히 살펴보겠습니다. 전통적 접근방법도 크게 다르지는 않습니다. happy 변수를 대상으로 평균, 표준오차, 설계효과, 95% CI 등을 계산하는 방법은 다음과 같습니다. survey 패키지의 svymean() 함수를 사용하면 평균과 표준오차, 설계효과를 구할 수 있으며, 95% CI를 얻으려면 나중에 소개할 svyglm() 함수에 독립변수를 투입하지 않은 상태로(즉 절편만 투입한 상태로) 절편값의 95% CI를 얻으면 됩니다. 아래의 결과에서 볼 수 있듯, 전통적 접근방법으로 얻은 결과 역시 srvyr 패키지의 survey_mean() 함수를 이용해 얻은 결과와 동일합니다.

```
> # 전통적 접근
> svymean(~happy, cs_design_classic, deff=TRUE)
          mean        SE     DEff
happy  2.1940775  0.0059301  2.1259
> # 95% CI
> confint(
+   svyglm(happy~1, cs_design_classic)
+ )
                 2.5 %    97.5 %
(Intercept)  2.182434  2.205721
```

5 하위모집단 분석

복합설문 데이터에는 여러 하위 인구집단(segment)이 있습니다. 복합설문 표본을 구성하는 인구집단을 흔히 하위모집단(subpopulation)이라고 부릅니다. 복합설문 표본의 일부, 즉 하위모집단을 분석하는 방법을 살펴봅시다.[8]

먼저 범주형 변수를 대상으로 하위모집단별 빈도와 비율을 계산해보겠습니다. 예시 데이터의 `female`과 `sch_type` 두 변수를 교차시키면 '남학교 재학 남학생', '여학교 재학 여학생', '남녀공학 재학 남학생', '남녀공학 재학 여학생', 총 4개 하위모집단을 얻을 수 있습니다. 이 하위모집단들을 대상으로 부정적 감정을 경험한 비율(`exp_sad` 변수)이 어떠한지 기술통계분석을 실시해봅시다. 우선 복합설문 설계를 적용하지 않을 경우, 각

---

8 연구자가 특정 하위모집단에만 관심이 있는 경우라도, 전체 데이터 및 복합설문 설계를 분석에서 고려해야 합니다. 즉 하위모집단만을 복합설문 데이터로 투입해서는 안 되고, 전체 데이터를 투입해야 합니다. 가중치 등 설계변수들은 '전체 표본모집단이 전체 목표모집단을 대표'하기 위함이며, '하위 표본모집단이 하위 목표모집단을 대표'하는 것은 설계된 바가 아니기 때문입니다. 예를 들어 남학생만을 대상으로 복합설문 데이터 분석을 실시한다고 할 때, 다음은 '잘못된' 방법입니다.

```
> # 각주 : 하위모집단 데이터만을 투입해서는 안 됨
> mydata %>%
+ filter(female==0) %>% # => 잘못된 방법
+ as_survey_design(ids=cluster,   #군집
+                  strata=strata,  #유층
+                  weights=w,       #가중치
+                  fpc=fpc)
Stratified 1 - level Cluster Sampling design
With (655) clusters.
Called via srvyr
Sampling variables:
- ids: cluster
- strata: strata
- fpc: fpc
- weights: w
Data variables: female (fct), agem (dbl), ses (dbl), sch_type (fct), sch_mdhg
(fct), achieve (dbl), use_smart (fct), spend_smart (dbl), scale_gad (dbl),
scale_spaddict (dbl), covid_suffer (dbl), exp_sad (fct), exercise (dbl),
happy (dbl), m_gad_1 (dbl), m_gad_2 (dbl), m_gad_3 (dbl), m_gad_4 (dbl),
m_gad_5 (dbl), m_gad_6 (dbl), m_gad_7 (dbl), int_sp_ou_1 (dbl), int_sp_ou_2
(dbl), int_sp_ou_3 (dbl), int_sp_ou_4 (dbl), int_sp_ou_5 (dbl), int_sp_ou_6
(dbl), int_sp_ou_7 (dbl), int_sp_ou_8 (dbl), int_sp_ou_9 (dbl),
int_sp_ou_10 (dbl), cluster (dbl), strata (chr), w (dbl), fpc (dbl)
```

하위모집단별 빈도와 비율을 계산하면 다음과 같습니다. group_by() 함수를 사용하면 매우 편리하게 하위모집단별 빈도와 비율을 계산할 수 있습니다.

```
> # 하위모집단 분석
> # 복합설문 설계 고려안함
> # 집단별로 구분
> prop_no <- mydata %>%
+   group_by(female,sch_type) %>%
+   count(exp_sad) %>%
+   mutate(prop=n/sum(n))
> prop_no
# A tibble: 8 x 5
# Groups:  female, sch_type [4]
  female sch_type exp_sad      n   prop
  <fct>  <fct>    <fct>    <int>  <dbl>
1 0      남녀공학  0        15163  0.797
2 0      남녀공학  1         3852  0.203
3 0      남학교    0         7557  0.809
4 0      남학교    1         1781  0.191
5 1      남녀공학  0        12036  0.687
6 1      남녀공학  1         5480  0.313
7 1      여학교    0         6352  0.700
8 1      여학교    1         2727  0.300
```

복합설문 데이터 분석을 실시해봅시다. 마찬가지로 group_by() 함수를 사용하면 하위모집단 분석을 실시할 수 있습니다. 이전의 경우와 다른 점이 있다면, 복합설문 설계를 반영한 오브젝트를 이용한다는 점과 survey_count() 함수를 적용한다는 점입니다.

```
> # 복합설문 데이터 분석
> # 타이디버스 접근
> # 집단별로 구분
> prop_yes <- cs_design %>%
+   group_by(female,sch_type) %>%
+   survey_count(exp_sad) %>%
+   mutate(prop=n/sum(n))
> prop_yes
```

```
# A tibble: 8 x 6
# Groups:  female, sch_type [4]
  female sch_type exp_sad        n   n_se  prop
  <fct>  <fct>    <fct>      <dbl>  <dbl> <dbl>
1 0      남녀공학  0        724672. 22637. 0.797
2 0      남녀공학  1        184293.  6302. 0.203
3 0      남학교    0        366169. 28813. 0.803
4 0      남학교    1         89706.  7614. 0.197
5 1      남녀공학  0        582977. 18602. 0.693
6 1      남녀공학  1        258530.  8239. 0.307
7 1      여학교    0        295014. 23821. 0.693
8 1      여학교    1        130527. 10938. 0.307
```

하위모집단별 부정적 감정경험 여부가 어떻게 다른지 막대그래프로 비교하여 제시한 결과는 아래와 같습니다.

```
> # 시각화를 통한 비교
> bind_rows(
+   prop_no %>% mutate(cs="고려안함"),
+   prop_yes %>% select(-n_se) %>% mutate(cs="고려함")
+ ) %>%
+ mutate(
+   exp_sad=ifelse(exp_sad==1,"경험","미경험"),
+   gender=ifelse(female==0,"남학생","여학생"),
+   subpop=str_c(sch_type," 재학\n", gender)
+ ) %>%
+ ggplot(aes(x=subpop,y=prop,fill=cs))+
+ geom_bar(stat='identity',position=position_dodge(width=0.8),alpha=0.7)+
+ scale_fill_manual(values=c("grey70","grey10"))+
+ labs(x="하위모집단",y="비율",fill="복합설문 설계")+
+ coord_cartesian(ylim=c(0.1,0.9))+
+ theme_bw()+theme(legend.position="top")+
+ facet_grid(~exp_sad)
> ggsave("Figure_Part2_Ch3_5_descriptive_prop_subpop.png",width=20,height=12,units='cm')
```

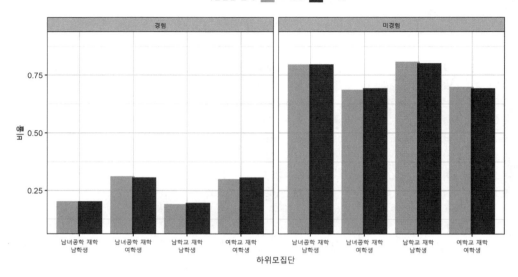

복합설문 설계 ███ 고려안함 ███ 고려함

[그림 3-5] 복합설문 설계 반영 여부에 따른 하위모집단 분석결과 비교

알림: srvyr 패키지(version 1.1.1) 함수들을 이용하여 복합설문 설계를 반영한 분석결과는 군집변수, 층화변수, 가중치변수, 유한모집단수정지수 4가지를 적용해 추정한 결과임.

만약 2×2 빈도표인 경우라면 survey 패키지의 fourfoldplot() 함수를 이용하여 사면도표(fourfold plot)를 고려해볼 수 있습니다. 이에 관해서는 이 장 끝부분에 survey 패키지를 기반으로 한 전통적 방법을 설명하면서 간단하게 다시 언급하겠습니다.

다음으로 연속형 변수 happy를 대상으로 하위모집단 분석을 실시해보겠습니다. 앞서와 마찬가지로 연속형 변수의 평균과 95% CI를 계산해보겠습니다. 먼저 일반적 데이터 분석으로 산출한 하위모집단 분석결과는 아래와 같습니다.

```
> # 연속형 변수 대상
> # 복합설문 설계 고려안함
> mci_no <- mydata %>%
+ group_by(female,sch_type) %>%
+ summarize(mean=mean(happy),
+           ll=(lm(happy~1,cur_data()) %>% confint())[1],
+           ul=(lm(happy~1,cur_data()) %>% confint())[2])
`summarise()` has grouped output by 'female'. You can override using the `.groups`
```

```
argument.
> mci_no
# A tibble: 4 x 5
# Groups: female [2]
  female  sch_type   mean     ll     ul
  <fct>   <fct>      <dbl>  <dbl>  <dbl>
1 0       남녀공학    2.09   2.08   2.10
2 0       남학교     2.07   2.05   2.09
3 1       남녀공학    2.29   2.28   2.31
4 1       여학교     2.30   2.28   2.32
```

복합설문 설계를 적용하는 것도 비슷합니다. 차이가 있다면 복합설문 설계를 반영한 오브젝트를 이용한다는 것과 vartype='ci' 옵션을 적용한 survey_mean() 함수를 사용한다는 점뿐입니다. 마지막의 rename() 함수는 추정결과 95% CI의 하한과 상한의 이름을 변경하기 위해 사용하였습니다.

```
> # 복합설문 데이터 분석
> mci_yes <- cs_design %>%
+ group_by(female,sch_type) %>%
+ summarise(mean=survey_mean(happy,vartype='ci')) %>%
+ rename(ll=mean_low,ul=mean_upp)
> mci_yes
# A tibble: 4 x 5
# Groups: female [2]
  female  sch_type   mean     ll     ul
  <fct>   <fct>      <dbl>  <dbl>  <dbl>
1 0       남녀공학    2.10   2.09   2.12
2 0       남학교     2.09   2.05   2.12
3 1       남녀공학    2.29   2.27   2.31
4 1       여학교     2.31   2.28   2.34
```

2가지 방식으로 얻은 결과를 시각화를 통해 비교해보겠습니다. bind_rows() 함수를 이용하여 두 추정결과를 통합한 후, 평균을 점으로 표시하고 95% CI를 오차막대로 나타내 [그림 3-6]을 그린 결과는 다음과 같습니다.

```
> # 시각화를 통한 비교
> bind_rows(
+ mci_no %>% mutate(cs="고려안함"),
+ mci_yes %>% mutate(cs="고려함")
+ ) %>%
+ mutate(
+   gender=ifelse(female==0,"남학생","여학생"),
+   subpop=str_c(sch_type," 재학\n", gender)
+ ) %>%
+ ggplot(aes(x=subpop,y=mean,color=cs,shape=cs))+
+ geom_point(size=2,position=position_dodge(width=0.3))+
+ geom_errorbar(aes(ymin=ll,ymax=ul),width=0.1,
+                  position=position_dodge(width=0.3))+
+ labs(x="하위모집단",y="주관적 행복감 (평균 및 95% CI)",
+       shape="복합설문 설계",color="복합설문 설계")+
+ coord_cartesian(ylim=c(2.0,2.4))+
+ theme_bw()+theme(legend.position="top")
> ggsave("Figure_Part2_Ch3_6_descriptive_M_CI_subpop.png",width=12,height=12,units='cm')
```

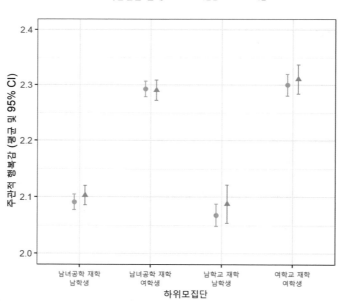

[그림 3-6] 복합설문 설계 적용 여부에 따른 하위모집단 분석 추정결과 비교

알림: 제시된 점과 오차막대는 평균과 95% CI를 의미함. srvyr 패키지(version 1.1.1) 함수들을 이용하여 복합설문
설계를 반영한 분석결과는 군집변수, 층화변수, 가중치변수, 유한모집단수정지수 4가지를 적용해 추정한 결과임.

다음으로 survey 패키지 함수를 이용하여 전통적 방식으로 복합설문 데이터 분석을 실시하는 방법에 대해 간략하게 설명하겠습니다. 먼저 female 변수와 sch_type 변수를 교차하여 얻은 4개 하위모집단별 부정적 감정경험(exp_sad)의 빈도를 계산하려면 다음과 같이 svytable() 함수를 사용하면 됩니다.

```
> # survey 패키지 함수를 이용한 전통적 방식
> # 범주형 변수
> svytable(~exp_sad+sch_type+female, cs_design_classic)
, , female = 0

    sch_type
exp_sad     남녀공학      남학교      여학교
      0   724671.68  366169.42       0.00
      1   184292.64   89706.26       0.00

, , female = 1

    sch_type
exp_sad     남녀공학      남학교      여학교
      0   582976.74       0.00  295013.86
      1   258530.25       0.00  130527.15
```

추정결과를 보면 가로줄과 세로줄로 구성된 첫 두 변수의 교차표가 세 번째 변수의 수준별로 다르게 추정되어 계산됩니다. 앞서 말씀드렸듯이 복합설문 설계로 인한 가중치 적용으로 계산된 빈도는 정수로 표현되지 않습니다.

prop.table() 함수를 이용해 위 빈도표의 비율을 구할 수 있습니다. 그러나 다음과 같이 특정 변수를 기준으로 수준을 구분해야 하는 불편을 감수해야 합니다. 저희는 하위모집단 분석이 전통적 방식의 타이디버스 방식에 비해 더 복잡하며, 분석결과를 요약하고 정리하는 것이 더 불편하다고 생각합니다.

```
> # 비율을 구하는 것이 다소 까다로울 수 있음
> prop.table(
+   svytable(~exp_sad+female, subset(cs_design_classic,sch_type=="남녀공학")),2
+ )
    female
exp_sad          0          1
      0  0.7972499  0.6927771
      1  0.2027501  0.3072229
```

```
> prop.table(
+ svytable(~exp_sad+female, subset(cs_design_classic,sch_type!="남녀공학")),2
+ )
    female
exp_sad           0           1
      0   0.8032221   0.6932678
      1   0.1967779   0.3067322
```

2×2 빈도표의 경우에는 다음과 같이 사면도표를 그릴 수 있습니다. 학교가 남녀
공학인지 여부로 구분한 후 성별과 부정적 감정경험 여부의 관계를 survey 패키지의
fourfoldplot() 함수로 시각화한 결과는 [그림 3-7]과 같습니다.

```
> png("Figure_Part2_Ch3_7_descriptive_subpop_fourfoldplots.png",width=720)
> mytable_mix <- svytable(~exp_sad+female, subset(cs_design_classic,sch_type=="남녀공학"))
> mytable_only <- svytable(~exp_sad+female, subset(cs_design_classic,sch_type!="남녀공학"))
> colnames(mytable_mix) <- colnames(mytable_only) <- c("남학생","여학생")
> rownames(mytable_mix) <- rownames(mytable_only) <- c("미경험","경험")
> par(mfrow=c(1,2)) # 사면도표를 좌우에 각각 배치
> fourfoldplot(round(mytable_mix),main="남녀공학")
> fourfoldplot(round(mytable_only),main="남학교 혹은 여학교")
```

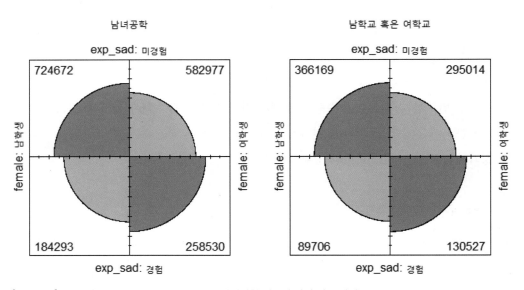

[그림 3-7] 남녀공학 여부에 따른 성별과 부정적 감정경험 여부의 관계 비교 사면도표

다음으로는 복합설문 데이터의 연속형 변수의 평균과 95% CI를 survey 패키지를 기반으로 분석해보겠습니다. 연속형 변수 대상 하위모집단들의 평균분석은 svyby() 함수에 by 옵션을 적용한 후, survey 패키지의 기술통계분석 함수 이름을 지정하는 방식으로 진행하면 됩니다. 95% CI의 경우는 confint() 함수를 적용하면 얻을 수 있습니다.

```
> # 연속형 변수
> svyby(~happy, by=~female+sch_type,
+       cs_design_classic, svymean) # 평균
            female   sch_type      happy            se
0.남녀공학       0    남녀공학   2.103244   0.008708812
1.남녀공학       1    남녀공학   2.290609   0.009310274
0.남학교        0      남학교   2.088037   0.017115374
1.여학교        1      여학교   2.310806   0.013680636
> confint(
+ svyby(~happy, by=~female+sch_type,
+       cs_design_classic, svymean)
+ ) # 95% CI
                 2.5 %      97.5 %
0.남녀공학    2.086175   2.120313
1.남녀공학    2.272362   2.308857
0.남학교     2.054492   2.121583
1.여학교     2.283993   2.337620
```

하위모집단 분석의 경우, 타이디버스 접근을 기반으로 한 srvyr 패키지 추정방식이 전통적 접근을 기반으로 한 survey 패키지 추정방식보다 간편하고 효율적입니다.

이상으로 호비츠-톰슨(HT) 추정에 근거한 모수접근방식(parametric approach)을 기반으로 하여 복합설문 설계를 적용하고 기술통계분석을 실시하는 방법을 살펴보았습니다. 다음 장에서는 비모수접근방식(nonparametric approach)에 근거한 반복재현방식(replication methods)을 기반으로 하여 복합설문 데이터 분석을 실시해보겠습니다.

4장

반복재현방식을 통한 분산추정

3장에서 계산한 표준오차, 95% CI, 분산 등은 모두 모수접근방식(parametric approach), 보다 구체적으로 호비츠–톰슨 추정량(Horvitz-Thompson estimator)을 기반으로 하고 있습니다. 이번에 소개할 반복재현방식(replication methods)은 비모수접근방식(nonparametric approach)을 기반으로 합니다. '반복재현(replicate)'이라는 이름에서 어느 정도 유추할 수 있지만, 반복재현방식에서는 수집된 표본을 대상으로 반복적으로 재표집(resampling)하는 방식을 통해 통계치의 '분산'을 추정합니다. 이번 장에서는 '균형 반복재현(BRR, balanced repeated replication)', '잭나이프 반복재현(JRR, Jackknife repeated replication)', '부트스트래핑 기반 반복재현(bootstrapping repeated replication, 이하 부트스트랩 기법)' 3가지를 간단히 살펴보겠습니다.

1 반복재현방식 개요

BRR, JRR, 부트스트랩 기법들은 세부적인 차이점에도 불구하고 그 원리는 동일합니다. 히링가 등(Heeringa et al., 2017, p. 76)은 반복재현방식의 복합설문 데이터 분석을 다음과 같은 다섯 단계로 요약합니다.

- 1단계: JRR, BRR, 부트스트랩 기법에 맞는 재표집 원칙에 따라 전체 복합설문 표본에서 반복재현한 R개의 표본($r = 1, 2, 3, \cdots$ R)을 확보함
- 2단계: 전체 표본의 설문 가중치를 개별 반복재현한 표본에 맞도록 수정한 r번째의 반복재현 가중치(replicate weights)를 생성함
- 3단계: r번째의 반복재현 가중치를 적용하여 전체 표본을 대상으로 연구자가 추정하고자 하는 모집단 통계치를 계산함
- 4단계: JRR, BRR, 부트스트랩 기법에 따른 반복재현 분산추정 공식에 따라 표준오차(SE)를 계산함
- 5단계: 추정된 통계치(빈도, 평균, 표준오차 등)를 이용하여 신뢰구간(CI)을 계산하고 아울러 수정된 자유도를 이용하여 통계적 유의도 테스트를 실시함

일반적 데이터 분석에서 잭나이프 기법이나 부트스트랩 기법을 사용해본 분들이라면 위에서 제시한 5단계의 내용을 쉽게 이해할 수 있을 듯합니다. 반복재현방식의 핵심은 수집한 표본을 기반으로 여러 차례 재표집한 표본들을 형성한 후 이를 기반으로 통계치의 변동성, 즉 분산이나 CI, 표준오차 등을 도출하는 것입니다. 수집한 표본의 사례들을 재표집한다는 점에서 반복재현방식은 계산에 상당한 시간이 소요되며(데이터의 크기와 복잡성, 컴퓨터의 성능에 따라 다르지만), 동일한 데이터를 동일한 기법으로 분석했다고 하더라도 그때마다 결과가 조금씩 다를 수 있습니다. 따라서 이러한 특성들을 염두에 둔 후에 BRR, JRR, 부트스트랩 기법의 세부적 차이가 무엇인지 숙지하기 바랍니다. 각 기법의 특징을 간단히 설명한 후 앞서 소개한 호비츠-톰슨 추정방법으로 추정한 결과와 비교하여 실습을 진행해보겠습니다.

2 균형 반복재현

분산이나 표준오차 등의 통계치는 본질적으로 특정 모집단에서 표본들을 반복적으로 추출할 때 얻을 것으로 기대할 수 있는 변동성을 정량화한 것입니다. 다단계 군집표집 과정을 다시 떠올려봅시다. 다단계 군집표집에서는 학생들에 대한 데이터를 수집하기 전에 학교, 그다음으로는 학급을 먼저 표집합니다. 다시 말해 최종 표집단계에서의 '학생' 관점에서 볼 때, 학급은 해당 학생의 모집단(혹은 하위모집단)이라고 볼 수 있습니다. 이런 관점에서 특정 학급에서 나타난 분산이나 표준오차를 추정하려고 하는 것이 목적이라면, 해당 학급의 학생들을 여러 차례 반복표집하는 방식으로 분산이나 표준오차를 추정할 수 있습니다.

이러한 관점은 균형 반복재현(BRR, balanced repeated replication)에 매우 잘 드러나 있습니다. 예를 들어 층화표집을 한다고 가정해보죠. 층화표집을 적용한 후 층화변수로 구분한 어떤 하나의 하위모집단(P)을 생각해봅시다. 만약 이 하위모집단 P에 속하는 사례들($N=2n$)의 수가 짝수이고, 사례들을 정확하게 무작위로 반분(半分, split-half)한다고 가정해봅시다. 이렇게 반분된 사례들을 각각 A와 B라고 가정해보죠. 자 이제 P, 반분된 표본 A와 B에 대해 평균과 분산을 각각 구한다고 가정해봅시다. P가 A와 B로 무작위로 반분되었다는 점에서 다음과 같이 가정할 수 있습니다. 먼저 평균의 경우 A의 평균, B의 평균이 같을 것으로 기대할 수 있고, 분산의 경우 A의 분산과 B의 분산이 동일하다고 기대할 수 있습니다.

$$E(A) = E(B)$$
$$Var(A) = Var(B)$$

여기서 P가 A, B로 무작위 반분되었다는 점을 고려하면, P의 평균이 A, B의 평균과 동일할 것으로 기대할 수 있습니다. 또한 P의 분산이 A와 B 분산의 합과 동일할 것으로 기대할 수 있습니다. 따라서 다음과 같이 표현할 수 있습니다.

$$E(A) = E(B) = E(P)$$
$$Var(A) + Var(B) = Var(P)$$

물론 위와 같은 상황은 '기대'일 뿐이며 실제 무작위로 반분한 결과는 그때마다 다르게 나타날 것입니다. BRR은 무작위로 반분된 결과가 그때그때 다르다는 점에 착안하여, 주어진 하위모집단 P를 여러 차례 반분한 결과를 활용한 비모수적 접근방법을 토대로 반분된 표본에 대해 각각 상이한 가중치를 부여하는 방식을 사용하여(포함된 절반의 사례에 대해 $\frac{2}{\pi_i}$의 가중치를 부여하고, 포함되지 않은 절반의 사례에 대해서는 $\frac{0}{\pi_i}$의 가중치를 부여) 분산이나 95% CI, 표준오차와 같은 변동성을 추정해냅니다. BRR에서는 하위모집단 P의 사례들을 K번 반분한 뒤, K개 결괏값들의 평균으로 최종 평균 및 분산추정치를 계산합니다.[1]

위와 같은 점에서 BRR은 다음과 같은 특성들을 갖습니다. 첫째, 모수접근방식을 기반으로 하지 않기 때문에 유한모집단수정(FPC)지수가 반영될 수 없습니다. 둘째, 반분이 불가능한 홀수 개 사례들로 구성된 유층(strata)에는 적용할 수 없습니다. 이 부분은 조금 후에 살펴볼 실습과정에서 다시 언급하겠습니다. 셋째, 사례들이 많으면 많을수록 반분되는 사례들이 기하급수적으로 늘어나며, 컴퓨팅 시간과 자원이 더 많이 소요됩니다. 또한 분석 상황이 복잡할수록 $\frac{2}{\pi_i}$, $\frac{0}{\pi_i}$의 가중치를 부여할 수 없는 경우도 발생하는데, 이런 경우 BRR을 적용하는 것이 어려울 수 있습니다. 이런 경우 페이 방식(Fay's method; Judkins, 1990)을 사용하여 $\frac{(2-\rho)}{\pi_i}$, $\frac{\rho}{\pi_i}$의 가중치를 적용하기도 합니다. 페이 방식에서는 일반적으로 $\rho=0.30$을 많이 사용하지만, 절대적인 기준은 아닌 것으로 알고 있습니다.

이제 BRR 기법을 예시데이터에 적용해보겠습니다. 이번 장에서도 타이디버스 접근에 기반한 srvyr 패키지를 중점적으로 설명하고, 전통적 방법의 survey 패키지를 추가로 설명하였습니다. 가장 먼저 tidyverse, survey, srvyr 패키지를 구동하고, 예시데이터를 불러온 후, 3장과 동일한 과정으로 데이터를 전처리하였습니다.

---

1 앞서 P의 분산이 A와 B 분산의 합과 동일한 것은 A와 B가 서로 독립된 표본(independent)이기 때문입니다. 만약 A와 B 사이에 0이 아닌 상관관계가 존재한다면 BRR 추정치에는 편향(bias)이 존재할 것입니다. 이처럼 BRR에서는 서로 독립적인 K개의 반복재현한 표본을 만들어내는 것이 중요합니다. 이는 BRR 추정에 있어 제약조건으로 작용하며, 하다마드 행렬(Hadamard matrix) 등 복잡한 계산이 요구됩니다. 한편 서로 겹치는(overlapping) 표본들이 허용된다면 추정이 훨씬 간단해질 것입니다. 이에 해당하는 방법들이 뒤에서 소개할 잭나이프(JRR) 및 부트스트랩 기법입니다.

```r
> # 패키지 구동
> library(tidyverse)  # 데이터 관리
> library(survey)      # 전통적 접근을 이용한 복합설문 분석
> library(srvyr)        # tidyverse접근을 이용한 복합설문 분석
> # 데이터 소환
> setwd("D:/ComplexSurvey/young_health_2020")
> dat <- haven::read_spss("kyrbs2020.sav")
> # 프로그래밍 편의를 위해 소문자로 전환
> names(dat) <- tolower(names(dat))
> # 분석대상 변수 사전처리 및 복합설문 설계 투입 변수 선별
> mydata <- dat %>%
+   mutate(
+   female=ifelse(sex==1,0,1) %>% as.factor(), # 성별
+   agem=age_m/12, # 연령(월기준)
+   ses=e_ses, # SES
+   sch_type=factor(stype), # 남녀공학, 남, 여
+   sch_mdhg=as.factor(mh), # 중/고등학교 구분
+   achieve=e_s_rcrd, # 성적
+   use_smart=ifelse(int_spwd==1&int_spwk==1,0,1) %>% as.factor(), # 스마트폰 이용 여부
+   int_spwd_tm=ifelse(is.na(int_spwd_tm),0,int_spwd_tm), # 주중 스마트폰 비이용자인 경우 0
+   int_spwk=ifelse(is.na(int_spwk),0,int_spwk),   # 주말 스마트폰 비이용자인 경우 0
+   spend_smart=(5*int_spwd_tm+2*int_spwk)/(7*60), # 스마트폰 이용시간(시간기준, 일주일의 하루 기준)
+   spend_smart=ifelse(use_smart==0,NA,spend_smart), # 스마트폰 미사용자의 결측값
+   scale_gad=5-rowMeans(dat %>% select(starts_with("m_gad"))), # 범불안 장애 스케일
+   scale_spaddict=5-rowMeans(dat %>% select(starts_with("int_sp_ou"))), # 스마트폰 중독 스케일
+   scale_spaddict=ifelse(use_smart==0,NA,scale_spaddict), # 스마트폰 미사용자의 결측값
+   covid_suffer=e_covid19, # Covid19로 인한 경제적 변화
+   exp_sad=ifelse(m_sad==2,0,1)%>% as.factor(), # 슬픔/절망 경험
+   exercise=pa_tot-1, # 일주일 운동 빈도
+   happy=pr_hd, # 주관적 행복감 인식수준
+   ) %>%
+   select(female:happy,
+           starts_with("m_gad"),
+           starts_with("int_sp_ou"),
+           cluster,strata,w,fpc)
```

먼저 as_survey_design() 함수를 이용하여 예시데이터에 복합설문 설계를 반영하도록 합시다. 이를 통해 기존 모수접근방식의 추정결과와 BRR을 이용해 얻은 추정결과를 비교하고자 하였습니다.

```
> # BRR (균형 반복재현, balanced repeated replication)
> # 우선 모수접근방식의 복합설문 설계 적용
> cs_design <- mydata %>%
+   as_survey_design(id=cluster,      # 군집
+                    strata=strata,   # 유층
+                    weights=w,       # 가중치
+                    fpc=fpc)         # 유한모집단수정지수
```

이제 위에서 얻은 `cs_design` 오브젝트를 기반으로 BRR을 실시해봅시다. BRR을 실시하는 방법은 간단합니다. `as_survey_rep()` 함수에 `type="BRR"`을 지정하면 됩니다. 그러나 안타깝게도 아래와 같이 오류 메시지가 뜰 것입니다.

```
> # 아래의 경우 오류가 나타남
> cs_design %>%
+   as_survey_rep(type="BRR")
Error in brrweights(design$strata[, 1], design$cluster[, 1], ..., fay.rho = fay.rho, :
  Can't split with odd numbers of PSUs in a stratum
추가정보: 경고메시지(들):
In survey::as.svrepdesign(.data, type = type, fay.rho = rho, fpc = fpc, :
  Finite population correction dropped in conversion
```

오류의 가장 끝에 제시된 경고메시지부터 살펴보겠습니다. "Finite population correction dropped in conversion"라는 표현은 BRR과 같은 반복재현방식에서는 유한모집단수정(FPC)지수를 적용할 수 없다는 의미입니다. 이에 대해서는 앞부분에서 설명한 바 있습니다.

BRR에서 중요한 점은 먼저 나오는 오류 부분입니다. "Can't split with odd numbers of PSUs in a stratum"라는 표현은 현재의 데이터의 유층들 중 짝수인 경우 반분(split-half)이 불가능하기 때문에 BRR을 적용할 수 없다는 의미입니다. 다시 말해 BRR을 적용하고자 한다면, 반드시 유층 내 사례들의 수가 짝수여야 합니다. 즉 짝수 및 홀수 유층들이 섞여 있는 예시데이터의 경우 BRR을 적용하는 것이 현재로서는 불가능하며, 만약 반복재현방식을 사용하려면 BRR이 아닌 다른 방법을 적용해야 합니다.

적절하다고 볼 수는 없으나 여기서는 BRR을 적용하는 방법을 이해하기 위해 예시데

이터 유층들 중에서 짝수 사례만 선별한 후 BRR을 적용해봅시다. 즉 다음에 제시한 방법으로 얻은 통계치는 예시데이터의 표적모집단인 대한민국의 중고등학생의 통계치가 아닙니다. BRR을 적용하는 방법을 실습한다는 한정된 목적이니 부디 오해 없으시기 바랍니다.

```
> # 유층 내부의 군집(cluster, PSU)이 홀수인 경우는 반분(split-half)이 불가능하기 때문
> # 군집 개수가 짝수인 경우만 선별
> even_cluster <- count(mydata, strata, cluster) %>%
+   group_by(strata) %>%
+   mutate(
+     select=max(row_number())%%2 # 2로 나눈 나머지
+   ) %>% filter(select==0) %>% # 2로 나눈 나머지가 0인 경우만
+   ungroup() %>%
+   select(cluster)
> even_cluster
# A tibble: 358 x 1
   cluster
     <dbl>
 1     249
 2     250
 3     251
 4     254
 5     634
 6     635
 7     636
 8     637
 9     640
10     641
# ... with 348 more rows
```

이렇게 확인된 유층 정보에 맞는 예시데이터만을 골라 as_survey_design(), as_survey_rep() 함수를 이용하여 BRR을 실행한 결과는 아래와 같습니다.

```
> cs_design_even <- mydata %>% inner_join(even_cluster) %>% # 짝수인 PSU 경우만 선별
+   as_survey_design(id=cluster,       # 군집
+                    strata=strata,  # 유층
```

```
+                          weights=w)        # 가중치(FPC는 별도 고려하지 않음)
Joining, by = "cluster"
> cs_BRR <- cs_design_even %>% as_survey_rep(type="BRR")
> cs_BRR
Call: Called via srvyr
Balanced Repeated Replicates with 180 replicates.
Data variables: female (fct), agem (dbl), ses (dbl), sch_type (fct), sch_mdhg (fct),
  achieve (dbl), use_smart (fct), spend_smart (dbl), scale_gad (dbl), scale_spaddict
  (dbl), covid_suffer (dbl), exp_sad (fct), exercise (dbl), happy (dbl), m_gad_1
  (dbl), m_gad_2 (dbl), m_gad_3 (dbl), m_gad_4 (dbl), m_gad_5 (dbl), m_gad_6 (dbl),
  m_gad_7 (dbl), int_sp_ou_1 (dbl), int_sp_ou_2 (dbl), int_sp_ou_3 (dbl), int_sp_ou_4
  (dbl), int_sp_ou_5 (dbl), int_sp_ou_6 (dbl), int_sp_ou_7 (dbl), int_sp_ou_8 (dbl),
  int_sp_ou_9 (dbl), int_sp_ou_10 (dbl), cluster (dbl), strata (chr), w (dbl), fpc
  (dbl)
```

이제 모수접근으로 추정된 결과와 BRR 방식으로 추정된 결과를 비교해보겠습니다. 먼저 범주형 변수의 빈도와 추정된 빈도의 95% CI를 비교해보죠.

```
> # 비교: H-T 추정방식과의 비교(범주형 변수)
> cs_design_even %>% survey_count(sch_type,vartype='ci') %>%
+ data.frame() %>% mutate(range=n_upp-n_low)
  sch_type          n       n_low      n_upp       range
1  남녀공학   724279.6   654664.6   793894.6   139230.0
2    남학교   213118.9   159945.5   266292.4   106346.8
3    여학교   215276.7   163745.8   266807.6   103061.8
> cs_BRR %>% survey_count(sch_type,vartype='ci') %>%
+ data.frame() %>% mutate(range=n_upp-n_low)
  sch_type          n       n_low      n_upp       range
1  남녀공학   724279.6   657884.6   790674.7   132790.08
2    남학교   213118.9   159809.8   266428.1   106618.25
3    여학교   215276.7   165491.7   265061.6   99569.87
```

위의 결과를 보면 추정된 빈도는 동일하지만 95% CI 추정결과는 사뭇 다릅니다. 95% CI의 상한과 하한의 범위에서 확인할 수 있듯, BRR 방식은 모수접근방식에 비해 '남녀공학'과 '여학교'의 변동량이 다소 작지만 '남학교'의 변동량은 다소 큽니다.

연속형 변수를 대상으로 얻은 평균과 95% CI는 다음과 같이 survey_mean() 함수를 이용하여 쉽게 확인할 수 있습니다. 주관적 행복감(happy) 변수의 모수적 추정결과와 BRR 방식 추정결과를 비교하면 다음과 같습니다.

```
> #비교: H-T 추정방식과의 비교(연속형 변수 M과 95% CI)
> cs_design_even %>% summarise(happy=survey_mean(happy,vartype='ci')) %>%
+ data.frame() %>% mutate(range=happy_upp-happy_low)
     happy  happy_low  happy_upp     range
1 2.194178    2.17482   2.213536  0.03871539
> cs_BRR %>% summarise(happy=survey_mean(happy,vartype='ci')) %>%
+ data.frame() %>% mutate(range=happy_upp-happy_low)
     happy  happy_low  happy_upp     range
1 2.194178    2.17455   2.213806  0.03925628
```

happy 변수의 평균은 동일하며 95% CI 추정결과는 거의 유사합니다. 보다 구체적으로 BRR 방식으로 얻은 95% CI가 모수접근방식으로 얻은 95% CI에 비해 다소 넓은, 즉 변동량이 다소 큰 것을 알 수 있습니다. 그렇다면 모든 연속형 변수들을 대상으로 2가지 방식으로 얻은 평균과 95% CI를 계산한 후 시각화를 통해 비교해보죠. across() 함수를 활용하여 일괄 계산하면 매우 효율적입니다.

```
> #비교: H-T 추정방식과의 비교(연속형 변수 M과 95% CI)
> # 모든 연속형 데이터
> HT_MCI <- cs_design_even %>%
+ select(female:happy) %>%
+ summarise(across(
+   .cols=where(is.double),
+   .fns=function(x){survey_mean(x,vartype='ci',
+                                na.rm=TRUE)}
+ ))
> BRR_MCI <- cs_BRR %>%
+ select(female:happy) %>%
+ summarise(across(
+   .cols=where(is.double),
+   .fns=function(x){survey_mean(x,vartype='ci',
+                                na.rm=TRUE)}
+ ))
```

```
> HT_BRR <- bind_rows(
+  HT_MCI %>% mutate(approach="HT"),
+  BRR_MCI %>% mutate(approach="BRR")
+ )
> myfig <- HT_BRR %>%
+  pivot_longer(-approach) %>%
+  mutate(
+   type="mean",
+   type=ifelse(str_detect(name,"_low"),"ll",type),
+   type=ifelse(str_detect(name,"_upp"),"ul",type),
+   name=str_remove(name,"_low|_upp")
+  ) %>%
+  pivot_wider(names_from="type",values_from="value") %>%
+  mutate(approach=fct_reorder(approach, row_number()))
> myfig %>%
+  ggplot(aes(x=approach,y=mean,color=approach))+
+  geom_point(size=2)+
+  geom_errorbar(aes(ymin=ll,ymax=ul),width=0.2)+
+  facet_wrap(~name,scales="free")+
+  coord_flip()+
+  scale_color_grey()+
+  labs(x="",y="변수별 평균 및 95% CI")+
+  theme_bw()+
+  guides(color="none")
> ggsave("Figure_Part2_Ch4_1_BRR_M_CI.png",width=25,height=22,units='cm')
```

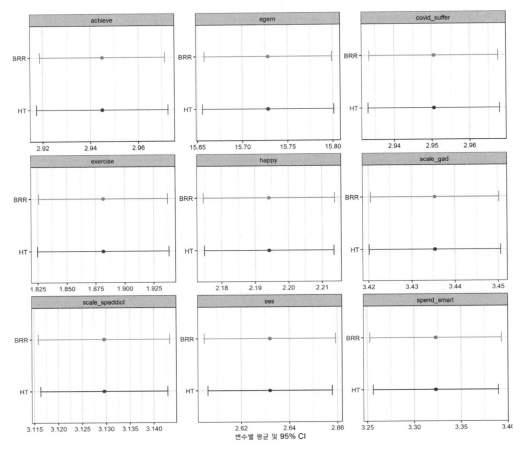

[그림 4-1] 모수접근방식과 BRR 방식으로 추정한 연속형 변수의 평균과 95% CI 비교

알림: 제시된 점과 오차막대는 평균과 95% CI를 의미함. 'HT'는 srvyr 패키지(version 1.1.1) 함수들을 이용하여 군집, 층화변수, 가중치, 유한모집단수정지수 4가지를 적용해 추정한 모수접근 분석결과를 의미하며, 'BRR'은 같은 패키지 함수들을 이용해 균형 반복재현방식을 적용하여 얻은 결과임(주의: BRR 적용을 위해 사례수가 짝수인 유층(strata)들을 선별하였고, 따라서 제시된 추정결과는 표적모집단의 모수추정결과를 의미한다고 할 수 없음).

위의 [그림 4-1]에서 알 수 있듯, 아주 미미한 차이가 있을 뿐 2가지 방식으로 추정한 평균의 95% CI는 거의 동일합니다.

BRR 방법을 다소 수정한 페이 방식(Fay's method) 역시 적용하는 것이 어렵지 않습니다. as_survey_rep() 함수의 type 옵션을 type="Fay"로 설정하고, 페이의 로(Fay's ρ)를 추가로 설정하면 됩니다(여기서는 일반적으로 많이 사용되는 0.30을 사용하였습니다). 참고로 as_survey_rep() 함수의 경우 rho=0이 디폴트이며, $\rho = 0$으로 얻은 결과는

BRR과 동일합니다. 추정결과를 얻는 방법은 모수접근방식이나 BRR 방식에 대한 추정
결과 도출방식과 동일합니다.

```
> # Fay's method: BRR의 잠재적 문제점에 대처
> cs_FAY <- cs_design_even %>%
+ as_survey_rep(type="Fay", rho=0.30) # Rho=0.30 (일반적으로 많이 사용됨)
> # 범주형 변수 추정
> cs_FAY %>% survey_count(sch_type,vartype='ci')
# A tibble: 3 x 4
  sch_type         n    n_low    n_upp
  <fct>          <dbl>   <dbl>    <dbl>
1 남녀공학    724280.  657885.  790675.
2 남학교      213119.  159810.  266428.
3 여학교      215277.  165492.  265062.
> # 연속형 변수 M, 95% CI
> cs_FAY %>% summarise(happy=survey_mean(happy,vartype='ci'))
# A tibble: 1 x 3
  happy   happy_low   happy_upp
  <dbl>       <dbl>       <dbl>
1  2.19        2.17        2.21
```

BRR은 그 유용성에도 불구하고 하위모집단(즉 유층)을 무작위로 반분(半分)하기 어려운 경우에는 사용이 어렵다는 한계가 있습니다. 즉 설계 단계에서 모든 유층이 짝수 개의 군집을 갖도록 설계된 데이터에 대해서만 BRR 방식을 적용하여 분산을 추정할 수 있습니다.

BRR을 마무리하기 전에 전통적 방법으로 BRR을 실행하는 방법에 대해 살펴보겠습니다. 복합설문 설계를 적용하려면 survey 패키지의 as.repdesign() 함수를 다음과 같이 적용하면 됩니다.

```
> ## 전통적 방법
> even_mydata <- mydata %>% inner_join(even_cluster)
Joining, by = "cluster"
```

```
> cs_design_classic <- svydesign(ids=~cluster,      #군집
+                                strata=~strata, #층화변수
+                                weights=~w,       #가중치
+                                data=even_mydata)
> cs_BRR_classic <- as.svrepdesign(cs_design_classic,
+                                  type="BRR")
```

이렇게 얻은 오브젝트를 이용하여 범주형 변수의 빈도나 연속형 변수의 평균, 95% CI를 계산하려면 아래와 같이 svytotal() 함수와 svymean() 함수를 사용하면 됩니다.

```
> #범주형 변수
> svytotal(~sch_type, cs_BRR_classic) %>% data.frame() #빈도와 SE
                        total       SE
sch_type남녀공학   724279.6   33646.61
sch_type남학교     213118.9   27015.14
sch_type여학교     215276.7   25229.21
> svytotal(~sch_type, cs_BRR_classic) %>% confint()   #빈도의 95% CI
                      2.5 %      97.5 %
sch_type남녀공학   658333.5    790225.8
sch_type남학교     160170.2    266067.6
sch_type여학교     165828.3    264725.0
> #연속형 변수
> svymean(~happy, cs_BRR_classic) #평균
         mean       SE
happy   2.1942   0.0099
> svymean(~happy, cs_BRR_classic) %>% confint() # 95% CI
            2.5 %      97.5 %
happy   2.174682   2.213673
```

3 잭나이프 반복재현

잭나이프 반복재현(JRR, jackknife repeated replication) 방식은 잭나이프 기법을 복합설문 데이터 분석에 적용한 것입니다. 잭나이프 기법은 재표집을 기반으로 제안된 방법들 중 가장 오래된 것입니다. 간단한 R 프로그래밍을 통해 잭나이프 기법을 이해해보죠. 평균이 0, 표준편차가 1인 정규분포를 따르며 모집단에서 추출된 50개 사례로 구성된 연속형 변수(x)를 생성하면 다음과 같습니다. 이때 본서와 동일한 변수 x를 얻기 위해서는 반드시 랜덤시드넘버(random seed number)를 set.seed(1234)로 지정해주시기 바랍니다. 생성된 변수 x의 평균과 분산은 다음과 같습니다.

```
> # 잭나이프 기법의 이해
> set.seed(1234)
> x <- rnorm(50,0,1)
> mean(x); var(x)
[1] -0.453053
[1] 0.783302
```

먼저 잭나이프 기법을 이용해 평균을 추정하는 방법은 다음과 같습니다. 잭나이프 기법은 변수에서 특정 사례를 뺀 나머지 사례들의 평균을 반복적으로 계산합니다. 즉 50개 사례 중 1번 사례를 뺀 나머지 49개 사례의 평균을 구하고, 다음으로 2번 사례를 뺀 나머지 49개 사례의 평균을 구하고, …… 최종적으로 50번 사례를 뺀 나머지 49개 사례의 평균을 구하는 것입니다. 이러한 과정을 for () {} 구문을 이용해 반복해보겠습니다.

```
> # 해당 사례 제외 나머지 49개 사례의 평균 저장
> mean_x <- rep(NA,50)
> for (i in 1:50){
+   mean_x[i] <- mean(x[-i])
+ }
> mean_x
 [1] -0.4376650 -0.4679608 -0.4844304 -0.4144276 -0.4710566
 [6] -0.4726267 -0.4505696 -0.4511432 -0.4507796 -0.4441350
```

```
[11] -0.4525604 -0.4419238 -0.4464571 -0.4636145 -0.4818805
[16] -0.4600483 -0.4518702 -0.4437032 -0.4452139 -0.5116018
[21] -0.4650355 -0.4522850 -0.4533082 -0.4716784 -0.4481414
[26] -0.4327438 -0.4740287 -0.4414081 -0.4619900 -0.4431980
[31] -0.4847949 -0.4525930 -0.4478206 -0.4520692 -0.4290522
[36] -0.4384700 -0.4178084 -0.4349318 -0.4562930 -0.4527909
[41] -0.4918805 -0.4404900 -0.4448426 -0.4565720 -0.4420063
[46] -0.4425334 -0.4397007 -0.4367483 -0.4516086 -0.4521592
```

이렇게 얻은 평균값들로 구성된 벡터(변수 mean_x)의 평균을 구해봅시다. 어떤 값이 나올까요?

```
> mean(mean_x)
[1] -0.453053
```

변수 x의 평균값과 mean_x의 평균값은 동일합니다. 또한 아래의 공식을 사용하면 잭나이프 기법을 이용한 분산을 추정할 수 있습니다(다시 말해 분산을 기반으로 95% CI도 계산할 수 있습니다). 이 역시 앞서 계산한 분산값과 동일한 것을 확인할 수 있습니다.

$$Var(\bar{x}) = (n-1)\sum_{i=1}^{n}(\bar{x}_i - \bar{x})^2$$

```
> (50-1)*sum((mean_x - mean(mean_x))^2)
[1] 0.783302
```

사실 이 결과는 그리 놀랍지 않습니다. 변수 x의 단순 평균과 분산, 그리고 변수 x의 복제품(replicate)들 50개에서 구한 평균과 분산은 각각 동일한 것이 당연합니다(복제품들 역시 하나의 변수 x에서 생성되었기 때문입니다). 그러나 잭나이프 기법의 아이디어는 점추정 (point estimation)보다 구간추정(interval estimation)에서 매우 중요하게 쓰입니다. 왜냐하면 복제품들의 분산으로 '평균추정량'의 분산, '분산추정량'의 분산을 계산할 수 있기 때문입니다. 이는 평균이나 분산 외에 구간추정이 복잡한 경우(예를 들어 분위수) 더욱 유용합니다. 또한 BRR 기법과 비교하면, 잭나이프 기법의 경우 정확하게 반분(split-half)할 필요가 없고, 표본들이 서로 독립일 필요가 없다는 점에서 계산이 간편합니다.

복합설문 데이터에 잭나이프 기법을 적용한 것을 잭나이프 반복재현(JRR) 방법이라고 부릅니다. 복합설문 설계에서 층화표집이 사용되었는지 여부에 따라 JRR 방법은 JK1(층화표집되지 않은 경우)과 JKn(층화표집된 경우)으로 구분됩니다. 본서의 예시데이터는 층화표집이 적용되었기 때문에 여기에 제시된 JRR은 JKn을 기반으로 하고 있습니다. JRR을 적용하는 방법은 BRR과 본질적으로 동일합니다. as_design_rep() 함수의 type 옵션에 "JKn"을 지정하는 것이 조금 다를 뿐입니다(만약 층화표집이 적용되지 않았다면 type="JK1"을 적용).

```
> # JRR (JKn, 층화표집된 경우)
> cs_JRR <- cs_design %>%
+  as_survey_rep(type="JKn")
> cs_JRR
Call: Called via srvyr
Stratified cluster jackknife (JKn) with 793 replicates.
Data variables: female (fct), agem (dbl), ses (dbl), sch_type (fct), sch_mdhg (fct),
 achieve (dbl), use_smart (fct), spend_smart (dbl), scale_gad (dbl), scale_spaddict
 (dbl), covid_suffer (dbl), exp_sad (fct), exercise (dbl), happy (dbl), m_gad_1
 (dbl), m_gad_2 (dbl), m_gad_3 (dbl), m_gad_4 (dbl), m_gad_5 (dbl), m_gad_6 (dbl),
 m_gad_7 (dbl), int_sp_ou_1 (dbl), int_sp_ou_2 (dbl), int_sp_ou_3 (dbl), int_sp_ou_4
 (dbl), int_sp_ou_5 (dbl), int_sp_ou_6 (dbl), int_sp_ou_7 (dbl), int_sp_ou_8 (dbl),
 int_sp_ou_9 (dbl), int_sp_ou_10 (dbl), cluster (dbl), strata (chr), w (dbl), fpc
 (dbl)
```

cs_JRR 오브젝트를 얻는 데 시간이 상당히 소요되었을 것입니다(물론 컴퓨터의 성능에 따라 체감시간이 길 수도 혹은 짧을 수도 있습니다). 아무튼 cs_JRR 오브젝트를 얻었다면 JRR 방식이 적용된 분석결과를 얻는 방법은 앞서 설명했던 방식과 사실 동일합니다. 먼저 survey_count() 함수를 이용하여 범주형 변수를 대상으로 얻은 빈도와 빈도의 95% CI를 계산해보겠습니다.

```
> #비교: H-T 추정방식과의 비교(범주형 변수)
> cs_design %>% survey_count(sch_type,vartype='ci') %>%
+ data.frame() %>% mutate(range=n_upp-n_low)
  sch_type          n       n_low       n_upp       range
1  남녀공학  1750471.3  1652418.3  1848524.3  196106.1
2    남학교   455875.7   385360.7   526390.6  141029.9
3    여학교   425541.0   358343.5   492738.5  134394.9
> cs_JRR %>% survey_count(sch_type,vartype='ci') %>%
+ data.frame() %>% mutate(range=n_upp-n_low)
  sch_type          n       n_low       n_upp       range
1  남녀공학  1750471.3  1652418.3  1848524.3  196106.1
2    남학교   455875.7   385360.7   526390.6  141029.9
3    여학교   425541.0   358343.5   492738.5  134394.9
```

위의 결과에서 알 수 있듯, 두 결과는 구분되지 않을 정도로 동일합니다. 다음으로는 survey_mean() 함수를 이용하여 연속형 변수를 대상으로 평균과 95% CI를 추정해보겠습니다.

```
> #비교: H-T 추정방식과의 비교(연속형 변수 M과 95% CI)
> cs_design %>% summarise(happy=survey_mean(happy,vartype='ci')) %>%
+ data.frame() %>% mutate(range=happy_upp-happy_low)
     happy  happy_low  happy_upp      range
1 2.194077   2.182434   2.205721  0.02328688
> cs_JRR %>% summarise(happy=survey_mean(happy,vartype='ci')) %>%
+ data.frame() %>% mutate(range=happy_upp-happy_low)
     happy  happy_low  happy_upp      range
1 2.194077   2.182429   2.205726  0.02329703
```

위의 결과에서도 2가지 방식으로 얻은 평균은 동일하며 95% CI의 범위도 거의 동일합니다(엄밀히 말하면 JRR 방식으로 얻은 95% CI가 조금 더 넓은 범위를 갖습니다). 다음으로 모든 연속형 변수를 대상으로 얻은 평균과 95% CI를 시각화하여 비교하면 다음의 [그림 4-2]와 같습니다.

```
> # 비교: H-T 추정방식과의 비교(연속형 변수 M과 95% CI)
> # 모든 연속형 데이터
> HT_MCI <- cs_design %>%
+   select(female:happy) %>%
+   summarise(across(
+     .cols=where(is.double),
+     .fns=function(x){survey_mean(x,vartype='ci',
+                                   na.rm=TRUE)}
+   ))
> JRR_MCI <- cs_JRR %>%
+   select(female:happy) %>%
+   summarise(across(
+     .cols=where(is.double),
+     .fns=function(x){survey_mean(x,vartype='ci',
+                                   na.rm=TRUE)}
+   ))
> HT_JRR <- bind_rows(
+   HT_MCI %>% mutate(approach="HT"),
+   JRR_MCI %>% mutate(approach="JRR")
+ )
> myfig <- HT_JRR %>%
+   pivot_longer(-approach) %>%
+   mutate(
+     type="mean",
+     type=ifelse(str_detect(name,"_low"),"ll",type),
+     type=ifelse(str_detect(name,"_upp"),"ul",type),
+     name=str_remove(name,"_low|_upp")
+   ) %>%
+   pivot_wider(names_from="type",values_from="value") %>%
+   mutate(approach=fct_reorder(approach, row_number()))
> myfig %>%
+   ggplot(aes(x=approach,y=mean,color=approach))+
+   geom_point(size=2)+
+   geom_errorbar(aes(ymin=ll,ymax=ul),width=0.2)+
+   facet_wrap(~name,scales="free")+
+   coord_flip()+
+   scale_color_grey()+
+   labs(x="",y="변수별 평균 및 95% CI")+
+   theme_bw()+
+   guides(color="none")
> ggsave("Figure_Part2_Ch4_2_JRR_M_CI.png",width=25,height=22,units='cm')
```

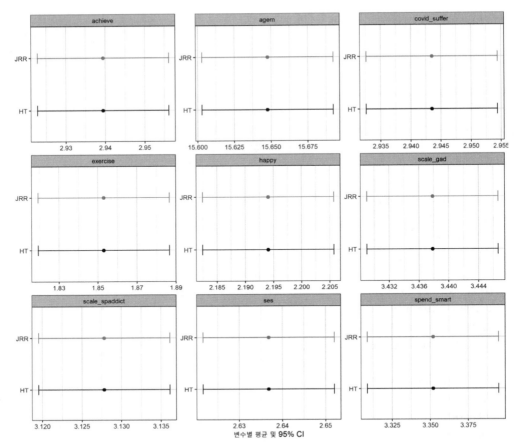

[그림 4-2] 모수접근방식과 JRR 방식으로 추정한 연속형 변수의 평균과 95% CI 비교

알림: 제시된 점과 오차막대는 평균과 95% CI를 의미함. 'HT'는 srvyr 패키지(version 1.1.1) 함수들을 이용해 군집, 층화변수, 가중치, 유한모집단수정지수 4가지를 적용한 후 호비츠-톰슨 추정한 모수접근 분석결과를 의미하며, 'JRR'은 같은 패키지 함수들을 이용해 잭나이프 반복재현방식을 작용하여 얻은 결과임(예시데이터는 층화표집이 적용되었기 때문에 JKn 방식으로 잭나이프 반복재현방식을 적용).

위의 결과에서도 2가지 방식으로 추정한 평균과 95% CI는 아주 미미한 차이가 있을 뿐 거의 유사합니다.

JRR을 마무리하기 전에 전통적 R 사용방법에 기반하여 JRR을 실행하는 방법을 살펴보겠습니다. BRR과 마찬가지로 survey 패키지의 svydesign() 함수와 as.svrepdesign() 함수를 같이 사용하면 되며, 현재의 예시데이터는 층화표집을 사용하였기 때문에 as.svrepdesign() 함수의 옵션을 type="JKn"으로 설정하면 됩니다.

```
> ## 전통적 방법
> cs_design_classic <- svydesign(ids=~cluster,      # 군집
+                                strata=~strata,   # 층화변수
+                                weights=~w,        # 가중치
+                                data=mydata)
> cs_JRR_classic <- as.svrepdesign(cs_design_classic,
+                                   type="JKn")
```

이렇게 해서 얻은 cs_JRR_classic 오브젝트를 이용하여 범주형 변수의 범주별 빈도, 연속형 변수의 평균, 그리고 95% CI를 계산하는 방법 역시 BRR 방식과 본질적으로 동일합니다.

```
> # 범주형 변수
> svytotal(~sch_type, cs_JRR_classic) %>% data.frame() # 빈도와 SE
                        total         SE
sch_type남녀공학    1750471.3    54543.14
sch_type남학교       455875.7    39468.25
sch_type여학교       425541.0    37478.56
> svytotal(~sch_type, cs_JRR_classic) %>% confint()   # 빈도의 95% CI
                       2.5 %       97.5 %
sch_type남녀공학    1643568.7    1857373.9
sch_type남학교       378519.3     533232.0
sch_type여학교       352084.4     498997.6
> # 연속형 변수
> svymean(~happy, cs_JRR_classic) # 평균
          mean      SE
happy   2.1941    0.0065
> svymean(~happy, cs_JRR_classic) %>% confint() # 95% CI
            2.5 %      97.5 %
happy   2.181414    2.206741
```

4 부트스트래핑 기반 반복재현

부트스트래핑 기반 반복재현(bootstrapping repeated replication) 방식은 복합설문 데이터 분석에 부트스트랩 기법을 적용한 것입니다. 최근 사회과학에서 부트스트랩 기법은 다양하게 활용되고 있습니다[예를 들어 매개효과 테스트(mediation effect test) 분야]. 만약 컴퓨팅 자원만 충분하다면, 그리고 유층 내 사례수가 충분하다면 부트스트랩 기법은 매우 유용합니다. 왜냐하면 부트스트랩 기법은 분석대상이 되는 변수에 대해 특정한 분포(정규분포나 포아송 분포 등)를 가정하지 않기 때문입니다. 그러나 부트스트랩 기법의 경우 BRR이나 JRR과 달리 랜덤시드넘버(random seed number)를 특정하지 않으면 그때그때 분석결과가 다르게 나타납니다. 물론 재표집 횟수를 늘리면 상당히 안정적인 추정결과를 얻을 수 있지만, 그에 따라 분석에 소요되는 시간이 길어지는 문제가 발생합니다.

따라서 부트스트랩 기법을 적용할 때 가급적 다음의 2가지를 모두 고려하기 바랍니다. 첫째, 재표집 횟수는 1,000번 이상 실시하기 바랍니다(연구자에 따라 재표집 횟수를 5,000번 이상 권장하기도 합니다). 본서의 경우 분석시간을 줄이기 위해 편의상 재표집 횟수를 100번으로 설정하였습니다. 둘째, 1,000번 이상 혹은 5,000번의 재표집 횟수를 설정했다고 하더라도, 동일한 결과를 확보하기 위해 가급적 랜덤시드넘버를 적용하길 권합니다.

부트스트랩 기법을 완료한 후에는 BRR, JRR, 그리고 이전 장에서 소개한 모수통계기법과 동일한 방식으로 데이터의 범주형 변수와 연속형 변수에 대한 기술통계치를 계산하면 됩니다.

부트스트랩 기법을 실시하는 방법 역시 비슷합니다. as_survey_rep() 함수에 type="bootstrap"을 지정한 후 재표집 횟수를 replicates 옵션에 지정합니다. 여기서는 계산속도를 줄이기 위해 100번만 실시하였지만, 부트스트랩 기법을 실제로 적용하는 경우에는 replicates 옵션에 최소 1,000 이상의 큰 수를 입력하기 바랍니다. 또한 부트스트랩 기법 적용 이전에는 가급적 set.seed() 함수를 이용해 랜덤시드넘버를 지정하기 바랍니다(패키지 업데이트에 따라 다른 아웃풋이 나올 수 있으나 기법은 동일합니다).

```
> # 부트스트랩 기법: 100번 재표집(실제 사용 시 1000번 이상 실시하길 권장)
> set.seed(1234)
> cs_boot <- cs_design %>%
+ as_survey_rep(type="bootstrap",
+                    replicates=100)
```

　　이렇게 확보한 cs_boot 오브젝트를 이용하여 기술통계치를 얻는 방법 역시 크게 다르지 않습니다. 즉 범주형 변수의 경우 survey_count() 함수를 이용해 빈도와 빈도의 95% CI를 계산하고, 연속형 변수의 경우 survey_mean() 함수를 적용하여 평균과 평균의 95% CI를 계산합니다.

```
> # 비교: H-T 추정방식과의 비교(범주형 변수)
> cs_design %>% survey_count(sch_type,vartype='ci') %>%
+ data.frame() %>% mutate(range=n_upp-n_low)
  sch_type         n      n_low      n_upp     range
1  남녀공학 1750471.3 1652418.3 1848524.3 196106.1
2    남학교  455875.7  385360.7  526390.6 141029.9
3    여학교  425541.0  358343.5  492738.5 134394.9
> cs_boot %>% survey_count(sch_type,vartype='ci') %>%
+ data.frame() %>% mutate(range=n_upp-n_low)
  sch_type         n      n_low      n_upp     range
1  남녀공학 1750471.3 1647154.7 1853787.9 206633.3
2    남학교  455875.7  375676.6  536074.7 160398.1
3    여학교  425541.0  348809.0  502273.0 153464.1
> # 비교: H-T 추정방식과의 비교(연속형 변수 M과 95% CI)
> cs_design %>% summarise(happy=survey_mean(happy,vartype='ci')) %>%
+ data.frame() %>% mutate(range=happy_upp-happy_low)
     happy happy_low happy_upp      range
1 2.194077  2.182434  2.205721 0.02328688
> cs_boot %>% summarise(happy=survey_mean(happy,vartype='ci')) %>%
+ data.frame() %>% mutate(range=happy_upp-happy_low)
     happy happy_low happy_upp      range
1 2.194077  2.180765  2.207389 0.02662406
```

모수접근방식이든 부트스트랩 기법을 적용한 방식이든 추정결과는 큰 틀에서 별 차이가 없지만, 결코 동일하지는 않습니다. 구체적인 비교를 위해 부트스트랩 기법으로 얻은 추정결과를 모수접근방식, JRR 방식으로 얻은 결과와 함께 시각화해보겠습니다. BRR의 경우 짝수 개 군집을 가진 유층만 대상으로 하였으므로 비교군에 포함시키지 않았습니다.

```
> boot_MCI <- cs_boot %>%
+ select(female:happy) %>%
+ summarise(across(
+   .cols=where(is.double),
+   .fns=function(x){survey_mean(x,vartype='ci',
+                                na.rm=TRUE)}
+ ))
> HT_boot <- bind_rows(
+ HT_MCI %>% mutate(approach="HT"),
+ boot_MCI %>% mutate(approach="Bootstrap")
+ )
> myfig <- HT_boot %>%
+ pivot_longer(-approach) %>%
+ mutate(
+   type="mean",
+   type=ifelse(str_detect(name,"_low"),"ll",type),
+   type=ifelse(str_detect(name,"_upp"),"ul",type),
+   name=str_remove(name,"_low|_upp")
+ ) %>%
+ pivot_wider(names_from="type",values_from="value") %>%
+ mutate(approach=fct_reorder(approach, row_number()))
> myfig %>%
+ ggplot(aes(x=approach,y=mean,color=approach))+
+ geom_point(size=2)+
+ geom_errorbar(aes(ymin=ll,ymax=ul),width=0.2)+
+ facet_wrap(~name,scales="free")+
+ coord_flip()+
+ labs(x="",y="변수별 평균 및 95% CI")+
+ theme_bw()+
+ guides(color="none")
> ggsave("Figure_Part2_Ch4_3_boot_M_CI.png",width=25,height=22,units='cm')
```

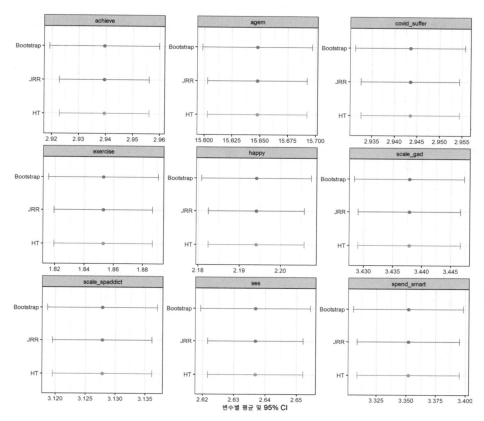

[그림 4-3] 모수접근방식, JRR 방식, 부트스트랩 기법으로 추정한 연속형 변수의 평균과 95% CI 비교

알림: 제시된 점과 오차막대는 평균과 95% CI를 의미함. 'HT'는 srvyr 패키지(version 1.1.1) 함수들을 이용하여 군집, 층화변수, 가중치, 유한모집단수정지수 4가지를 적용해 추정한 모수접근 분석결과를 의미하며, 'JRR'은 같은 패키지 함수들을 이용해 잭나이프 반복재현방식을 적용하여 얻은 결과(예시데이터는 층화표집이 적용되었기 때문에 JKn 방식으로 잭나이프 반복재현방식을 적용하였음)이며, 'Bootstrap'은 동일 패키지의 함수들을 기반으로 100번의 재표집을 적용하여 얻은 부트스트랩 기법 기반 추정결과임.

[그림 4-3]에서 100번의 재표집을 적용하여 얻은 부트스트랩 기법 결과는 모수접근 방식에 비해 분산을 더 크게 추정하는 경향성이 드러납니다. 재표집 횟수를 1,000회 이상으로 늘릴 경우에는 JRR과 비슷한 수준의 분산추정치를 얻을 수 있습니다(물론 이에 따라 JRR과 비슷한 수준으로 연산시간이 길어질 것입니다).

끝으로 survey 패키지의 함수들을 이용하여 전통적 방식으로 부트스트랩 기법을 적용하는 방법에 대해 간략하게 살펴보겠습니다. JRR을 설명하면서 언급했듯이 as.svrepdesign() 함수를 이용하며, type 옵션과 replicates 옵션은 srvyr 패키지의

as_survey_rep() 함수의 옵션과 동일한 방식으로 지정하면 됩니다. 마찬가지로 부트스트랩 기법을 실제로 적용할 경우에는 replicates 옵션에 1,000 이상의 큰 수를 정의하고(숫자가 크면 클수록 좋습니다), 가급적 set.seed() 함수를 활용하여 랜덤시드넘버를 지정하기 바랍니다.

```
> ## 전통적 방법
> set.seed(1234)
> cs_boot_classic <- as.svrepdesign(cs_design_classic,
+                                   type="bootstrap",
+                                   replicates=100)
```

범주형 변수의 빈도를 계산하고자 하는 경우 아래와 같이 svytotal() 함수를 활용하며, confint() 함수를 같이 사용하면 95% CI를 추정할 수 있습니다.

```
> # 범주형 변수
> svytotal(~sch_type, cs_boot_classic) %>% data.frame() # 빈도와 SE
                    total       SE
sch_type남녀공학  1750471.3   54838.88
sch_type남학교     455875.7   38834.32
sch_type여학교     425541.0   36950.69
> svytotal(~sch_type, cs_boot_classic) %>% confint()   # 빈도의 95% CI
                    2.5 %      97.5 %
sch_type남녀공학  1642989.1  1857953.5
sch_type남학교     379761.8   531989.5
sch_type여학교     353119.0   497963.0
```

연속형 변수의 평균과 평균의 95% CI를 추정할 때는 svymean() 함수를 활용하며, confint() 함수를 같이 사용하면 95% CI를 추정할 수 있습니다.

```
> # 연속형 변수
> svymean(~happy, cs_boot_classic) # 평균
         mean      SE
happy  2.1941  0.0065
> svymean(~happy, cs_boot_classic) %>% confint() # 95% CI
```

```
          2.5%       97.5%
happy  2.181404   2.206751
```

이상과 같이 균형 반복재현(BRR), 잭나이프 반복재현(JRR), 부트스트래핑 기반 반복재현방식에 대해 간략하게 살펴보았습니다. 3가지 방식은 모두 복합설문 설계를 기반으로 반복재현을 실행하며, (각 기법의 세부적인 차이를 제외한다면) 기술통계치를 계산하는 과정이 모수접근방식과 본질적으로 동일합니다.

5 하위모집단 분석

하위모집단 분석방법은 이전 장에서 소개한 모수접근방식과 개념적으로 동일합니다(물론 반복재현방식의 특성상 모수접근방식에 비해 분석시간이 상당히 소요된다는 점은 감안해야 합니다). 하위모집단을 구분하는 변수를 group_by() 함수에 투입한 후, 범주형 변수의 빈도를 구할 때는 survey_count() 함수를 사용하고, 연속형 변수의 평균과 평균의 95% CI를 구할 때는 survey_mean() 함수를 활용합니다. 이 과정을 모수접근방식, JRR 기법, 부트스트랩 기법 3가지에 map_df() 함수로 일괄 적용해보겠습니다(BRR의 경우 현재 데이터에는 적용하기 어려우므로 제외하였습니다).

```
> # 하위모집단 분석 (성별x학교타입)
> # 범주형 변수: 비율
> prop_sad <- list("HT"=cs_design,
+                  "JRR"=cs_JRR, # 다소 시간 소요됨
+                  "Bootstrap"=cs_boot) %>%
+ map_df(~.x %>% group_by(female,sch_type) %>%
+          survey_count(exp_sad) %>%
+          mutate(prop=n/sum(n)),.id="method")
```

먼저 female 변수와 sch_type 변수의 수준별 부정적 감정경험 여부(exp_sad)의 비율을 계산하였습니다. 각 방법은 분산추정 방식만 다르기 때문에 하위모집단별 점추정

치(빈도 n, 비율 prop)는 분석방법에 상관없이 동일한 것을 확인할 수 있습니다.[2]

```
> prop_sad %>% arrange(female,sch_type,exp_sad) # 점추정치는 동일
# A tibble: 24 x 7
# Groups:  female, sch_type [4]
   method      female  sch_type  exp_sad       n    n_se   prop
   <chr>       <fct>   <fct>     <fct>      <dbl>   <dbl>  <dbl>
 1 HT          0       남녀공학   0        724672.  22637.  0.797
 2 JRR         0       남녀공학   0        724672.  22637.  0.797
 3 Bootstrap   0       남녀공학   0        724672.  24694.  0.797
 4 HT          0       남녀공학   1        184293.   6302.  0.203
 5 JRR         0       남녀공학   1        184293.   6302.  0.203
 6 Bootstrap   0       남녀공학   1        184293.   7028.  0.203
 7 HT          0       남학교     0        366169.  28813.  0.803
 8 JRR         0       남학교     0        366169.  28813.  0.803
 9 Bootstrap   0       남학교     0        366169.  32889.  0.803
10 HT          0       남학교     1         89706.   7614.  0.197
# ... with 14 more rows
```

시각화를 통해 세 방법을 비교한 결과는 [그림 4-4]와 같습니다.

```
> myfig <- prop_sad %>%
+ mutate(
+   female=ifelse(female==0,"남학생","여학생"),
+   exp_sad=ifelse(exp_sad==0,"미경험","경험"),
+   subpop=str_c(sch_type," 재학\n", female),
+   method=fct_reorder(method,row_number())
+ )
> myfig %>% ggplot(aes(x=subpop,y=prop,fill=method))+
+ geom_bar(stat='identity',position=position_dodge(width=0.8),alpha=0.7)+
+ labs(x="하위모집단",y="비율",fill="분석방식")+
+ coord_cartesian(ylim=c(0.1,0.9))+
+ theme_bw()+theme(legend.position="top")+
+ facet_grid(~exp_sad)
> ggsave("Figure_Part2_Ch4_4_compare_subpop_prop.png",width=20,height=15,units='cm')
```

---

2 비율의 표준오차 및 95% CI를 추정하기 위해 srvyr 패키지의 survey_prop( ) 함수를 사용합니다. 비율의 경우 호비츠-톰슨 추정이 불가능하기 때문에 본서에서 소개하지 않았습니다.

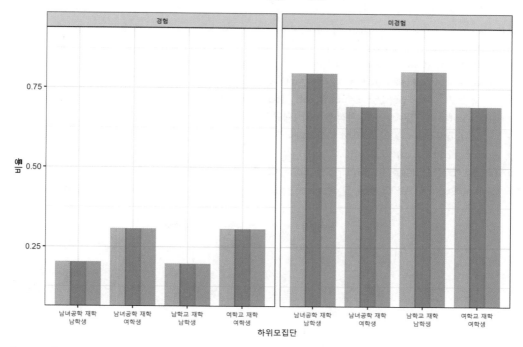

[그림 4-4] 모수접근방식, JRR 방식, 부트스트랩 기법으로 추정한 범주형 변수의 범주별 비율 비교(하위모집단 분석)

알림: HT는 srvyr 패키지(version 1.1.1) 함수들을 이용하여 모수접근방식으로 복합설문 설계를 반영한 분석결과로 군집변수, 층화변수, 가중치변수, 유한모집단수정지수 4가지를 적용해 추정한 결과임. JRR의 경우 잭나이프 반복재현방식을 의미하며, Bootstrap은 부트스트랩 기법 반복재현방식을 의미함(재표집 횟수는 100번).

연속형 변수의 평균과 95% CI를 대상으로 얻은 방법도 비슷합니다. 앞서 소개한 방법을 활용하되 survey_mean() 함수를 이용합니다.

```
> mci_happy <- list("HT"=cs_design,
+                   "JRR"=cs_JRR, #다소 시간 소요됨
+                   "Bootstrap"=cs_boot) %>%
+ map_df(~.x %>% group_by(female,sch_type) %>%
+        summarise(mean=survey_mean(happy,vartype='ci')) %>%
+        rename(ll=mean_low,ul=mean_upp),.id="method")
> myfig <- mci_happy %>%
+ mutate(
+   female=ifelse(female==0,"남학생","여학생"),
+   subpop=str_c(sch_type," 재학\n", female),
```

```
+   method=fct_reorder(method,row_number())
+ )
> myfig %>%
+ ggplot(aes(x=subpop,y=mean,shape=method,color=method))+
+ geom_point(size=2,position=position_dodge(width=0.3))+
+ geom_errorbar(aes(ymin=ll,ymax=ul),width=0.1,
+                 position=position_dodge(width=0.3))+
+ labs(x="하위모집단",y="주관적 행복감 (평균 및 95% CI)",
+       shape="분석방식",color="분석방식")+
+ coord_cartesian(ylim=c(2.0,2.4))+
+ theme_bw()+theme(legend.position="top")
> ggsave("Figure_Part2_Ch4_5_compare_subpop_M_CI.png",width=20,height=15,units='cm')
```

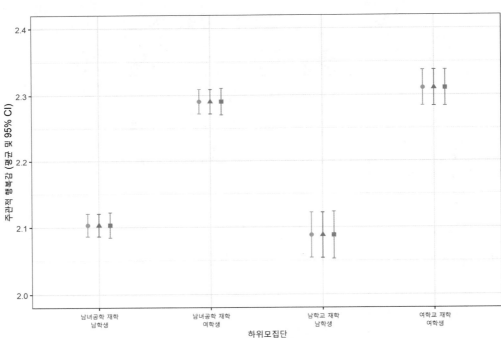

[그림 4-5] 모수접근방식, JRR 방식, 부트스트랩 기법으로 추정한 연속형 변수의 평균과 평균의 95% CI 비교(하위모집단 분석)

알림: 제시된 점과 오차막대는 평균과 95% CI를 의미함. HT는 srvyr 패키지(version 1.1.1) 함수들을 이용하여 모수접근방식으로 복합설문 설계를 반영한 분석결과의 경우 군집변수, 층화변수, 가중치변수, 유한모집단수정지수 4가지를 적용해 추정한 결과임. JRR의 경우 잭나이프 반복재현방식을 의미하며, Bootstrap은 부트스트랩 기법 반복재현방식을 의미함(재표집 횟수는 100번).

이전 장에서 하위모집단 분석기법을 살펴본 분들이라면 어렵지 않을 것입니다. 다음으로 survey 패키지에 기반한 전통적 방식으로 하위모집단 분석을 하는 방법도 간단하게 살펴봅시다. 아래와 같이 범주형 변수의 경우 svytable() 함수를 이용하며, 연속형 변수의 경우 svyby() 함수와 svymean() 함수를 같이 활용합니다.

```
> ## 전통적 접근
> # 범주형 변수
> svytable(~exp_sad+sch_type+female,cs_JRR)
, , female = 0
   sch_type
exp_sad    남녀공학       남학교       여학교
      0   724671.68   366169.42        0.00
      1   184292.64    89706.26        0.00
, , female = 1
   sch_type
exp_sad    남녀공학       남학교       여학교
      0   582976.74        0.00   295013.86
      1   258530.25        0.00   130527.15

> svytable(~exp_sad+sch_type+female,cs_boot)
, , female = 0
   sch_type
exp_sad    남녀공학       남학교       여학교
      0   724671.68   366169.42        0.00
      1   184292.64    89706.26        0.00
, , female = 1
   sch_type
exp_sad    남녀공학       남학교       여학교
      0   582976.74        0.00   295013.86
      1   258530.25        0.00   130527.15

> # 연속형 변수
> svyby(~happy, by=~female+sch_type,
+    cs_JRR, svymean)
          female   sch_type     happy           se
0.남녀공학       0     남녀공학   2.103244   0.008717934
1.남녀공학       1     남녀공학   2.290609   0.009321425
0.남학교        0      남학교   2.088037   0.017238675
1.여학교        1      여학교   2.310806   0.013781776
```

```
> svyby(~happy, by=~female+sch_type,
+    cs_JRR, svymean) %>% confint()
                 2.5 %       97.5 %
0.남녀공학    2.086158    2.120331
1.남녀공학    2.272340    2.308879
0.남학교     2.054250    2.121824
1.여학교     2.283794    2.337818

> svyby(~happy, by=~female+sch_type,
+    cs_boot, svymean)
            female   sch_type    happy           se
0.남녀공학       0     남녀공학   2.103244   0.009562438
1.남녀공학       1     남녀공학   2.290609   0.010032006
0.남학교        0      남학교   2.088037   0.017616308
1.여학교        1      여학교   2.310806   0.013696757
> svyby(~happy, by=~female+sch_type,
+    cs_boot, svymean) %>% confint()
                 2.5 %       97.5 %
0.남녀공학    2.084502    2.121986
1.남녀공학    2.270947    2.310272
0.남학교     2.053510    2.122565
1.여학교     2.283961    2.337651
```

6 반복재현방식 활용방법

지금까지 복합설문 데이터를 대상으로 변동성을 추정하기 위해 사용하는 비모수접근방법으로 균형 반복재현(BRR), 잭나이프 반복재현(JRR), 부트스트랩 기법을 살펴보았습니다. 분석결과에서 알 수 있듯, 적어도 기술통계분석의 경우에는 이전 장에서 소개한 모수접근방식으로 얻은 결과와 반복재현방식으로 얻은 결과가 거의 동일합니다. 다만 반복재현방식은 분석시간이 상당히 많이 소요된다는 단점이 있습니다(특히 부트스트랩 기법의 경우).

그런데 모수접근방식이든 비모수접근방식이든, 추정결과가 크게 다르지 않다면 반복재현방식을 활용해서 얻는 이득은 과연 무엇일까요? 룸리(Lumley, 2011, pp. 25-27)에 따르면 반복재현방식에는 다음과 같은 장점들이 존재합니다.

첫째, 빈도, 평균, 분산(혹은 표준오차나 95% CI) 등을 구하는 것이 목적이라면 굳이 반복재현방식을 사용하지 않아도 무방합니다. 그러나 만약 중위수(median)와 같은 다른 요약통계치를 구하는 것이 연구목적이라면 모수접근방식을 사용하기 어렵습니다. 왜냐하면 이들 요약통계치는 분산을 추정하는 공식이 상당히 복잡하고, 특히 복합설문 설계가 적용된 데이터에서는 더욱 복잡해지기 때문입니다. 즉 반복재현방식은 모수접근방식에 비해 활용범위가 훨씬 더 넓습니다.

둘째, 모수접근방식의 경우 srvyr 패키지나 survey 패키지에서 제공하는 복합설문 데이터 분석기법이 아닌 경우 적용할 수 없지만, 반복재현방식을 활용할 경우 무궁무진하게 활용할 수 있습니다. 현재 srvyr 패키지나 survey 패키지의 함수들로는 복합설문 데이터를 대상으로 다항 로지스틱 회귀모형(multinomial logistic regression model)을 실시할 수 없습니다. 만약 복합설문 데이터에 대해 다항 로지스틱 회귀모형을 적용하고 싶다면, 반복재현방식을 활용하는 것이 한 가지 방법입니다.

반복재현방식을 적용하여 복합설문 데이터에 대해 다항 로지스틱 회귀모형을 적용하는 방법에 대해서는 이후 6장에서 간단하게 소개하겠습니다. 반복재현방식의 장점에도 불구하고 본서에서는 모수접근방식, 즉 호비츠-톰슨 추정방법 위주로 예시사례를 설명하였습니다. 그 이유는 모수접근방식이 상대적으로 쉽고 빠르며, 무엇보다 활용빈도가 높기 때문입니다. 본서에서 제시한 사례들이 아닌 다른 분석모형을 적용하더라도, 6장에서 제시한 다항 로지스틱 회귀모형 사례를 토대로 반복재현방식을 응용한다면 그리 어렵지 않게 분석결과를 얻을 수 있을 것입니다.

3부
복합설문 데이터 추리통계분석

5장

변수 간 연관관계 분석

2부에서는 복합설문 데이터에 대한 기술통계분석을 어떻게 실시하는지 살펴보았습니다. 3부(5-6장)에서는 변수들 사이의 연관관계를 테스트하는 추리통계분석 기법에 대해 살펴보겠습니다. 먼저 이번 5장에서는 두 변수 사이의 연관관계를 테스트하는 대표적인 분석 기법들로 두 범주형 변수 사이의 빈도표를 대상으로 실시하는 카이제곱 테스트(χ^2 test), 두 평균값 차이의 통계적 유의도를 살펴보는 티-테스트(t-test), 두 연속형 변수의 연관관계를 살펴보는 피어슨 상관계수(Pearson's r)를 복합설문 데이터 상황에서 어떻게 하는지 살펴보겠습니다. 아울러 단일차원에 속하는 여러 연속형 변수들 사이의 내적 일관성(internal consistency) 혹은 신뢰도(reliability)를 점검하는 통계치로 널리 사용되는 크론바흐의 알파(Cronbach's α) 계산 방법도 실습해보겠습니다.

1 범주형 변수 간 연관관계 분석

복합설문 설계를 고려하지 않는 일반적 데이터 분석 상황에서 가장 널리 사용되는 범주형 변수 간 연관관계 분석기법은 카이제곱 테스트입니다. 카이제곱 테스트 통계치는 빈도표의 주변부 분포(marginal distribution) 정보를 기반으로 얻은 기대빈도(expected frequency, O_i)와 빈도표의 칸(i)에서 실제로 나타난 관측빈도(observed frequency, E_i)를 활용하여 계산합니다. 보다 구체적으로 카이제곱 테스트 통계치를 계산하는 공식은 다음과 같습니다(공식에서 k는 빈도표의 전체 칸의 개수).

$$\chi^2 = \sum_{i=1}^{k} \frac{(O_i - E_i)^2}{E_i}$$

그렇다면 복합설문 데이터에 대해 일반 데이터 분석에서 사용하는 카이제곱 테스트를 실시하는 것은 불가능할까요? 데이터의 상황에 따라 평가는 다르겠지만, 확실한 것은 '적절하지 않다'는 것입니다. 왜냐하면 복합설문 설계를 기반으로 수집된 데이터에는 '설계효과(*Deff*, design effect)'가 반영되어 있으며, 따라서 설계효과를 반영하지 않은 일반적 카이제곱 테스트 통계치는 두 범주형 변수 간 연관관계의 강도를 적절하게 반영하지 않을 가능성이 높기 때문입니다.

결론부터 말씀드리자면 복합설문 데이터의 경우 적절한 방식으로 카이제곱 통계치를 조정(adjustment) 혹은 수정(correction)해야만 합니다. 복합설문 카이제곱 테스트 통계치 조정방식이 다양하며, 어떤 통계치를 사용하는 것이 가장 적절한지에 대해서는 판단이 서로 다를 수 있습니다. 그러나 한 가지 확실한 것은 어떤 조정방식을 적용하든 복합설문 데이터에 대해 일반적인 카이제곱 통계치를 계산하는 것은 적절하지 않다는 점입니다. 선행연구에 따르면 복합설문 설계를 고려하지 않은 채 범주형 변수들 사이의 연관관계를 살펴보는 일반적인 테스트 통계치(χ^2)는 제1종 오류(Type I error) 가능성이 높게 나타나기 때문에 사용하지 말아야 합니다(Thomas & Rao, 1987, p. 630). 어떤 조정방법이 가장 적절한지에 대해서는 분과의 관례와 독자의 주체적인 판단을 따르기 바랍니다.

복합설문 데이터에서 조정된 카이제곱 통계치를 얻는 핵심 아이디어는 '설계효과'와 '군집(cluster) 수' 정보를 반영하여 테스트 통계치를 조정하는 것입니다. 현재 survey 패키지와 srvyr 패키지에서 제공되는 svychisq() 함수에서는 복합설문 데이터 대상 조정된 테스트 통계치 계산을 위해 [표 5-1]과 같이 총 6가지 옵션을 제공해줍니다. χ^2통계치와 F통계치는 서로 바꾸어 표현할 수 있다는 점에서, 어떤 조정 통계치는 χ^2통계치로 제시되지만 어떤 조정 통계치의 경우 자유도가 2개인 F통계치로 제시되기도 합니다.

[표 5-1] svychisq( ) 함수의 조정된 테스트 통계치와 그 의미

옵션 이름	조정된 테스트 통계치의 이름과 의미
왈드(Wald) 통계치 계열	
statistic="Wald"	두 범주형 변수의 독립성을 가정한 상황에서 각 칸(cell)에서 관측된 빈도와 기대된 빈도의 차이값을 정량화한 왈드 통계치입니다. F통계치로 제시됩니다.
statistic="adjWald"	위에서 소개한 왈드 테스트를 추가로 조정한 왈드 통계치입니다. 군집의 수가 많지 않을 경우 왈드 통계치가 아닌 조정된 왈드 통계치를 사용하는 것이 좋습니다. F통계치로 제시됩니다.
라오-스콧(Rao-Scott) 조정된 통계치 계열	
statistic="Chisq"	일반적 데이터 분석결과로 얻은 카이제곱 분포를 기반으로 하되, 설계효과를 고려한 카이제곱 분포의 결과를 추가로 반영한 카이제곱 통계치를 제공합니다. 흔히 라오-스콧 일차 조정(Rao-Scott first-order correction) 테스트 통계치라고 불립니다. χ^2통계치로 제시됩니다.
statistic="F"	라오-스콧 새더스웨이트(Satterthwaite) 조정 통계치를 출력결과로 제공합니다. 라오-스콧 일차 조정 테스트를 한 번 더 조정한 통계치로 흔히 라오-스콧 이차 조정(Rao-Scott second-order correction) 테스트 통계치라고 불립니다. svychisq( ) 함수의 디폴트값이며 F통계치로 제시됩니다.
statistic="lincom"	위에 소개한 라오-스콧 이차 조정 테스트 F통계치를 정확점근분포(exact asymptotic distribution)로 추가 조정한 것입니다. lincom이라는 이름은 정확점근분포로 조정하는 과정에서의 '선형조합(linear combination)'을 의미합니다. χ^2통계치로 제시됩니다.
statistic="saddlepoint"	위에서 소개한 라오-스콧 이차 조정 테스트 F통계치를 새들포인트 근사치(saddlepoint approximation) 분포로 추가 조정한 것입니다. χ^2통계치로 제시됩니다.

[표 5-1]의 통계치들을 크게 나누면 2개 집단으로 구분할 수 있습니다. 첫째, 왈드(Wald) 테스트 통계치들입니다(Wald, adjWald). 위의 설명에서 짐작하듯, 왈드 테스트 통계치(Wald)에 비해 조정된 왈드 테스트 통계치(adjWald)가 훨씬 더 보수적인 테스트 결과를 제시합니다(즉, 통계적 유의도인 p가 1에 보다 더 가까워짐).

둘째, 라오-스콧 조정 통계치들입니다(Chisq, F, lincom, saddlepoint). 먼저 라오-스콧 일차 조정 테스트 통계치(Chisq)보다 라오-스콧 이차 조정 테스트 통계치(F)가 좀 더 보수적인 테스트 결과를 제시합니다. 또한 라오-스콧 이차 조정 테스트 통계치를 정확점근분포 혹은 새들포인트 근사치 분포로 추가 조정한 테스트 통계치(lincom, saddlepoint)

가 라오-스콧 이차 조정 테스트보다 더 보수적인 테스트 결과를 제시합니다.

이제 본격적으로 복합설문 데이터의 두 범주형 변수들 사이의 연관관계를 테스트해 보겠습니다. 잘 알려져 있듯 카이제곱 테스트 통계치는 표본크기에 민감하기 때문에, 여기서는 스마트폰을 사용하지 않는 응답자들(use_smart 변수의 값이 0인 경우; 전체 5만 4,948명 중 1,491명이 해당)을 하위모집단으로 선정한 후 이들을 대상으로 응답자의 성별 (female)과 우울감 경험 여부(exp_sad)의 연관관계를 테스트해보겠습니다. 하위모집단을 선별한 후 성별에 따라 부정적 감정경험 비율을 계산한 결과는 아래와 같습니다.

```
> # 하위모집단 선별
> cs_design_subset <- cs_design %>%
+   filter(use_smart==0)
> # 카이제곱 테스트 실행 전 빈도표 및 비율 점검
> mytable <- cs_design_subset %>%
+   survey_count(female,exp_sad)
> mytable %>% group_by(female) %>%
+   mutate(prop=n/sum(n)) %>%
+   select(exp_sad,female,prop) %>%
+   pivot_wider(names_from="exp_sad",values_from="prop")
# A tibble: 2 x 3
# Groups:  female [2]
  female    `0`     `1`
  <fct>   <dbl>   <dbl>
1 0       0.706   0.294
2 1       0.685   0.315
```

위의 결과를 보면 스마트폰 비사용 여학생의 경우 약 31.5%가, 스마트폰 비사용 남학생의 경우 29.4%가 우울감을 경험한 것으로 나타났습니다.

다음으로 카이제곱 테스트를 실시해봅시다. 먼저 복합설문 설계를 무시할 때의 카이제곱 테스트 통계치를 계산해봅시다. 다음의 결과를 보면 스마트폰 비이용자 집단에서의 성별과 우울감 경험 여부는 통상적 수준에서 통계적으로 유의미한 연관관계를 보이지 않습니다.

```
> # 일반적 카이제곱 테스트
> xtabs(~female+exp_sad, mydata %>% filter(use_smart==0)) %>%
+ chisq.test()
```

    Pearson's Chi-squared test with Yates' continuity correction

```
data: .
X-squared = 2.2694, df = 1, p-value = 0.132
```

  이번에는 복합설문을 고려한 조정된 테스트 통계치를 계산해보겠습니다. 테스트하려는 두 명목변수를 svychisq() 함수에 공식(formula) 형태로 입력한 후, 원하는 조정된 통계치에 맞게 statistic 옵션을 별도 지정합니다. 먼저 왈드 통계치에 해당되는 통계치를 계산한 결과는 다음과 같습니다.

```
> # 복합설문 설계 반영한 조정된 테스트: 왈드 통계치
> svychisq(~exp_sad+female, cs_design_subset, statistic="Wald")
```

    Design-based Wald test of association

```
data: NextMethod()
F = 0.55236, ndf = 1, ddf = 462, p-value = 0.4577
```

```
> svychisq(~exp_sad+female, cs_design_subset, statistic="adjWald")
```

    Design-based Wald test of association

```
data: NextMethod()
F = 0.55236, ndf = 1, ddf = 462, p-value = 0.4577
```

  왈드 통계치의 의미에 대해서는 조금 후에 다시 언급하겠습니다. 다음으로 라오-스콧 통계치와 이를 추가로 조정한 통계치들을 산출해보겠습니다. svychisq() 함수에 statistic 옵션을 원하는 방식대로 적절하게 지정하면 됩니다.

```
> # 복합설문 설계 반영한 조정된 테스트: 라오-스콧 통계치
> svychisq(~exp_sad+female, cs_design_subset, statistic="Chisq")

            Pearson's X^2: Rao & Scott adjustment

data: NextMethod()
X-squared = 0.54444, df = 1, p-value = 0.4546

> svychisq(~exp_sad+female, cs_design_subset, statistic="F")

            Pearson's X^2: Rao & Scott adjustment

data: NextMethod()
F = 0.55919, ndf = 1, ddf = 462, p-value = 0.455

> svychisq(~exp_sad+female, cs_design_subset, statistic="lincom")

            Pearson's X^2: asymptotic exact distribution

data: NextMethod()
X-squared = 0.54444, p-value = 0.455

> svychisq(~exp_sad+female, cs_design_subset, statistic="saddlepoint")

            Pearson's X^2: saddlepoint approximation

data: NextMethod()
X-squared = 0.54444, p-value = 0.4538
```

위에서 얻은 6개의 테스트 통계치에 대한 귀무가설 테스트 결과는 사실 크게 다르지 않습니다. 그러나 여기서 주목할 점은 통계적 유의도의 절대적 수치입니다. 복합설문 설계를 고려하지 않고 얻은 카이제곱 테스트에서 나타난 통계적 유의도와 복합설문 설계를 고려한 후 얻은 6개의 통계적 유의도를 크기 순서대로 나열하면 아래와 같습니다.

복합설문 고려안함	saddlepoint	Chisq	F / lincom	Wald / adjWald
0.1319514	0.4538495	0.4545862	0.4549666	0.4577315

위의 결과를 통해 다음과 같은 사항을 확인할 수 있습니다. 첫째, 복합설문 설계를 고려하지 않을 경우에 얻을 수 있는 통계적 유의도는 복합설문 설계를 고려할 때 얻을 수 있는 통계적 유의도에 비해 그 값이 작습니다. 다시 말해 복합설문 설계를 고려하지 않을 경우에는 귀무가설을 더 쉽게 기각할 가능성, 즉 제1종 오류를 범할 가능성이 더 높습니다. 둘째, 이번 분석의 경우에는 왈드 통계치에 기반한 테스트 통계치가 1에 가장 가까운 통계적 유의도를 보였지만, 위에서 알 수 있듯 6개의 조정된 테스트 통계치는 거의 동일하다고 볼 수 있습니다.

2 티-테스트

다음으로는 복합설문 데이터를 대상으로 티-테스트를 실시하는 방법을 살펴보겠습니다. 거의 모든 기초통계분석 교과서에서는 티-테스트 기법을 상황에 따라 다음의 3가지로 구분하고 있습니다.

- **일표본 티-테스트**(one sample *t*-test): 알려진 모집단의 평균과 표본평균이 동일하다고 볼 수 있는지 여부를 테스트
- **대응표본 티-테스트**(paired sample *t*-test): 표본 내 두 변수의 평균이 동일하다고 볼 수 있는지 여부를 테스트
- **독립표본 티-테스트**(independent sample *t*-test): 어떤 변수에 대해 표본을 구성하는 두 집단이 동일한 평균값을 보이는지 여부를 테스트

복합설문 데이터 분석의 경우도 복합설문 설계를 반영한다는 점만 다를 뿐 언급한 3가지 방식의 티-테스트를 모두 수행할 수 있습니다. 앞서 살펴본 카이제곱 테스트와 마찬가지로, 복합설문 데이터에 일반적인 티-테스트를 진행할 경우 제1종 오류를 범하게 될 가능성이 매우 증가합니다. 따라서 복합설문 데이터에 티-테스트를 실시할 경우에는 복합설문 설계를 반영해주어야 합니다. 다만 일반적 데이터 분석에서 사용하는 R 함수인 t.test() 함수와는 사용하는 방식이 조금 다르므로 주의가 필요합니다.

1) 일표본 티-테스트

먼저 일표본 티-테스트(one sample *t*-test)를 실시해보겠습니다. 여기서는 예시데이터에서 주관적 행복감 변수(happy)의 알려진 모집단 평균값이 '2'라고 가정했습니다('2'라고 모집단 평균값을 가정한 것은 복합설문 데이터 분석 상황에서 일표본 티-테스트를 실시하기 위해 자의적으로 지정한 것이니 오해 없으시길 바랍니다). 복합설문 설계를 고려하지 않은 상황에서 일표본 티-테스트를 실시한 결과는 아래와 같습니다.

```
> # 일표본 티테스트: One-sample t-test
> # 복합설문 설계 고려안함
> t.test(mydata$happy,mu=2)

        One Sample t-test

data: mydata$happy
t = 45.185, df = 54947, p-value < 2.2e-16
alternative hypothesis: true mean is not equal to 2
95 percent confidence interval:
 2.177891 2.194024
sample estimates:
mean of x
 2.185958
```

다음으로 복합설문 설계를 반영하여 티-테스트를 실시하려면 svyttest() 함수를 사용합니다. 여기서 일표본 티-테스트를 실시할 때 한 가지 주의할 것은 svyttest() 함수는 변수에서 해당 변수의 알려진 모평균(즉 '2')을 빼준 다음 이 공식을 I() 함수로 지정하여 투입해야 한다는 점입니다. 즉 저희는 happy 변수의 모집단 평균이 2와 같은지 테스트하기 위해 happy 변수에 2를 뺀 새로운 변수의 평균을 0과 비교하는 방법을 사용하였습니다. 일표본 티-테스트의 경우, svyttest() 함수는 언제나 투입된 변수의 모평균이 '0'과 같은지를 테스트합니다[공식을 지정할 때 0 대신 1을 투입하여도, 즉 I(happy-2)~1로 해도 결과는 동일합니다].

```
> # 복합설문 설계 고려함
> svyttest(I(happy-2)~0, cs_design)

              Design-based one-sample t-test

data: I(happy - 2) ~ 0
t = 32.727, df = 682, p-value < 2.2e-16
alternative hypothesis: true mean is not equal to 0
95 percent confidence interval:
 0.1824340 0.2057209
sample estimates:
    mean
0.1940775
```

    2가지 티-테스트 결과를 비교해보면 다음과 같은 차이점을 발견할 수 있습니다. 첫째, 복합설문 설계를 반영할 경우, 테스트 통계치인 t통계치가 대폭 감소하는 것을 확인할 수 있습니다(45.185 → 32.727). t통계치가 감소하면 p값이 1에 좀 더 가까워진다는 점에서, 복합설문 데이터를 대상으로 일반적 티-테스트를 실시하면 제1종 오류를 범할 가능성이 더 크게 증가한다는 것을 확인할 수 있습니다. 둘째, 자유도가 대폭 감소한 것을 확인할 수 있습니다(54947 → 682). t통계치가 동일하더라도 자유도가 작을수록 p값이 1에 좀 더 가까워진다는 점을 고려할 때, 복합설문 데이터를 대상으로 일반적 티-테스트를 실시하면 제1종 오류를 범할 가능성이 더 크게 증가한다는 것을 다시 확인할 수 있습니다. 셋째, 복합설문 설계를 반영할 경우 95% 신뢰구간(CI)의 폭이 더 넓어지는 것을 확인할 수 있습니다. 일반적인 티-테스트 결과로 얻은 95% CI의 폭이 0.016133인 데 반해, 복합설문 설계를 반영할 경우 95% CI의 폭이 0.0232869로 다소 넓어졌습니다. t통계치와 자유도 값이 감소한 것을 고려할 때, 95% CI의 폭이 증가한 것은 그리 놀라운 일은 아닙니다.

2) 대응표본 티-테스트

두 번째로 대응표본 티-테스트(paired sample t-test)를 실시해보겠습니다. 여기서는 예시 데이터에 포함된 범불안장애 척도(GAD-7)를 구성하는 첫 번째 측정항목(m_gad_1)과 두 번째 측정항목(m_gad_2)의 평균이 서로 동일한지 여부에 대해 대응표본 티-테스트를 실시해보겠습니다. 앞서 본 일표본 티-테스트와 마찬가지로, 복합설문 설계를 고려하지 않을 때와 복합설문 설계를 고려할 때 추정결과가 어떻게 다른지 살펴보겠습니다.

우선 복합설문 설계를 고려하지 않은 상황에서 두 변수의 평균값을 살펴본 후, 대응표본 티-테스트를 실시한 결과는 아래와 같습니다.

```
> # 대응표본 티테스트: Paired sample t-test
> # 복합설문 설계 고려안함
> mydata %>% summarise(m1=mean(m_gad_1),m2=mean(m_gad_2))
# A tibble: 1 x 2
    m1    m2
  <dbl> <dbl>
1 1.56   1.60
> t.test(mydata$m_gad_1,mydata$m_gad_2,paired=TRUE)
        Paired t-test
data: mydata$m_gad_1 and mydata$m_gad_2
t = -13.82, df = 54947, p-value < 2.2e-16
alternative hypothesis: true difference in means is not equal to 0
95 percent confidence interval:
 -0.04149787 -0.03118904
sample estimates:
mean of the differences
         -0.03634345
```

복합설문 설계를 반영한 대응표본 티-테스트의 경우도 svytest() 함수를 활용하며, 공식(formula)을 정의할 때 I() 함수를 사용합니다. 즉 아래와 같은 방식의 대응표본 티-테스트는 두 변수의 차이점수(difference score)를 0과 비교하는 일표본 티-테스트 방법입니다.

```
> # 복합설문 설계 고려함
> cs_design %>%
+ summarise(
+   gad1=survey_mean(m_gad_1,vartype="ci"),
+   gad2=survey_mean(m_gad_2,vartype="ci")
+ )
      gad1   gad1_low  gad1_upp    gad2   gad2_low   gad2_upp
1 1.569596  1.558334  1.580858 1.602178  1.590933   1.613422
> svyttest(I(m_gad_1-m_gad_2)~0, cs_design)
        Design-based one-sample t-test
```

```
data: I(m_gad_1 - m_gad_2) ~ 0
t = -10.95, df = 682, p-value < 2.2e-16
alternative hypothesis: true mean is not equal to 0
95 percent confidence interval:
 -0.03842412 -0.02673927
sample estimates:
     mean
-0.0325817
```

복합설문 설계 반영 여부에 따른 대응표본 티-테스트 추정결과의 차이 역시 앞서 살펴본 일표본 티-테스트 추정결과의 차이와 동일합니다.[1] 첫째, 복합설문 설계를 반영하자 테스트 통계치인 t통계치가 감소하였습니다(절댓값 기준 13.82 → 10.95). 둘째, 복합설문 설계를 반영하자 자유도 역시 감소하였습니다(54947 → 682). 셋째, 복합설문 설계를 반영하자 두 변수의 평균차이의 95% CI 폭이 다소 증가하였습니다(절댓값 기준 0.01030883 → 0.01168485). 즉 복합설문 데이터에 복합설문 설계를 고려하지 않은 티-테스트를 실시하면, 제1종 오류를 범할 가능성이 증가한다는 것을 확인할 수 있습니다.

3) 독립표본 티-테스트

세 번째로 두 집단의 평균차이를 살펴보는 독립표본 티-테스트(independent sample t-test)를 실시해보겠습니다. 여기서는 중학생과 고등학생의 주관적 행복감(happy) 변수의 평균차이에 대해 통계적 유의도 테스트를 실시하겠습니다. 앞에서 살펴본 2가지 티-테스트와 마찬가지로, 복합설문 설계를 고려하지 않을 때에 비해 복합설문 설계를 고려할 때 추정결과가 어떻게 다른지 살펴보겠습니다.

먼저 복합설문 설계를 고려하지 않은 상황에서 두 집단의 주관적 행복감 평균차이를 테스트한 결과는 아래와 같습니다.

```
> # 독립표본 티테스트: Independent sample t-test
> # 복합설문 설계 고려안함
> t.test(happy~sch_mdhg, mydata)
        Welch Two Sample t-test
```

---

[1] 사실 이것은 당연한 결과입니다. 왜냐하면 대응표본 티-테스트는 두 변수의 차이점수(difference score)를 하나의 변수로 가정할 때, 알려진 모집단 평균 μ가 0과 동일한지 여부를 테스트하는 것이기 때문입니다.

data: happy by sch_mdhg

t = 18.423, df = 54215, p-value < 2.2e-16

alternative hypothesis: true difference in means is not equal to 0

95 percent confidence interval:

 0.1353469 0.1675742

sample estimates:

mean in group 고등학교   mean in group 중학교

            2.265787   2.114326

복합설문 설계를 반영한 독립표본 티-테스트의 경우도 svytest() 함수를 활용하며, t.test() 함수와 그 형태가 동일합니다.

```
> svyttest(happy~sch_mdhg, cs_design)

        Design-based t-test

data: happy ~ sch_mdhg
t = -13.417, df = 682, p-value < 2.2e-16
alternative hypothesis: true difference in mean is not equal to 0
95 percent confidence interval:
 -0.1793966 -0.1336642
sample estimates:
difference in mean
        -0.1565304
> cs_design %>% group_by(sch_mdhg) %>%
+   summarise(happy=survey_mean(happy, vartype='ci'))
# A tibble: 2 x 4
  sch_mdhg  happy  happy_low  happy_upp
  <fct>     <dbl>      <dbl>      <dbl>
1 고등학교    2.27       2.26       2.29
2 중학교      2.12       2.10       2.13
```

복합설문 설계 반영 여부에 따른 독립표본 티-테스트 추정결과의 차이 역시 앞서 살펴본 2가지 티-테스트 추정결과의 차이와 다르지 않습니다. 첫째, 복합설문 설계를 반영하자 테스트 통계치인 t통계치가 감소하였습니다(절댓값 기준 18.423 → 13.417). 둘째, 복합설문 설계를 반영하자 자유도 역시 감소하였습니다(54215 → 682). 셋째, 복합설문 설

계를 반영하자 두 변수의 평균차이의 95% CI 폭이 다소 증가하였습니다(절댓값 기준 0.0322273 → 0.0457324). 즉 복합설문 데이터에 대해 복합설문 설계를 고려하지 않을 경우, 제1종 오류의 가능성이 높아진다는 것을 확인할 수 있습니다.

지금까지 복합설문 데이터를 대상으로 일표본 티-테스트, 대응표본 티-테스트, 독립표본 티-테스트를 실시하는 방법을 살펴보았습니다. svytest() 함수를 사용하되, 일표본 티-테스트와 대응표본 티-테스트의 경우 I() 함수를 활용하여 각 티-테스트의 귀무가설에 맞도록 조정한 공식을 넣으면 복합설문 데이터 대상 티-테스트를 어렵지 않게 실시할 수 있습니다. 복합설문 데이터에 맞는 티-테스트 기법을 사용하지 않을 경우, 제1종 오류를 범할 가능성이 높아진다는 점을 염두에 두시기 바랍니다.

3 피어슨 상관관계 분석

다음으로 복합설문 데이터의 두 연속형 변수 사이의 상관계수를 계산해보겠습니다. 여기서 저희는 복합설문 데이터 대상 피어슨 상관관계 계산을 위해 '리커트 척도(Likert scale)'를 연속형 변수로 간주하였습니다. 사실 이 이슈는 일반적인 사회과학 데이터 분석에서 흔히 받아들여지는 가정이기 때문에 큰 문제라고 보기는 어렵습니다. 그러나 산점도를 이용하여 피어슨 상관관계를 시각화할 경우에는 문제가 발생합니다. 측정치가 특정 값에 집중적으로 몰려 있어서 변수와 변수의 관계가 어떤지 효과적으로 드러나지 않기 때문입니다. 이런 문제를 해결하기 위해서 흔히 관측치에 백색잡음(white noise)을 섞는 지터링(jittering)을 쓰거나, 관측치가 몰려나오는 빈도를 가중치로 부여하는 방법을 사용하기도 합니다. 여기서는 타일그래프(tile graph)를 이용하여 리커트 척도에 기반한 관측치의 타일색에 명암을 주는 방식으로 시각화해보겠습니다.

예시데이터에서 코로나19로 인한 가계경제 어려움 인식(covid_suffer)과 주관적 행복감(happy) 변수의 상관관계를 살펴보겠습니다. 시각화를 위해서는 먼저 두 변수의 수준별 빈도수를 계산해야 합니다. 복합설문 데이터의 빈도수를 계산하기 위해 survey_count() 함수를 사용하였습니다.

```
> # Pearson's r
> # 복합설문 변수 간 상관관계 시각화
> myfig <- cs_design %>%
+  survey_count(happy,covid_suffer)
```

위와 같은 방식으로 저장된 데이터를 다음과 같은 방식을 통해 타일그래프로 나타내
보았습니다. 여기서 ggplot() 함수의 alpha=n 옵션이 가장 중요합니다. 즉 두 변수의 수
준을 교차해서 얻은 영역의 사례수를 음영으로 표현하는 것입니다. [그림 5-1]에서 특정
타일의 음영이 짙을수록 해당 타일에 해당하는 사례수가 많다는 것을 의미합니다.

```
> myfig %>%
+  ggplot(aes(x=covid_suffer, y=happy, alpha=n))+
+  geom_tile()+
+  scale_x_continuous(expand = expansion(mult = c(0, 0)))+
+  scale_y_continuous(expand = expansion(mult = c(0, 0)))+
+  labs(x="코로나19 경제적 영향",y="주관적 행복감")+
+  theme_minimal()+
+  theme(legend.position="none")
> ggsave("Figure_Part3_Ch5_1_correlation_tileplot.png",width=10,height=10,units='cm')
```

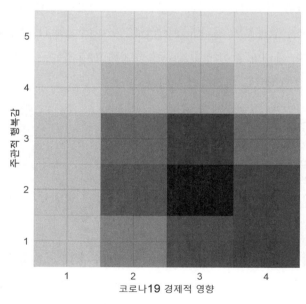

[그림 5-1] 리커트 타입의 두 연속형 변수 간 상관관계 시각화: 타일그래프 접근

[그림 5-1]의 결과를 통해 코로나19 상황으로 경제적 피해를 입었다고 느끼는 학생일수록 주관적 행복감의 수준이 낮은 것을 확인할 수 있습니다.

이제 두 변수 간 피어슨 상관계수를 계산해봅시다. 먼저 복합설문 설계를 고려하지 않은 경우의 피어슨 상관계수를 cor.test() 함수를 이용해 살펴봅시다.

```
> # 복합설문 설계 고려안함
> result_cor <- cor.test(~happy+covid_suffer, mydata)
> result_cor$estimate # r
     cor
-0.120726
> result_cor$statistic # t-value
       t
-28.50736
> result_cor$p.value # p-value
[1] 1.874714e-177
```

다음으로 복합설문 설계를 반영한 피어슨 상관계수를 구해보겠습니다. 아쉽게도 srvyr 패키지나 survey 패키지에서는 복합설문 데이터의 상관계수 계산을 위한 함수를 제공하지 않습니다. 복합설문 데이터의 상관계수를 계산하기 위해서는 jtools 패키지의 svycor() 함수를 활용하면 됩니다. svycor()와 cor.test() 함수의 사용방식은 크게 다르지 않습니다. 아래와 같이 상관계수를 계산하고자 하는 두 변수를 선정한 후, 복합설문 설계 반영 오브젝트를 지정하면 됩니다.

```
> # 복합설문 설계 고려함
> svycor(~happy+covid_suffer, cs_design)
             happy   covid_suffer
happy         1.00        -0.12
covid_suffer -0.12         1.00
```

위의 결과에서 sig.stat 옵션을 추가하면 상관계수에 대한 통계적 유의도 테스트 결과까지 추가로 확인할 수 있습니다. 이 옵션은 weights 패키지의 wtd.cor() 함수를 사용하므로 만약 이와 관련된 에러 메시지가 발생한다면 weights 패키지를 설치합니다.

```
> result_svycor <- svycor(~happy+covid_suffer, cs_design,
+                          sig.stats=TRUE) #weights::wtd.cor() 함수 이용
> # install.packages("weights") #만약 에러가 발생할 경우 별도로 설치
> result_svycor$cors # r
               happy  covid_suffer
happy        1.0000000    -0.1219558
covid_suffer -0.1219558    1.0000000
> result_svycor$t.values # t-value
               happy  covid_suffer
happy              Inf    -27.88063
covid_suffer  -27.88063         Inf
> result_svycor$p.values # p-value
               happy  covid_suffer
happy                0            0
covid_suffer         0            0
```

먼저 상관계수 자체는 크게 다르지 않고(복합설문 설계 미반영 시 $r=-.1207$, 복합설문 설계 반영 시 $r=-.1220$), 통계적 유의도 또한 두 경우 모두 구분하기 어려울 정도로 0에 가깝습니다. 그러나 테스트 통계치를 살펴보면, 복합설문 설계를 반영하지 않을 때의 t통계치가 복합설문 설계를 반영할 때의 t통계치보다 다소 큽니다(절댓값 기준 28.5074 > 27.8806). 즉 복합설문 데이터에 대해 일반적인 방식으로 피어슨 상관계수를 추정할 경우, 제1종 오류의 가능성이 높다는 것을 다시금 확인할 수 있습니다.

4 크론바흐의 알파

마지막으로 복합설문 데이터를 대상으로 크론바흐의 알파를 계산하는 방법을 살펴보겠습니다. 크론바흐의 알파는 어떤 개념을 측정하는 여러 측정항목(items)들의 내적 일관성(internal consistency)을 0~1의 범위를 갖도록 정량화한 지수이며, 사회과학 연구에서는 측정의 신뢰도[보다 구체적으로는 항목 간 신뢰도(inter-item reliability)]를 가늠하는 통계치로 활용됩니다. 크론바흐의 알파 역시 복합설문 설계를 고려하는지 여부에 따라 그 결과가 달라집니다.

앞서 사전처리 작업에서 저희는 범불안장애 척도(generalized anxiety disorder scale)에 속하는 7개 측정문항을 평균하여 scale_gad 변수를 생성하고, 스마트폰 중독 척도에 속하는 10개 측정문항을 평균하여 scale_spaddict 변수를 생성하였습니다. 순서가 다소 뒤바뀌기는 했습니다만, 두 척도를 구성하는 측정문항들의 내적 일관성을 점검하기 위해 크론바흐의 알파를 각각 구해봅시다. 먼저 복합설문 설계를 고려하지 않은 경우의 크론바흐의 알파를 계산해봅시다. 이를 위해 psych 패키지의 alpha() 함수를 사용하겠습니다.

```
> # 복합설문 설계 고려안함
> psych::alpha(mydata %>% select(starts_with("m_gad")))

Reliability analysis
Call: psych::alpha(x = mydata %>% select(starts_with("m_gad")))
raw_alpha std.alpha G6(smc) average_r S/N   ase mean  sd median_r
      0.9       0.9     0.9      0.57 9.2 0.00065  1.6 0.62     0.56
                          [이하의 결과는 지면상 생략함]
```

계산된 크론바흐의 알파값을 보다 자세히 살펴보기 위해 출력결과의 하위 오브젝트인 total을 지정합니다.

```
> psych::alpha(mydata %>% select(starts_with("m_gad")))$total
raw_alpha std.alpha G6(smc) average_r     S/N          ase     mean       sd median_r
0.8981568 0.9017649 0.8950304 0.567358 9.179659 0.0006496069 1.558039 0.6241982 0.5590474
```

다음으로 스마트폰 중독 척도를 구성하는 측정문항들을 대상으로 크론바흐의 알파를 구합니다. 해당 척도는 스마트폰 사용자에 한정되어 있기 때문에 아래와 같이 하위모집단을 선별한 후 크론바흐의 알파를 계산하였습니다.

```
> psych::alpha(mydata %>% filter(use_smart==1) %>%
+               select(starts_with("int_sp_ou")))$total
raw_alpha std.alpha  G6(smc) average_r      S/N          ase     mean       sd median_r
0.9122503 0.9114226 0.9252309 0.5071356 10.28956 0.0005538558 1.864222 0.6208681 0.4938341
```

이제 복합설문 설계를 고려하였을 때의 크론바흐의 알파를 구해봅시다. survey 패키지의 svycralpha() 함수를 사용하면 됩니다. 척도를 구성하는 문항들을 R의 공식 (formula) 형태로 지정한 후 복합설문 오브젝트를 투입하면, 복합설문 데이터의 크론바흐의 알파를 어렵지 않게 계산할 수 있습니다.

```
> # 복합설문 설계 고려함
> svycralpha(~m_gad_1+m_gad_2+m_gad_3+m_gad_4+m_gad_5+m_gad_6+m_gad_6+m_gad_7,
+            cs_design)
 *alpha*
0.9632437
> svycralpha(~int_sp_ou_1+int_sp_ou_2+int_sp_ou_3+int_sp_ou_4+int_sp_ou_5+
+             int_sp_ou_6+int_sp_ou_7+int_sp_ou_8+int_sp_ou_9+int_sp_ou_10,
+             cs_design %>% filter(use_smart==1))
 *alpha*
0.9114189
```

분석결과에서 잘 드러나듯, 복합설문 설계 고려 여부에 따라 크론바흐의 알파값이 상당히 달라지기도 합니다. 우선 스마트폰 중독성향 척도의 경우 복합설문을 고려하든 고려하지 않든 크론바흐의 알파는 소수점 넷째자리까지 동일하게 나타납니다($\alpha = 0.9114$). 그러나 범중독장애 척도의 경우, 복합설문 설계를 고려할 경우 크론바흐의 알파가 0.9632인 데 반해 복합설문 설계를 고려하지 않을 경우 0.9018로 나타나 무시하기 어려울 정도로 다른 것을 확인할 수 있습니다.

지금까지 두 변수 사이의 연관관계를 테스트하는 추리통계기법으로 카이제곱 테스트, 티-테스트, 피어슨 상관관계 분석을 살펴보았습니다. 아울러 측정의 신뢰도 점검이라는 점에서 척도를 구성하는 복수의 측정항목들의 내적 일관성을 가늠하는 크론바흐의 알파를 살펴보았습니다. 이를 통해 복합설문 설계를 고려하지 않고 일반적 데이터 분석방법을 적용하여 얻은 추리통계치는 제1종 오류의 가능성이 높아진다는 것을 확인할 수 있었습니다. 이 특징은 다음 장에서 소개할 복합설문 데이터 대상 일반선형모형 추정결과에도 그대로 적용됩니다.

6장

일반선형모형

대부분의 학술논문에서는 연구가설을 테스트하고 연구문제에 대한 경험적 해답을 찾을 때 일반선형모형(GLM, generalized linear model), 혹은 회귀모형(regression model)을 활용합니다. 일반적으로 GLM은 방정식에 투입되는 종속변수의 분포가 어떠한지에 따라 구분됩니다. 보통 정규분포(normal distribution)를 따른다고 가정되는 종속변수의 경우 최소제곱법(OLS, ordinary least squares) 회귀모형을 사용하며, 이항분포(binomial distribution)를 따른다고 가정되는 종속변수의 경우 이항 로지스틱(binary logistic) 회귀모형을 사용합니다. 또한 종속변수가 순위 범주형 변수(ordered categorical variable)일 때는 순위 로지스틱(ordinal logistic) 회귀모형을 사용하고, 무순위 범주형 변수(unordered categorical variable)일 때는 다항 로지스틱(multinomial logistic) 회귀모형을 사용합니다. 그리고 종속변수가 횟수형 변수(count variable)인 경우에는 보통 포아송(Poisson) 회귀모형이나 음이항(negative binomial) 회귀모형을 사용합니다.

복합설문 데이터 분석도 종속변수의 특성에 맞는 일반선형모형을 선택해 추정한다는 점에서 본질은 다르지 않습니다. 따라서 이번 장에서는 복합설문 설계를 고려한 일반선형모형들을 하나하나 살펴보겠습니다. 이번 장에서 저희는 '복합설문 설계 고려 여부가 일반선형모형 추정결과에 어떠한 영향을 미치는지'를 살펴보기 위해 복합설문 설계를 고려하지 않은 추정결과와 복합설문 설계를 고려한 추정결과를 비교하는 방식을 택했습니다.

먼저 복합설문 데이터 대상 회귀분석에 필요한 패키지를 구동한 후, 사전처리가 완료된 예시데이터에 회귀모형을 차례로 적용해보겠습니다.

```
> #패키지 구동
> library(tidyverse)  #데이터관리
> library(survey)      #전통적 접근을 이용한 복합설문분석
> library(srvyr)       #tidyverse 접근을 이용한 복합설문분석
> library(MASS)        #일반적 순위로지스틱, 음이항 회귀모형
> select <- dplyr::select
> library(sjstats)     #복합설문 음이항 회귀모형
> library(nnet)        #일반적 다항 로지스틱 회귀모형
> library(svyVGAM)     #복합설문 다항 로지스틱 회귀모형
> library(modelr)      #추정결과 시각화
> library(broom)       #추정결과 정리
                     [패키지 구동 시 출력되는 메시지는 지면상 생략함]
```

1 OLS 회귀모형

정규분포를 따른다고 가정된 종속변수에 대해서는 OLS 회귀모형을 적용합니다. 복합설문 데이터를 대상으로 OLS 회귀모형을 실시하기 위해서는 survey 패키지와 srvyr 패키지에서 제공되는 svyglm() 함수를 사용하면 됩니다.

먼저 분석할 모형으로 '모형1'과 '모형2'를 설정하였습니다. 모형 1에는 종속변수로 예시데이터의 주관적 행복감(happy)을 투입하고, 독립변수로 응답자의 사회경제적 지위(socio-economic status, ses), 성적수준(achieve), 스마트폰 이용 여부(use_smart), 범불안장애 척도(scale_gad)의 일차항과 이차항, 코로나19로 인한 경제적 영향(covid_suffer) 등을 투입하였습니다. 그리고 모형 2에는 코로나19로 인한 경제적 영향(covid_suffer)과 범불안장애 척도(scale_gad)의 일차항과 이차항의 상호작용효과를 추가로 추정하였습니다. 두 모형의 공식은 아래와 같이 별도의 공식 형태로 저장하였습니다.

```
> #결과변수가 정규분포를 가정할 수 있는 연속형 변수인 경우
> pred_1 <- "ses+achieve+use_smart+scale_gad+I(scale_gad^2)+covid_suffer"
> formula1 <- as.formula(str_c("happy~",pred_1))
> pred_2 <- "+scale_gad:covid_suffer+I(scale_gad^2):covid_suffer"
> formula2 <- as.formula(str_c("happy~",pred_1,pred_2))
```

```
> formula1; formula2
happy ~ ses + achieve + use_smart + scale_gad + I(scale_gad^2) +
   covid_suffer
happy ~ ses + achieve + use_smart + scale_gad + I(scale_gad^2) +
   covid_suffer + scale_gad:covid_suffer + I(scale_gad^2):covid_suffer
```

　　2가지 모형을 추정할 때 저희는 '절편'과 '상호작용효과' 추정결과에 대한 해석을 돕기 위해 연속형 변수의 경우 평균중심화 변환(mean-centering)을 실시했습니다. 복합설문 설계를 고려하지 않을 경우의 평균중심화 변환은 다음과 같이 하면 됩니다. 즉 변수에서 해당 변수의 평균을 빼주면 됩니다. 이때 스마트폰 비사용자의 경우 스마트폰 사용시간(spend_smart)과 스마트폰 중독성향(scale_spaddict) 두 변수가 결측이므로 na.rm=TRUE를 지정함으로써 스마트폰 사용자 집단만을 대상으로 평균중심화 변환을 실시했습니다.

```
> # 예측변수들의 평균중심화 변환
> mydata_mc <- mydata %>%
+ mutate(across(
+   .cols=c(ses,achieve,scale_gad,covid_suffer,spend_smart,scale_spaddict),
+   .fns=function(x){x-mean(x,na.rm=TRUE)}
+ ))
```

　　복합설문 설계가 적용된 경우는 다소 주의할 필요가 있습니다. 왜냐하면 평균중심화 변환에 사용될 평균값 역시 복합설문 설계를 반영해야 하기 때문입니다. 여기서 저희는 srvyr 패키지의 survey_mean() 함수가 아닌 survey 패키지의 svymean() 함수를 사용했습니다. srvyr 패키지의 survey_mean() 함수는 출력결과가 티블 데이터 형식인 반면, survey 패키지 svymean() 함수의 출력결과는 벡터 형식이라 비교적 간단히 활용할 수 있기 때문입니다.

```
> cs_design_mc <- cs_design %>%
+ mutate(across(
+   .cols=c(ses,achieve,scale_gad,covid_suffer,spend_smart,scale_spaddict),
+   .fns=function(x){x-svymean(~x,cs_design,na.rm=TRUE)}
+ ))
```

먼저 복합설문 설계를 고려하지 않았을 때 '모형1'과 '모형2'의 OLS 회귀모형 추정결과가 어떠한지 살펴보겠습니다. lm() 함수를 사용한 모형추정결과는 아래와 같습니다.

```
> # 복합설문 설계 고려안함
> ols1 <- lm(formula1,mydata_mc)
> ols2 <- lm(formula2,mydata_mc)
```

복합설문 설계를 고려한 OLS 회귀모형은 svyglm() 함수를 사용한다는 점이 다를 뿐 아래와 같이 크게 다른 점이 없습니다.

```
> # 복합설문 설계 고려함
> normal_glm1 <- svyglm(formula1, cs_design_mc)
> normal_glm2 <- svyglm(formula2, cs_design_mc)
```

먼저 '모형1'의 추정결과를 비교해봅시다. summary() 함수를 이용하여 복합설문 설계를 고려한 추정결과와 그러지 않은 추정결과를 비교하면 다음과 같습니다.

```
> # 모형추정결과 비교
> summary(ols1)

Call:
lm(formula = formula1, data = mydata_mc)

Residuals:
    Min      1Q   Median      3Q     Max
-3.6491  -0.5583   0.0202  0.6526  2.8986

Coefficients:
              Estimate  Std. Error  t value  Pr(>|t|)
(Intercept)   3.560425    0.021899  162.586  < 2e-16 ***
ses          -0.131203    0.004340  -30.233  < 2e-16 ***
achieve      -0.076670    0.003172  -24.170  < 2e-16 ***
use_smart1    0.206373    0.021926    9.412  < 2e-16 ***
scale_gad    -0.816126    0.008566  -95.272  < 2e-16 ***
```

```
I(scale_gad^2)    0.135632       0.006615     20.503     < 2e-16 ***
covid_suffer     -0.017197       0.004257     -4.039    5.37e-05 ***
---
Signif. codes: 0 '***' 0.001 '**' 0.01 '*' 0.05 '.' 0.1 ' ' 1

Residual standard error: 0.8322 on 54941 degrees of freedom
Multiple R-squared: 0.256,        Adjusted R-squared: 0.2559
F-statistic: 3150 on 6 and 54941 DF, p-value: < 2.2e-16

> summary(normal_glm1)

Call:
svyglm(formula = formula1, design = cs_design_mc)

Survey design:
Called via srvyr

Coefficients:
                 Estimate   Std. Error   t value    Pr(>|t|)
(Intercept)      3.554213     0.028045    126.732    < 2e-16 ***
ses             -0.129933     0.004522    -28.731    < 2e-16 ***
achieve         -0.076003     0.003467    -21.920    < 2e-16 ***
use_smart1       0.204596     0.028193      7.257   1.09e-12 ***
scale_gad       -0.812858     0.008541    -95.166    < 2e-16 ***
I(scale_gad^2)   0.136076     0.008081     16.839    < 2e-16 ***
covid_suffer    -0.019694     0.004436     -4.440   1.05e-05 ***
---
Signif. codes: 0 '***' 0.001 '**' 0.01 '*' 0.05 '.' 0.1 ' ' 1

(Dispersion parameter for gaussian family taken to be 0.6932285)

Number of Fisher Scoring iterations: 2
```

　　추정결과를 대략 훑어보기만 해도 모형추정결과가 조금 다른 것을 확인할 수 있습니다. 여기서 가장 주목할 점은 테스트 통계치(t)와 통계적 유의도(p)입니다. 추정된 회귀계수[절편, (Intercept) 포함] 모두에서 복합설문 설계를 고려할 경우의 테스트 통계치(t)가 복합설문 설계를 고려하지 않은 경우의 테스트 통계치보다 더 작은 값(절댓값 기준)을 보이는 것을 확인할 수 있습니다. 물론 covid_suffer 회귀계수의 경우 복합설문 설계를 고려한 경우의 *t*가 복합설문 설계를 반영하지 않았을 경우의 *t*보다 크게 나타났지만(절댓 값 기준: 4.440 > 4.039), 전반적으로 복합설문 설계를 반영하여 얻은 추정결과가 상대적으로 더 보수적인 것을 확인할 수 있습니다. 다시 말해 복합설문 데이터 분석을 적용하지 않을 경우 제1종 오류를 범할 가능성이 더 증가한다는 것을 확인할 수 있습니다.

개별 회귀계수 추정결과를 확인했으니 모형의 전반적 설명력이 어떤지 살펴봅시다. 우선 복합설문 설계를 반영하지 않은 결과의 경우 $R^2 = .256$, 즉 '모형1'에 투입된 독립변수들은 종속변수의 전체분산 중 약 26%를 설명한다는 것을 쉽게 알 수 있습니다. 하지만 복합설문 설계를 고려한 결과의 경우 R^2와 같은 모형적합도(goodness-of-fit) 지수가 제시되어 있지 않습니다. 복합설문 설계를 적용한 경우에는 회귀계수에 대한 테스트 결과 아래에 제시된 Dispersion parameter 결과를 이용하여 R^2를 별도로 계산해야 합니다. 참고로 OLS 회귀모형의 경우 Dispersion parameter 결과에 제시된 수치가 바로 오차항의 분산입니다. 즉 복합설문 설계를 반영한 OLS 회귀모형에서 R^2를 계산하기 위해서는 먼저 독립변수를 전혀 고려하지 않았을 경우의 오차분산을 구한 후, 이 값을 기준으로 독립변수를 투입하였을 때 어느 정도의 오차분산이 감소하는지를 추정하면 됩니다. 자 이제 svyglm() 함수에 종속변수만 설정한 후 그 결과를 추정해봅시다.

```
> # R2 계산
> normal_glm0 <- svyglm(happy~1, cs_design_mc)
> summary(normal_glm0)$dispersion
     variance      SE
[1,]  0.92831  0.0055
> cs_design_mc %>% summarise(var=survey_var(happy))
       var       var_se
1 0.9283088  0.005494685
```

위의 결과에서 독립변수를 전혀 투입하지 않은 경우 오차항의 분산은 약 0.9283 입니다. 즉 '모형1'의 독립변수들을 추가로 투입해서 감소한 오차항의 분산은 0.9283 − 0.6932 = 0.2351입니다. 이를 0~1의 범위를 갖는 R^2로 변환하면 다음과 같습니다.

$$R^2 = \frac{0.9283 - 0.6932}{0.9283} = \frac{0.2351}{0.9283} = 0.2533$$

즉 복합설문 설계를 반영하지 않을 경우 '모형1'은 주관적 행복감의 전체분산 중 약 26%를 설명하지만, 복합설문 설계를 반영할 경우 '모형1'은 주관적 행복감의 전체분산 중 약 25%를 설명합니다.

복합설문 설계 고려 여부에 따른 모형추정결과를 효과적으로 비교하기 위해 다음의 개인함수를 설정하였습니다. wrap_function() 함수는 broom 패키지의 tidy() 함수를 기반으로 추정된 회귀계수 및 표준오차를 정리하는 함수입니다. 이번 장에서 소개하는 모든 모형에 대해 tidy() 함수를 적용할 수는 없지만, 타이디버스 접근 및 broom 패키지의 적용범위가 점점 더 확장되고 있다는 점에서 이를 표준으로 두고, tidy() 함수를 적용할 수 없는 모형들에 대해서는 유사한 결과가 출력되도록 별도의 함수를 정의하였습니다.

```
> # 회귀계수 결과 정리를 위한 개인함수
> wrap_function <- function(object_glm){
+ tidy(object_glm) %>%
+  mutate(
+   sigstar=cut(p.value,c(-Inf,0.001,0.01,0.05,1),
+                 labels=c("***","**","*","")),
+   myreport=str_c(format(round(estimate,4),nsmall=4),
+                  sigstar,"\n(",
+                  format(round(std.error,4),nsmall=4),")")
+   ) %>% select(-(estimate:sigstar))
+ }
```

앞에서도 소개한 map_df() 함수를 이용해 각각의 모형에 위 함수를 적용하면 효율적으로 결과를 정리할 수 있습니다. 복합설문 설계 고려 여부에 따른 '모형1', '모형2'의 추정결과 및 모형비교 통계치는 [표 6-1]에 제시하였습니다.

```
> # 4가지 모형의 회귀계수 추정결과 통합 및 정리
> list("m1_no"=ols1,"m1_yes"=normal_glm1,
+       "m2_no"=ols2,"m2_yes"=normal_glm2) %>%
+ map_df(wrap_function,.id="model") %>%
+ pivot_wider(names_from=model,values_from=myreport) %>%
+ write_excel_csv("Table_Part3_Ch6_1_regression_normal.csv")
```

```
> # 모형비교
> anova(ols1,ols2)
                          [출력내용은 제시된 표에 정리하였음]
> anova(normal_glm1, normal_glm2, method="Wald") # 왈드 테스트: 이전 장의 카이제곱 테스트편 참조[1]
                          [출력내용은 제시된 표에 정리하였음]
> #anova(normal_glm1, normal_glm2, method="LRT") # Rao-Scott 테스트: 이전 장의 카이제곱 테스트편 참조[2]
> AIC(ols1);AIC(ols2)
                          [출력내용은 제시된 표에 정리하였음]
> BIC(ols1);BIC(ols2)
                          [출력내용은 제시된 표에 정리하였음]
> AIC(normal_glm1, normal_glm2)
                          [출력내용은 제시된 표에 정리하였음]
> BIC(normal_glm1, normal_glm2, maximal=normal_glm2)
                          [출력내용은 제시된 표에 정리하였음]
```

---

1 해당 결과는 다음과 같이 regTermTest() 함수를 이용해도 됩니다.

```
> regTermTest(normal_glm2,
+            ~scale_gad:covid_suffer+I(scale_gad^2):covid_suffer)#Wald test
Wald test for scale_gad:covid_suffer covid_suffer:I(scale_gad^2)
 in svyglm(formula = formula2, design = cs_design)
F = 14.15022 on 2 and 675 df: p= 9.5493e-07
```

2 해당 결과는 다음과 같이 regTermTest() 함수를 이용해도 됩니다. 이때 method="LRT"에서 알 수 있듯 로그우도비(LR, log likelihood ratio) 카이제곱 테스트 통계량을 기반으로 하는데, 이는 5장에서 소개한 (피어슨) 카이제곱 테스트 통계량과 근사적으로 같은 성질을 갖습니다. 즉 카이제곱 분포를 이용해 통계치를 조정한다는 것을 의미합니다.

```
> regTermTest(normal_glm2,
+            ~scale_gad:covid_suffer+I(scale_gad^2):covid_suffer,
+            method="LRT") #Rao-Scott test
Working (Rao-Scott+F) LRT for scale_gad:covid_suffer covid_suffer:I(scale_gad^2)
 in svyglm(formula = formula2, design = cs_design)
Working 2logLR = 21.173 p= 8.3511e-05
(scale factors: 1.3 0.73 ); denominator df= 675
```

[표 6-1] 복합설문 설계 고려 여부에 따른 OLS 회귀모형 추정결과 비교

	모형1		모형2	
	고려안함	고려함	고려안함	고려함
절편	3.5604*** (0.0219)	3.5542*** (0.0280)	3.5605*** (0.0219)	3.5549*** (0.0280)
사회경제적 지위(ses)	−0.1312*** (0.0043)	−0.1299*** (0.0045)	−0.1318*** (0.0043)	−0.1305*** (0.0045)
성적수준(achieve)	−0.0767*** (0.0032)	−0.0760*** (0.0035)	−0.0766*** (0.0032)	−0.0760*** (0.0035)
스마트폰 사용 여부(use_smart)	0.2064*** (0.0219)	0.2046*** (0.0282)	0.2035*** (0.0219)	0.2011*** (0.0281)
범불안장애 척도 일차항(scale_gad)	−0.8161*** (0.0086)	−0.8129*** (0.0085)	−0.8172*** (0.0086)	−0.8137*** (0.0085)
범불안장애 척도 이차항[I(scale_gad^2)]	0.1356*** (0.0066)	0.1361*** (0.0081)	0.1374*** (0.0067)	0.1375*** (0.0083)
코로나19 경제적 어려움 인식(covid_suffer)	−0.0172*** (0.0043)	−0.0197*** (0.0044)	−0.0037 (0.0051)	−0.0062 (0.0054)
상호작용효과				
scale_gad:covid_suffer			0.0533*** (0.0095)	0.0545*** (0.0103)
I(scale_gad^2):covid_suffer			−0.0336*** (0.0069)	−0.0339*** (0.0087)
모형적합도 지수				
R^2	0.2560	0.2532	0.2564	0.2537
R^2 변화량			0.0004	0.0005
R^2 변화량 테스트 통계치			$F(2,54939)$ $=16.09$, $p=1.0364\times$ 10^{-7}	$F(2,675)$ $=14.15$, $p=9.5493\times$ 10^{-7}
AIC	135757	38102	135729	38083
BIC	135828	38173	135818	38166

알림: $^*p < .05$, $^{**}p < .01$, $^{***}p < .001$. 보고된 수치는 회귀계수와 표준오차(괄호 속)를 소수점 넷째자리에서 반올림하여 제시함. srvyr 패키지(version 1.1.1) 함수들을 이용하여 복합설문 설계를 고려한 분석결과의 경우 군집변수, 층화변수, 가중치변수, 유한모집단수정지수 4가지를 적용한 후 추정된 결과임. 제시된 R^2 변화량 테스트 통계치는 왈드(Wald) 테스트 통계치이며, 라오-스콧(Rao-Scott) 테스트 통계치의 통계적 유의도는 $p=8.3511\times10^{-5}$로 왈드 테스트 통계치보다 더 보수적인 추정결과를 보였음.

먼저 제시된 [표 6-1]에서 나타나듯 OLS 회귀모형의 회귀계수는 복합설문 설계 적용 여부에 따라 조금 다릅니다. 또한 모형적합도 지수들에서도 2가지 방법으로 얻은 추정결과가 조금 다른 것을 확인할 수 있습니다. 여기서 주목해볼 것 중 하나는 모형비교 결과, 즉 R^2 변화량 테스트 통계치입니다. 두 모형은 통상적 유의도 수준에서 크게 다른 결과를 보이지 않지만, 복합설문 설계를 반영한 경우의 테스트 통계치가 복합설문 설계를 반영하지 않은 경우의 테스트 통계치보다 더 작으며 또한 통계적 유의도 수준도 더 보수적으로 추정되었습니다.

마지막에 제시된 AIC와 BIC의 해석도 동일합니다. 즉 복합설문 설계를 고려하든 고려하지 않든 상호작용효과항 2개를 추가로 추정한 '모형2'는 '모형1'보다 훨씬 더 나은 모형이라는 것을 확인할 수 있습니다.

이제 [표 6-1]에 제시된 '모형2'의 상호작용효과를 해석해보겠습니다. 상호작용효과를 쉬운 말로 풀어서 설명하는 것은 사실 굉장히 어렵습니다. 상호작용효과에는 일차항뿐만 아니라 이차항 변수도 포함되어 있기 때문입니다. 상호작용효과를 가장 쉽게 제시하는 방법은 그래프를 활용하는 것입니다.

'모형2'의 상호작용효과를 시각화하는 과정은 일반적인 모형추정결과 시각화 과정과 동일합니다. 우선 상호작용효과에 포함된 설명변수를 제외한 다른 통제변수들을 특정 조건으로 통제합니다. 여기서 저희는 사회경제적 지위(ses), 성적수준(achieve)과 같은 연속형 변수는 평균값으로 설정하고, 스마트폰 이용 여부(use_smart) 같은 범주형 변수는 빈도수가 가장 높은 집단인 스마트폰 이용자로 설정했습니다. 그리고 상호작용효과항에 투입된 범불안장애(GAD, scale_gad) 수준과 코로나19로 인한 경제적 어려움 인식(covid_suffer)의 경우, 원래의 리커트 4점 척도의 점수(1, 2, 3, 4)를 조건으로 설정하였습니다. modelr 패키지의 data_grid() 함수를 사용하면 모형추정결과 시각화를 위한 데이터를 간단하게 생성할 수 있습니다. 한 가지 주의할 점은 모형을 추정할 때 covid_suffer와 scale_gad 변수의 평균중심화 변환을 실시했다는 점을 반영하는 것입니다. 앞서와 마찬가지로 survey 패키지의 svymean() 함수를 이용하여 원래 측정치의 값이 1, 2, 3, 4에 해당되는 평균중심화 변환값을 투입하였습니다.

```
> # 추정결과 시각화
> newdata <- mydata %>%
+ data_grid(ses=0,achieve=0,use_smart=1,
+           scale_gad=(1:4)-svymean(~scale_gad,cs_design),
+           covid_suffer=(1:4)-svymean(~covid_suffer,cs_design)) %>%
+ mutate(use_smart=as.factor(use_smart))
> newdata
# A tibble: 16 x 5
```

	ses	achieve	use_smart	scale_gad	covid_suffer
	<dbl>	<dbl>	<fct>	<dbl>	<dbl>
1	0	0	1	-0.562	-1.06
2	0	0	1	-0.562	-0.0565
3	0	0	1	-0.562	0.944
4	0	0	1	-0.562	1.94
5	0	0	1	0.438	-1.06
6	0	0	1	0.438	-0.0565
7	0	0	1	0.438	0.944
8	0	0	1	0.438	1.94
9	0	0	1	1.44	-1.06
10	0	0	1	1.44	-0.0565
11	0	0	1	1.44	0.944
12	0	0	1	1.44	1.94
13	0	0	1	2.44	-1.06
14	0	0	1	2.44	-0.0565
15	0	0	1	2.44	0.944
16	0	0	1	2.44	1.94

다음으로 예측값을 구해봅시다. 먼저 복합설문 설계가 반영된 OLS 회귀모형인 normal_glm2의 오브젝트로 위에서 생성한 myfig 데이터 조건의 예측값을 구합니다. 여기서는 예측값과 예측값의 95% CI를 같이 시각화하기 위해 se.fit=TRUE 옵션을 적용했습니다(만약 예측값만 시각화하고 싶다면 se.fit=TRUE 옵션을 지정하지 않아도 됩니다).

```
> # 예측값 도출
> mypred_cs <- predict(normal_glm2,newdata,se.fit=TRUE) %>% as_tibble()
> mypred_cs
# A tibble: 16 x 2
```

	link	SE
	<dbl>	<dbl>
1	4.31	0.00912
2	4.26	0.00627
3	4.21	0.00960
4	4.16	0.0155
5	3.41	0.0101
6	3.43	0.00631
7	3.44	0.00900
8	3.45	0.0150
9	2.87	0.0213
10	2.87	0.0127
11	2.87	0.0137
12	2.87	0.0231
13	2.67	0.0620
14	2.59	0.0383
15	2.52	0.0421
16	2.44	0.0691

마찬가지로 복합설문 설계를 고려하지 않은 OLS 기반 '모형2'의 예측값을 구하면 다음과 같습니다.

```
> mypred_no <- predict(ols2,newdata,se.fit=TRUE) %>% as_tibble()
> mypred_no
# A tibble: 16 x 4
```

	fit	se.fit	df	residual.scale
	<dbl>	<dbl>	<int>	<dbl>
1	4.31	0.00858	54939	0.832
2	4.27	0.00575	54939	0.832
3	4.23	0.00881	54939	0.832
4	4.18	0.0144	54939	0.832
5	3.42	0.00985	54939	0.832
6	3.43	0.00605	54939	0.832
7	3.44	0.00836	54939	0.832
8	3.46	0.0140	54939	0.832
9	2.87	0.0152	54939	0.832
10	2.87	0.00955	54939	0.832
11	2.88	0.0117	54939	0.832
12	2.88	0.0192	54939	0.832

13	2.67	0.0418	54939	0.832
14	2.59	0.0268	54939	0.832
15	2.52	0.0316	54939	0.832
16	2.44	0.0509	54939	0.832

이렇게 두 예측값과 예측값의 표준오차를 확보한 후, 독립변수들의 각 조건별 예측값과 95% CI를 계산하면 다음과 같습니다. 코로나19로 인한 경제적 어려움 인식(covid_suffer)을 X축에 배치하고, 범불안장애(GAD, scale_gad) 수준을 범례, 즉 조절변수 (moderator)로 사용할 예정이기 때문에 scale_gad 변수의 수준에 대해 라벨링 작업을 실시했습니다.

```
> myfig <- bind_rows(
+  newdata %>% mutate(model="복합설문 데이터 분석\n(복합설문 설계 고려함)",
+             predy=mypred_cs$link,SE=mypred_cs$SE),
+  newdata %>% mutate(model="일반적 데이터 분석\n(복합설문 설계 고려안함)",
+             predy=mypred_no$fit,SE=mypred_no$se.fit)) %>%
+  mutate(
+   ll=predy-1.96*SE,ul=predy+1.96*SE,
+   scale_gad=factor(scale_gad,
+        labels=c("1. 매우 낮음","2. ","3. ","4. 매우 높음"))
+  )
```

시각화 결과를 제시하면 다음과 같습니다. geom_ribbon() 함수를 사용하면 예측값의 95% CI를 효과적으로 시각화할 수 있습니다.

```
> myfig %>%
+  ggplot(aes(x=covid_suffer,y=predy,color=scale_gad,fill=scale_gad))+
+  geom_line()+
+  geom_ribbon(aes(ymin=ll,ymax=ul),alpha=0.2,color=NA)+
+  labs(x="코로나19 경제적 영향 인식",y="주관적 행복감",
+     color="범불안장애(GAD)",fill="범불안장애(GAD)")+
+  scale_x_continuous(breaks=(1:4)-svymean(~covid_suffer,cs_design),
+           labels=c("전혀 어려워지지 않음",
+               "어려워지지 않은 편","어려워진 편",
+               "매우 어려워짐"))+
```

```
+  theme_bw()+
+  theme(legend.position="top",
+        axis.text.x = element_text(hjust=1,angle = 90))+
+  facet_wrap(~model)
>ggsave("Figure_Part3_Ch6_1_interaction_covidsuffer_gad_happy.png",height=14,width=20,units='cm')
```

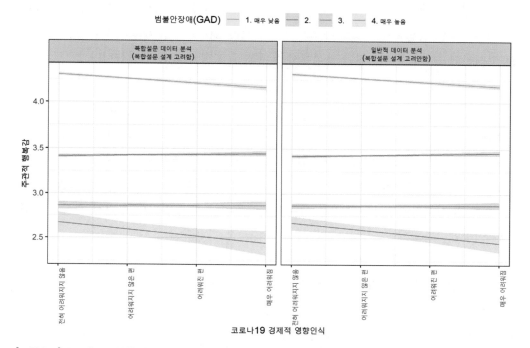

[그림 6-1] 코로나19로 인한 경제적 어려움 인식과 범불안장애의 상호작용효과 시각화

[그림 6-1]을 보면 코로나19로 인해 가계경제가 더 악화되었다는 인식이 주관적 행복감에 미치는 효과는 응답자의 범불안장애 인식수준에 따라 상이한 것을 확인할 수 있습니다. 즉 코로나19로 인한 가계 경제상황 악화가 주관적 행복감에 미치는 부정적 영향은 범불안장애 인식이 높거나 낮은 경우에는 나타나지만, 중간 정도 수준의 범불안장애 인식을 갖는 경우에는 뚜렷하게 나타나지 않습니다.

또한 복합설문 설계를 고려하지 않은 경우 예측구간의 길이가 복합설문 설계를 고려한 경우 예측구간의 길이보다 좁은 것을 직접 확인할 수 있습니다. 즉 복합설문 설계를 고려하지 않으면 예측값의 정확성을 과대추정할 가능성이 있으며, 이는 범불안장애 인식이 낮은 응답자들에게서 더 크게 나타납니다.[3]

다음으로 스마트폰 사용자 집단을 하위모집단(subpopulation)으로 하여 OLS 회귀모형을 추정해보겠습니다. 하위모집단 분석을 할 때는 스마트폰 이용자를 대상으로 측정된 스마트폰 사용량(spend_smart)과 스마트폰 중독성향(scale_spaddict) 두 변수를 추가로 고려하였습니다. 하위모집단 분석에서 살펴볼 두 모형은 다음과 같습니다.

- 모형1: ses, achieve, scale_gad(일차항과 이차항), covid_suffer, covid_suffer와 scale_gad(일차항과 이차항)의 상호작용효과, spend_smart, scale_spaddict(일차항과 이차항)을 예측변수로 하여 응답자의 주관적 행복감 수준을 예측함
- 모형2: 모형1의 예측변수들과 함께 spend_smart 변수와 scale_spaddict(일차항과 이차항)의 상호작용효과를 추가로 예측변수로 투입한 후 응답자의 주관적 행복감 수준을 예측함

두 모형의 공식을 먼저 설정한 결과는 다음과 같습니다.

```
> # 하위모집단(스마트폰 이용자) 대상 모형추정
> # 모형투입 공식 지정
> pred_sub0 <- "ses+achieve+(scale_gad+I(scale_gad^2))*covid_suffer"
> pred_sub1 <- "+spend_smart+scale_spaddict+I(scale_spaddict^2)"
> formula_sub1 <- as.formula(str_c("happy~",pred_sub0,pred_sub1))
> pred_sub2 <- "+spend_smart:scale_spaddict+spend_smart:I(scale_spaddict^2)"
> formula_sub2 <- as.formula(str_c("happy~",pred_sub0,pred_sub1,pred_sub2))
> formula_sub1
happy ~ ses + achieve + (scale_gad + I(scale_gad^2)) * covid_suffer +
```

---

3 제시된 복합설문 데이터 분석결과 및 일반적 데이터 분석결과의 차이는 본질적으로는 복합설문 고려 여부에 따른 것이지만, 실질적으로는 복합적 요인에 의해 발생합니다. 첫째, 평균을 계산하는 방식이 각각 다르므로 평균중심화 변환의 결과가 다릅니다. 즉 평균중심화 변환된 예측변수의 수준이 상이합니다. 둘째, 일반적 데이터 분석기법의 경우 가중치를 고려하지 않으므로 회귀계수의 점추정치가 다릅니다. 셋째, 일반적 데이터 분석기법의 경우 군집 및 유층 정보를 고려하지 않으므로 추정된 분산이 복합설문 데이터 상황에서 얻은 분산추정치에 비해 과소추정될 수 있습니다.

```
    spend_smart + scale_spaddict + I(scale_spaddict^2)
> formula_sub2
happy ~ ses + achieve + (scale_gad + I(scale_gad^2)) * covid_suffer +
    spend_smart + scale_spaddict + I(scale_spaddict^2) + spend_smart:scale_spaddict +
    spend_smart:I(scale_spaddict^2)
```

이제 하위모집단 대상 OLS 회귀모형을 추정해보겠습니다. 복합설문 설계를 반영하지 않은 모형추정결과와 복합설문 설계를 반영한 모형추정결과는 다음과 같습니다.

```
> # 복합설문 설계 고려안함
> mydata_mc_sub <- mydata_mc %>% filter(use_smart==1)
> sub_ols1 <- lm(formula_sub1, mydata_mc_sub)
> sub_ols2 <- lm(formula_sub2, mydata_mc_sub)
> # 복합설문 설계 고려함
> cs_design_mc_sub <- cs_design_mc %>% filter(use_smart==1)
> normal_glm_sub1 <- svyglm(formula_sub1, cs_design_mc_sub)
> normal_glm_sub2 <- svyglm(formula_sub2, cs_design_mc_sub)
> # 4가지 모형의 회귀계수 추정결과 통합 및 정리
> list("m1_no"=ols_sub1,"m1_yes"=normal_glm_sub1,
+     "m2_no"=ols_sub2,"m2_yes"=normal_glm_sub2) %>%
+ map_df(wrap_function,.id="model") %>%
+ pivot_wider(names_from=model,values_from=myreport) %>%
+ write_excel_csv("Table_Part3_Ch6_2_regression_normal_sub.csv")
```
[모형비교 결과는 제시된 표에 정리하였음]

[표 6-2] 하위모집단(스마트폰 이용자) 대상 복합설문 설계 고려 여부에 따른 OLS 회귀모형 추정결과 비교

	모형1		모형2	
	고려안함	고려함	고려안함	고려함
절편	3.7576*** (0.0050)	3.7480*** (0.0056)	3.7584*** (0.0051)	3.7490*** (0.0056)
사회경제적 지위(ses)	−0.1305*** (0.0044)	−0.1291*** (0.0046)	−0.1303*** (0.0044)	−0.1288*** (0.0046)
성적수준(achieve)	−0.0724*** (0.0033)	−0.0720*** (0.0036)	−0.0721*** (0.0033)	−0.0716*** (0.0036)
범불안장애 척도 일차항(scale_gad)	−0.7875*** (0.0090)	−0.7847*** (0.0090)	−0.7870*** (0.0090)	−0.7841*** (0.0090)

범불안장애 척도 이차항[I(scale_gad^2)]	0.1267*** (0.0069)	0.1267*** (0.0086)	0.1262*** (0.0069)	0.1261*** (0.0086)
코로나19 경제적 어려움 인식(covid_suffer)	−0.0026 (0.0052)	−0.0052 (0.0054)	−0.0027 (0.0052)	−0.0053 (0.0054)
상호작용효과				
scale_gad:covid_suffer	0.0459*** (0.0096)	0.0480*** (0.0102)	0.0454*** (0.0096)	0.0472*** (0.0102)
I(scale_gad^2):covid_suffer	−0.0291*** (0.0071)	−0.0297*** (0.0087)	−0.0290*** (0.0071)	−0.0295*** (0.0087)
스마트폰 사용량(spend_smart)	−0.0056*** (0.0016)	−0.0060*** (0.0018)	−0.0058** (0.0019)	−0.0064** (0.0022)
스마트폰 중독성향 일차항(scale_spaddict)	−0.0792*** (0.0064)	−0.0757*** (0.0066)	−0.0803*** (0.0064)	−0.0772*** (0.0068)
스마트폰 중독성향 이차항[I(scale_spaddict^2)]	0.0279*** (0.0072)	0.0325*** (0.0080)	0.0199** (0.0077)	0.0233** (0.0086)
상호작용효과				
spend_smart:scale_spaddict			0.0091*** (0.0025)	0.0100*** (0.0029)
spend_smart:I(scale_spaddict^2)			−0.0008 (0.0023)	−0.0005 (0.0030)
모형적합도 지수				
R^2	0.2617	0.2585	0.2619	0.2588
R^2 변화량			0.0002	0.0003
R^2 변화량 테스트 통계치			$F_{(2,54444)}$ =7.69, p=.0005	$F_{(2,671)}$ =6.66, p=.0014
AIC	131108	36432	131096	36423
BIC	131215	36535	131221	36543

알림: $^*p < .05$, $^{**}p < .01$, $^{***}p < .001$. 보고된 수치는 회귀계수와 표준오차(괄호 속)를 소수점 넷째자리에서 반올림하여 제시함. srvyr 패키지(version 1.1.1) 함수들을 이용하여 복합설문 설계를 고려한 분석결과의 경우 군집변수, 층화변수, 가중치변수, 유한모집단수정지수 4가지를 적용한 후 추정된 결과임. 제시된 R^2 변화량 테스트 통계치는 왈드 테스트 통계치이며, 라오-스콧 테스트 통계치의 통계적 유의도는 p=.0025로 왈드 테스트 통계치보다 더 보수적인 추정결과를 보였음.

[표 6-2]의 추정결과 역시 앞서 살펴본 [표 6-1]과 크게 다르지 않습니다. 즉 복합설문 설계를 고려할 경우, 전반적으로 회귀계수 및 모형적합도의 테스트 통계치가 작아지고 통계적 유의도는 0에서 멀어지는 보수적인 결과가 나타납니다.

상호작용효과항의 경우도 마찬가지 방식으로 시각화하여 해석하면 됩니다. 여기서는 스마트폰 사용량(spend_smart)을 X축에 배치하고, 스마트폰 중독성향(scale_spaddict)을 조절변수로 설정하였습니다. 두 변수의 상호작용효과를 시각화하면 다음과 같습니다. 예측을 위한 데이터를 생성할 때, 복합설문 설계를 적용하여 하위모집단의 스마트폰 사용량 평균과 스마트폰 중독성향 평균을 계산한다는 점에 주의하시기 바랍니다.

```
> # 추정결과 시각화
> newdata <- mydata %>%
+ data_grid(
+   ses=0,achieve=0,use_smart=1,scale_gad=0,covid_suffer=0,
+   spend_smart=(1:5)-svymean(~spend_smart,subset(cs_design,use_smart==1)),
+   scale_spaddict=(1:4)-svymean(~scale_spaddict,subset(cs_design,use_smart==1)))
> # 예측값 도출
> mypred_cs <- predict(normal_glm_sub2,newdata,se.fit=TRUE) %>% as_tibble()
> mypred_no <- predict(ols_sub2,newdata,se.fit=TRUE) %>% as_tibble()
> myfig <- bind_rows(
+ newdata %>% mutate(model="복합설문 데이터 분석\n(복합설문 설계 고려함)",
+                    predy=mypred_cs$link,SE=mypred_cs$SE),
+ newdata %>% mutate(model="일반적 데이터 분석\n(복합설문 설계 고려안함)",
+                    predy=mypred_no$fit,SE=mypred_no$se.fit)) %>%
+ mutate(
+   ll=predy-1.96*SE,ul=predy+1.96*SE,
+   scale_spaddict=factor(scale_spaddict,
+                   labels=c("1. 매우 낮음","2. ","3. ","4. 매우 높음")),
+   spend_smart=spend_smart+svymean(~spend_smart,subset(cs_design,use_smart==1))
+ )
> myfig %>%
+ ggplot(aes(x=spend_smart,y=predy,color=scale_spaddict,fill=scale_spaddict))+
+ geom_line()+
+ geom_ribbon(aes(ymin=ll,ymax=ul),alpha=0.2,color=NA)+
+ labs(x="스마트폰 사용량(시간)",y="주관적 행복감",
+     color="스마트폰 중독성향",fill="스마트폰 중독성향")+
+ scale_x_continuous(breaks=1:6)+
+ theme_bw()+
```

```
+  theme(legend.position="top")+
+  facet_wrap(~model,nrow=1)
> ggsave("Figure_Part3_Ch6_2_interaction_smartphone_happy_sub.png",height=12,width=20,units='cm')
```

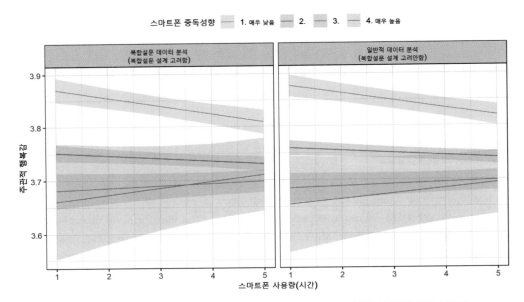

[그림 6-2] 하위모집단(스마트폰 이용자)의 스마트폰 사용량과 스마트폰 중독성향의 상호작용효과 시각화

[그림 6-2]를 통해 스마트폰 중독성향이 낮은 학생들의 경우 스마트폰 이용량이 많으면 많을수록 주관적 행복감이 낮아지지만, 스마트폰 중독성향이 낮지 않은 학생들에게서는 스마트폰 사용량이 주관적 행복감을 감소시키는 부정적 효과가 나타나지 않는 것을 확인할 수 있습니다. 또한 일반적 데이터 분석결과에 비해 복합설문 데이터 분석결과가 더 강건한(robust) 것을 확인할 수 있습니다(특히 스마트폰 중독성향이 매우 높은 집단).

2 이항 로지스틱 회귀모형

일반화선형모형 중 종속변수의 값이 0과 1인 이분변수(binary variable)인 경우에는 이항 로지스틱 회귀모형을 사용합니다. 복합설문 데이터의 경우 이항 로지스틱 회귀모형을 추정할 때 복합설문 설계를 반영해야 합니다. 여기서는 OLS 회귀모형에서 사용했던 독립변수를 그대로 투입하되, 주관적 행복감(happy) 변수 대신 우울감 경험 여부(exp_sad, 경험하지 않은 경우 '0', 경험한 경우 '1')를 종속변수로 하는 이항 로지스틱 회귀모형을 추정해 보겠습니다. 예시데이터 전체 응답자를 대상으로 하는 2가지 이항 로지스틱 회귀모형은 다음과 같이 상정하였습니다. pred_1 오브젝트와 pred_2 오브젝트를 다시 사용하였으며, 종속변수만 exp_sad로 바꾸었습니다.

```
> # 결과변수가 이분변수인 경우: 이항 로지스틱 회귀모형
> formula1 <- as.formula(str_c("exp_sad~",pred_1))
> formula2 <- as.formula(str_c("exp_sad~",pred_1,pred_2))
> formula1
exp_sad ~ ses + achieve + use_smart + scale_gad + I(scale_gad^2) +
  covid_suffer
> formula2
exp_sad ~ ses + achieve + use_smart + scale_gad + I(scale_gad^2) +
  covid_suffer + scale_gad:covid_suffer + I(scale_gad^2):covid_suffer
```

먼저 복합설문 설계를 반영하지 않았을 때의 로지스틱 회귀모형 추정결과를 얻는 방법은 다음과 같습니다.

```
> # 복합설문 설계 고려안함
> blog1 <- glm(formula1,mydata_mc,family=binomial)
> blog2 <- glm(formula2,mydata_mc,family=binomial)
```

복합설문 설계를 고려하는 경우 glm() 함수 대신 svyglm() 함수를 사용해야 하며, 이때 데이터는 복합설문 설계가 반영된 오브젝트를 투입해야 합니다. 한 가지 독특한 점

은 종속변수의 분포를 지정하는 family 옵션을 binomial이 아닌 quasibinomial 로 지정했다는 점입니다. 아래 결과를 보면 사실 family 옵션을 binomial로 지정하든 quasibinomial로 지정하든 이항 로지스틱 모형 추정결과는 동일합니다. 그런데 family=binomial로 지정할 경우, 추정결과에 오류 메시지가 뜹니다. family=binomial 로 하였을 때 경고메시지가 뜨는 이유는 복합설문 데이터의 범주형 변수 빈도를 계산할 때 빈도가 정수 형태를 띠지 않는다는 점을 떠올리면 쉽게 이해할 수 있을 것입니다.

```
> # 복합설문 설계 고려함
> # binomial로 옵션을 바꾸면 경고메시지가 뜬다.
> binary_glm1_bin <- svyglm(formula1,cs_design_mc,family=binomial)
경고메시지(들):
In eval(family$initialize) : non-integer # successes in a binomial glm!
> binary_glm1 <- svyglm(formula1,cs_design_mc,family=quasibinomial)
> binary_glm2 <- svyglm(formula2,cs_design_mc,family=quasibinomial)
> # 그러나 결과는 동일하다.
> summary(binary_glm1_bin)

Call:
svyglm(formula = formula1, design = cs_design_mc, family = binomial)

Survey design:
Called via srvyr

Coefficients:
                Estimate  Std. Error  t value   Pr(>|t|)
(Intercept)     -0.62935     0.07281   -8.643    < 2e-16 ***
ses             -0.02512     0.01469   -1.710     0.0878 .
achieve          0.13737     0.01041   13.197    < 2e-16 ***
use_smart1      -0.52182     0.07420   -7.033   4.96e-12 ***
scale_gad        2.11150     0.02702   78.150    < 2e-16 ***
I(scale_gad^2)  -0.51119     0.01855  -27.556    < 2e-16 ***
covid_suffer     0.12600     0.01362    9.252    < 2e-16 ***
---
Signif. codes:  0 '***' 0.001 '**' 0.01 '*' 0.05 '.' 0.1 ' ' 1

(Dispersion parameter for binomial family taken to be 0.9861196)

Number of Fisher Scoring iterations: 4
```

```
> summary(binary_glm1)

Call:
svyglm(formula = formula1, design = cs_design_mc, family = quasibinomial)

Survey design:
Called via srvyr

Coefficients:
                Estimate   Std. Error   t value    Pr(>|t|)
(Intercept)     -0.62935      0.07281    -8.643    < 2e-16   ***
ses             -0.02512      0.01469    -1.710     0.0878   .
achieve          0.13737      0.01041    13.197    < 2e-16   ***
use_smart1      -0.52182      0.07420    -7.033   4.96e-12   ***
scale_gad        2.11150      0.02702    78.150    < 2e-16   ***
I(scale_gad^2)  -0.51119      0.01855   -27.556    < 2e-16   ***
covid_suffer     0.12600      0.01362     9.252    < 2e-16   ***
---
Signif. codes:  0 '***' 0.001 '**' 0.01 '*' 0.05 '.' 0.1 ' ' 1

(Dispersion parameter for quasibinomial family taken to be 0.9861196)

Number of Fisher Scoring iterations: 4
```

위에서 확인한 이항 로지스틱 회귀모형 추정결과에 대해서는 조금 뒤에 설명하겠습니다. 앞서 OLS 회귀모형과 마찬가지로, 먼저 추정된 4가지 회귀모형을 비교하기 쉽게 [표 6-3]과 같은 형태로 정리하였습니다.

```
> # 4가지 모형의 회귀계수 추정결과 통합 및 정리
> list("m1_no"=blog1,"m1_yes"=binary_glm1,
+      "m2_no"=blog2,"m2_yes"=binary_glm2) %>%
+ map_df(wrap_function,.id="model") %>%
+ pivot_wider(names_from=model,values_from=myreport) %>%
+ write_excel_csv("Table_Part3_Ch6_3_regression_binary_logistic.csv")
```
[모형비교 결과는 제시된 표에 정리하였음]

[표 6-3] 복합설문 설계 고려 여부에 따른 이항 로지스틱 회귀모형 추정결과 비교

	모형1		모형2	
	고려안함	고려함	고려안함	고려함
절편	−0.6872*** (0.0667)	−0.6294*** (0.0728)	−0.6888*** (0.0667)	−0.6322*** (0.0730)
사회경제적 지위(ses)	−0.0239 (0.0135)	−0.0251 (0.0147)	−0.0230 (0.0135)	−0.0242 (0.0147)
성적수준(achieve)	0.1381*** (0.0099)	0.1374*** (0.0104)	0.1379*** (0.0099)	0.1372*** (0.0104)
스마트폰 사용 여부(use_smart)	−0.4632*** (0.0674)	−0.5218*** (0.0742)	−0.4581*** (0.0674)	−0.5161*** (0.0744)
범불안장애 척도 일차항(scale_gad)	2.1327*** (0.0282)	2.1115*** (0.0270)	2.1392*** (0.0283)	2.1167*** (0.0271)
범불안장애 척도 이차항[I(scale_gad^2)]	−0.5171*** (0.0198)	−0.5112*** (0.0186)	−0.5238*** (0.0200)	−0.5160*** (0.0188)
코로나19 경제적 어려움 인식(covid_suffer)	0.1270*** (0.0132)	0.1260*** (0.0136)	0.1133*** (0.0147)	0.1160*** (0.0148)
상호작용효과				
scale_gad:covid_suffer			−0.0983** (0.0310)	−0.0869** (0.0327)
I(scale_gad^2):covid_suffer			0.0723*** (0.0210)	0.0597** (0.0209)
모형적합도 지수				
모형비교 테스트 통계치			$\chi^2(2)$=12.38, p =.0020	$F(2,675)$ =4.21 p=.0153
AIC	50757	50941	50748	50936
BIC	50819	38173	50829	38166

알림: $^*p$ < .05, $^{**}p$ < .01, $^{***}p$ < .001. 보고된 수치는 회귀계수와 표준오차(괄호 속)를 소수점 넷째자리에서 반올림하여 제시함. srvyr 패키지(version 1.1.1) 함수들을 이용하여 복합설문 설계를 고려한 분석결과의 경우 군집변수, 층화변수, 가중치변수, 유한모집단수정지수 4가지를 적용한 후 추정된 결과임. 제시된 모형비교 테스트 통계치의 경우 복합설문 설계를 고려하지 않은 경우는 로그우도비 카이제곱 테스트(log-likelihood ratio χ^2 test) 통계치이며, 복합설문 설계를 고려한 경우는 왈드 테스트 통계치임(라오-스콧 테스트 통계치의 통계적 유의도는 p=.0117로 왈드 테스트 통계치보다 조금 덜 보수적인 추정결과를 보였음).

[표 6-3]에 제시된 회귀계수에 대한 해석방법은 일반적인 이항 로지스틱 회귀모형 추정결과에 대한 해석과 동일합니다. 먼저 더미변수의 회귀계수를 해석해보죠. 복합설문 설계를 고려한 '모형1'의 스마트폰 사용 여부(use_smart) 변수의 회귀계수 $b = -.5218$, $p < .001$은 "다른 독립변수들이 우울감 경험 여부에 미치는 효과를 통제할 때, 스마트폰을 소유하지 않은 학생에 비해 스마트폰을 소유한 학생이 우울감을 경험할 확률은 약 41%($.41 \approx 1-e^{-.5218}$)가량 낮으며, 이러한 차이는 통계적으로 유의미하다"고 해석할 수 있습니다. 연속형 변수의 회귀계수도 비슷한 방식으로 해석할 수 있습니다. 복합설문 설계를 고려한 '모형1'의 코로나19로 인한 경제적 어려움 인식(covid_suffer) 변수의 회귀계수 $b = .1260$, $p < .001$은 "다른 독립변수들이 우울감 경험 여부에 미치는 효과를 통제할 때, 코로나19로 인한 경제적 어려움 인식수준이 1점 증가하면 우울감을 경험할 확률은 약 13%($1.13 \approx e^{.1260}$)가량 증가하며, 이러한 증가분은 통계적으로 유의미하다"고 해석하면 됩니다. 그러나 '모형2'에서 추가로 투입된 상호작용효과항의 경우는 해석하기 매우 복잡합니다. 이는 잠시 후에 상호작용효과 패턴을 시각화하는 방식으로 살펴보겠습니다.

모형적합도 지수 중 AIC와 BIC를 해석하는 것은 OLS 회귀모형의 사례와 동일합니다. 복합설문 설계를 고려한 경우 '모형2'가 '모형1'보다 모형적합도가 좋으며, 복합설문 설계를 고려하지 않은 경우에도 '모형2'가 '모형1'보다 더 나은 모형이라는 것을 확인할 수 있습니다. 모형비교 테스트 통계치의 경우도 OLS 회귀모형 사례와 본질적으로 동일합니다. 복합설문 설계를 고려하지 않은 경우의 로그우도비 테스트 결과와 복합설문 설계를 고려한 경우의 왈드 테스트 결과를 비교한 결과, 복합설문 설계를 고려한 결과에서 보다 보수적인 테스트 결과를 얻었습니다(즉 통계적 유의도가 1에 더욱 가까움).

이제 '모형2'에서 추가된 상호작용효과 패턴을 시각화해봅시다. 방법은 앞서 소개한 OLS 회귀모형 추정결과의 시각화 방식과 본질적으로 같지만, 주의할 점 3가지가 있습니다. 첫째, 결과변수의 예측값이 '로짓(logit)' 형태로 제시되므로 이를 '확률(probability)' 형태로 바꿔주어야 합니다. 둘째, predict() 함수의 type 옵션을 'response'로 적용하면 로짓값이 아닌 확률값을 얻을 수 있지만, 이 경우 표준오차(SE)를 이용하여 95% CI를 계산할 수 없습니다. 따라서 95% CI를 계산하기 위해서는 로짓값을 확보하여 95% CI를 계산한 후 이를 확률값으로 전환해주어야 합니다. 셋째, X축에 놓일 변수의 조건을 촘촘하게 상정해야 보다 매끄러운 그래프를 얻을 수 있습니다. 앞서 1점 단위로 1-4점의 경제적 어려움 인식(covid_suffer) 변수 수준을 상정했던 것과 달리, 여기서는 0.1점 단위로 1-4점 수준을 상정하였습니다.

```
> # 추정결과 시각화
> newdata <- mydata %>%
+   data_grid(ses=0,achieve=0,use_smart=1,
+             scale_gad=(1:4)-svymean(~scale_gad,cs_design),
+             covid_suffer=0.1*(10:40)-svymean(~covid_suffer,cs_design)) %>%
+   mutate(use_smart=as.factor(use_smart))
> # predict() 함수 내부에 type='response' 옵션을 지정할 수 있으나 95% CI에 부적합
> mypred_cs <- predict(binary_glm2,newdata,se.fit=TRUE) %>% as_tibble()
> mypred_no <- predict(blog2,newdata,se.fit=TRUE) %>% as_tibble()
```

위에 제시한 주의사항을 유념하고 복합설문 설계 여부에 따라 얻은 2가지 예측값을 시각화하면 [그림 6-3]과 같습니다.

```
> # 아래 부분에서 주의
> myfig <- bind_rows(
+   newdata %>% mutate(model="복합설문 데이터 분석\n(복합설문 설계 고려함)",
+                      link=mypred_cs$link,SE=mypred_cs$SE),
+   newdata %>% mutate(model="일반적 데이터 분석\n(복합설문 설계 고려안함)",
+                      link=mypred_no$fit,SE=mypred_no$se.fit)) %>%
+   mutate(
+     predy=1/(1+exp(-link)),        # 로짓을 확률값으로
+     ll=1/(1+exp(-link+1.96*SE)),   # 로짓을 확률값으로
+     ul=1/(1+exp(-link-1.96*SE)),   # 로짓을 확률값으로
+     scale_gad=factor(scale_gad,
+                      labels=c("1. 매우 낮음","2. ", "3. ", "4. 매우 높음"))
+   )
> myfig %>%
+   ggplot(aes(x=covid_suffer,y=predy,color=scale_gad,fill=scale_gad))+
+   geom_line()+
+   geom_ribbon(aes(ymin=ll,ymax=ul),alpha=0.2,color=NA)+
+   labs(x="코로나19 경제적 영향 인식",y="우울감 경험 확률",
+        color="범불안장애(GAD)",fill="범불안장애(GAD)")+
+   scale_x_continuous(breaks=(1:4)-svymean(~covid_suffer,cs_design),
+                      labels=c("전혀 어려워지지 않음",
```

```
+                              "어려워지지 않은 편","어려워진 편",
+                              "매우 어려워짐"))+
+ theme_bw()+
+ theme(legend.position="top",
+       axis.text.x = element_text(hjust=1,angle = 90))+
+ facet_wrap(~model)
>ggsave("Figure_Part3_Ch6_3_interaction_covidsuffer_gad_sad.png",height=14,width=20,units='cm')
```

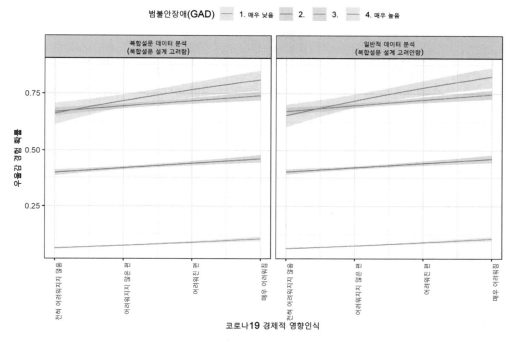

[그림 6-3] 코로나19로 인한 경제적 영향 인식과 범불안장애가 우울감 경험 여부에 미치는 상호작용효과 패턴

[그림 6-3]을 보면 코로나19로 인한 경제적 영향 인식이 부정적일수록 우울감을 경험할 확률은 증가하며, 이러한 증가효과는 범불안장애 척도에서 높은 점수를 기록한 학생일수록 더욱 강하게 나타나는 것을 알 수 있습니다.

다음으로 스마트폰 이용자를 하위모집단으로 선정하였을 때의 이항 로지스틱 회귀모형을 추정해봅시다. OLS 회귀모형에서 설정했던 두 모형과 동일한 독립변수들을 사용하되, 종속변수만 주관적 행복감(happy) 변수에서 우울감 경험 여부(exp_sad) 변수로 바꾸었습니다. 구체적으로 이항 로지스틱 회귀모형에 사용된 두 모형은 다음과 같습니다.

```
> # 하위모집단(스마트폰 이용자) 대상 모형추정
> # 모형투입 공식 지정
> formula_sub1 <- as.formula(str_c("exp_sad~",pred_sub0,pred_sub1))
> formula_sub2 <- as.formula(str_c("exp_sad~",pred_sub0,pred_sub1,pred_sub2))
> formula_sub1
exp_sad ~ ses + achieve + (scale_gad + I(scale_gad^2)) * covid_suffer +
    spend_smart + scale_spaddict + I(scale_spaddict^2)
> formula_sub2
exp_sad ~ ses + achieve + (scale_gad + I(scale_gad^2)) * covid_suffer +
    spend_smart + scale_spaddict + I(scale_spaddict^2) + spend_smart:scale_spaddict +
    spend_smart:I(scale_spaddict^2)
```

하위모집단 분석을 실시하므로 스마트폰 이용자만 선별한 데이터(복합설문 설계 미고려 시 mydata_mc_sub, 복합설문 설계 고려 시 cs_design_mc_sub)를 대상으로 하여 이항 로지스틱 회귀모형을 추정해야 합니다. 또한 이항 로지스틱 회귀모형이라는 점에서 glm() 함수에서는 family=binomial을 지정하고, svyglm() 함수에서는 family=quasibinomial을 지정해야 합니다(그 이유에 대해서는 앞서 설명했습니다).

```
> # 복합설문 설계 고려안함
> blog_sub1 <- glm(formula_sub1, mydata_mc_sub, family=binomial)
> blog_sub2 <- glm(formula_sub2, mydata_mc_sub, family=binomial)
> # 복합설문 설계 고려함
> binary_glm_sub1 <- svyglm(formula_sub1, cs_design_mc_sub, family=quasibinomial)
> binary_glm_sub2 <- svyglm(formula_sub2, cs_design_mc_sub, family=quasibinomial)
> # 4가지 모형의 회귀계수 추정결과 통합 및 정리
> list("m1_no"=blog_sub1,"m1_yes"=binary_glm_sub1,
+     "m2_no"=blog_sub2,"m2_yes"=binary_glm_sub2) %>%
+ map_df(wrap_function,.id="model") %>%
+ pivot_wider(names_from=model,values_from=myreport) %>%
+ write_excel_csv("Table_Part3_Ch6_4_regression_binary_logistic_sub.csv")
```
[모형비교 결과는 제시된 표에 정리하였음]

[표 6-4] 하위모집단(스마트폰 이용자) 대상 복합설문 설계 고려 여부에 따른 이항 로지스틱 회귀모형 추정결과 비교

	모형1		모형2	
	고려안함	고려함	고려안함	고려함
절편	−1.2027*** (0.0148)	−1.2052*** (0.0159)	−1.2034*** (0.0150)	−1.2081*** (0.0162)
사회경제적 지위(ses)	−0.0223 (0.0139)	−0.0239 (0.0150)	−0.0225 (0.0139)	−0.0241 (0.0150)
성적수준(achieve)	0.1108*** (0.0103)	0.1105*** (0.0107)	0.1106*** (0.0103)	0.1099*** (0.0108)
범불안장애 척도 일차항(scale_gad)	2.1554*** (0.0300)	2.1352*** (0.0288)	2.1549*** (0.0300)	2.1342*** (0.0289)
범불안장애 척도 이차항[I(scale_gad^2)]	−0.5538*** (0.0208)	−0.5479*** (0.0195)	−0.5535*** (0.0208)	−0.5471*** (0.0196)
코로나19 경제적 어려움 인식(covid_suffer)	0.1098*** (0.0150)	0.1122*** (0.0153)	0.1098*** (0.0150)	0.1122*** (0.0153)
상호작용효과				
scale_gad:covid_suffer	−0.0986** (0.0320)	−0.0918** (0.0337)	−0.0984** (0.0320)	−0.0910** (0.0337)
I(scale_gad^2):covid_suffer	0.0693** (0.0218)	0.0603** (0.0218)	0.0693** (0.0218)	0.0599** (0.0217)
스마트폰 사용량(spend_smart)	0.0515*** (0.0048)	0.0510*** (0.0051)	0.0524*** (0.0058)	0.0546*** (0.0059)
스마트폰 중독성향 일차항(scale_spaddict)	−0.0085 (0.0205)	−0.0060 (0.0202)	−0.0067 (0.0206)	−0.0024 (0.0203)
스마트폰 중독성향 이차항[I(scale_spaddict^2)]	0.1556*** (0.0220)	0.1600*** (0.0217)	0.1624*** (0.0237)	0.1744*** (0.0242)
상호작용효과				
spend_smart:scale_spaddict			−0.0082 (0.0077)	−0.0091 (0.0084)
spend_smart:I(scale_spaddict^2)			0.0002 (0.0072)	−0.0049 (0.0080)
모형적합도 지수				
모형비교 테스트 통계치			$\chi^2(2)=1.43$, $p=.4882$	$F(2,671)$ $=4.21$ $p=.2595$

AIC		49003	49145	49006	49147
BIC		49101	49244	49121	49263

알림: $^*p < .05$, $^{**}p < .01$, $^{***}p < .001$. 보고된 수치는 회귀계수와 표준오차(괄호 속)를 소수점 넷째자리에서 반올림하여 제시함. srvyr 패키지(version 1.1.1) 함수들을 이용하여 복합설문 설계를 고려한 분석결과의 경우 군집, 층화변수, 가중치, 유한모집단수정지수 4가지를 적용한 후 추정된 결과임. 제시된 모형비교 테스트 통계치의 경우, 복합설문 설계를 고려하지 않은 경우는 로그우도비 카이제곱 테스트 통계치이며, 복합설문 설계를 고려한 경우는 왈드 테스트 통계치임(라오-스콧 테스트 통계치의 통계적 유의도는 $p=.2558$로 왈드 테스트 통계치보다 덜 보수적인 추정결과를 보였음).

[표 6-4]를 보면 복합설문 설계 고려 유무에 상관없이 '모형1'이 '모형2'보다 더 적합한 모형임을 알 수 있습니다. 즉 다른 변수들의 효과를 통제할 때, 스마트폰 이용자의 스마트폰 사용량이 1시간 증가할수록 우울감을 경험할 가능성은 약 5%가량 증가하며(복합설문 설계 반영 시 '모형1': $1.05 \approx e^{.0510}$), 이러한 증가분은 통계적으로 유의미합니다($p < .001$). 그러나 스마트폰 사용량이 우울감 경험 여부에 미치는 효과는 응답자의 스마트폰 중독성향 수준에 따라 통계적으로 유의미하게 다르다고 보기 어렵습니다[$F(2, 671)=4.21, p=.26$].

통계적으로 유의미한 결과는 아니었지만, '모형2'의 상호작용효과를 시각화하면 [그림 6-4]와 같습니다. 먼저 독립변수들의 조건을 명시한 데이터를 생성한 후 추정된 이항로지스틱 회귀모형을 기반으로 '로짓' 형태의 예측값과 표준오차(SE)를 추정하고, 다음으로 예측값과 예측값의 95% CI를 확률값으로 전환한 후 이를 시각화하면 됩니다. 여기서는 OLS 회귀모형과 달리 스마트폰 중독성향을 X축에 제시하고, 스마트폰 사용량을 조절변수로 바꾸어서 제시하였습니다. 스마트폰 사용량은 1시간, 3시간, 5시간 세 수준으로 설정하였습니다.

```
> # 추정결과 시각화
> newdata <- mydata %>%
+   data_grid(ses=0,achieve=0,use_smart=1,
+             scale_gad=0,covid_suffer=0,
+             spend_smart=c(1,3,5),scale_spaddict=0.1*(10:40))
> # 예측값 도출
> mypred_cs <- predict(binary_glm_sub2,newdata,se.fit=TRUE) %>% as_tibble()
> mypred_no <- predict(blog_sub2,newdata,se.fit=TRUE) %>% as_tibble()
> myfig <- bind_rows(
+   newdata %>% mutate(model="복합설문 데이터 분석\n(복합설문 설계 고려함)",
+             link=mypred_cs$link,SE=mypred_cs$SE),
```

```
+ newdata %>% mutate(model="일반적 데이터 분석\n(복합설문 설계 고려안함)",
+                     link=mypred_no$fit,SE=mypred_no$se.fit)) %>%
+ mutate(
+ predy=1/(1+exp(-link)),        # 로짓을 확률값으로
+ ll=1/(1+exp(-link+1.96*SE)),   # 로짓을 확률값으로
+ ul=1/(1+exp(-link-1.96*SE)),   # 로짓을 확률값으로
+ spend_smart=factor(spend_smart,
+                    labels=c("1시간 사용","3시간 사용","5시간 사용"))
+ )
> myfig %>%
+ ggplot(aes(x=scale_spaddict,y=predy,color=spend_smart,fill=spend_smart))+
+ geom_line()+
+ geom_ribbon(aes(ymin=ll,ymax=ul),alpha=0.2,color=NA)+
+ labs(x="스마트폰 중독성향",y="우울감 경험확률",
+     color="스마트폰 사용량",fill="스마트폰 사용량")+
+ scale_x_continuous(breaks=c(1,4),labels=c("1. 낮음","4. 높음"))+
+ theme_bw()+
+ theme(legend.position="top",
+      axis.text.x = element_text(angle = 90))+
+ facet_wrap(~model)
> ggsave("Figure_Part3_Ch6_4_interaction_smartphone_sad_sub.png",height=12,width=20,units='cm')
```

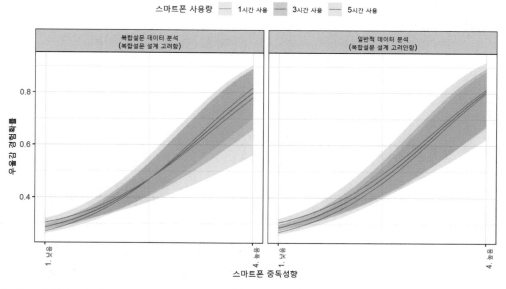

[그림 6-4] 하위모집단(스마트폰 이용자)의 스마트폰 사용량과 스마트폰 중독성향의 상호작용효과 시각화

[그림 6-4]에서 스마트폰 중독성향이 높은 학생일수록 우울감을 경험할 확률이 증가하며, 이러한 관계는 스마트폰 사용량 수준과 무관하게 일관적으로 나타나는 것을 쉽게 확인할 수 있습니다.

3 순위 로지스틱 회귀모형

이항 로지스틱 회귀모형에 투입되는 종속변수는 0과 1, 두 수준으로 구분된 서열변수입니다. 지금 소개하는 순위 로지스틱 회귀모형에는 3개 이상의 수준으로 구분된 서열변수를 종속변수로 투입합니다. 개념적으로 순위 로지스틱 회귀모형은 이항 로지스틱 회귀모형을 확장한 것입니다[예시를 포함한 보다 구체적인 설명으로는 졸저(백영민, 2019)를 참조하시기 바랍니다].

앞서 OLS 회귀모형에 종속변수로 투입했던 주관적 행복감(happy) 변수의 분포에 대해 '정규분포'를 가정하였습니다. 그러나 주관적 행복감 변수는 등간변수(interval variable)라기보다 5점 리커트 방식으로 측정된 서열변수로 보는 것이 타당할지도 모릅니다. 5점 척도로 측정된 주관적 행복감은 다음과 같은 방식으로 순차적인 4개 집단으로 구분할 수 있습니다.

- {1} 대 {2, 3, 4, 5}
- {1, 2} 대 {3, 4, 5}
- {1, 2, 3} 대 {4, 5}
- {1, 2, 3, 4} 대 {5}

순위 로지스틱 회귀모형은 위의 4가지 상황을 구분하는 절편값과 모형에 투입된 독립변수의 변화에 따라 각 상황별 역치(threshold)를 넘어서게 될 확률이 어떻게 달라지는지를 추정하는 일반선형모형입니다. 순위 로지스틱 회귀모형은 문헌과 분과에 따라 '확률비례 로지스틱 회귀모형(POLR, proportional odds logistic regression)'으로 불리기도 합니다.

R에서 순위 로지스틱 모형을 추정할 경우, 복합설문 설계를 고려하지 않을 때는

MASS 패키지의 polr() 함수를 사용하고 복합설문 데이터를 고려할 때는 svyolr() 함수를 사용합니다. OLS 회귀모형에서 정규분포를 띠는 종속변수로 사용했던 주관적 행복감 변수를 서열변수로 간주한 후 순위 로지스틱 회귀모형을 추정해봅시다. 즉 종속변수의 분포에 대한 가정(assumption)을 바꾸고 투입되는 독립변수들은 동일하게 간주하였습니다. 여기서 상정한 두 모형은 다음과 같습니다.

```
> #종속변수가 순위 범주형 변수인 경우
> pred_1 <- "ses+achieve+use_smart+scale_gad+I(scale_gad^2)+covid_suffer"
> formula1 <- as.formula(str_c("happy~",pred_1))
> pred_2 <- "+scale_gad:covid_suffer+I(scale_gad^2):covid_suffer"
> formula2 <- as.formula(str_c("happy~",pred_1,pred_2))
> formula1; formula2
happy ~ ses + achieve + use_smart + scale_gad + I(scale_gad^2) +
    covid_suffer
happy ~ ses + achieve + use_smart + scale_gad + I(scale_gad^2) +
    covid_suffer + scale_gad:covid_suffer + I(scale_gad^2):covid_suffer
```

순위 로지스틱 회귀모형에 투입되는 종속변수는 서열변수, 즉 순위 범주형 변수 (ordered categorical variable)이기 때문에 제일 먼저 할 일은 종속변수를 수치형 변수에서 요인형 변수로 바꾸는 것입니다. 복합설문 설계를 반영하지 않을 경우 사용할 mydata_mc 오브젝트와 복합설문 설계를 반영할 경우 사용할 cs_design_mc 오브젝트에 대해 각각 아래와 같은 전처리 작업을 실시했습니다.

```
> #종속변수를 요인형 변수로 변환
> mydata_mc_ologit <- mydata_mc %>%
+ mutate(happy=as.factor(happy))
> cs_design_mc_ologit <- cs_design_mc %>%
+ mutate(happy=as.factor(happy))
```

먼저 복합설문 설계를 고려하지 않은 상황에서 순위 로지스틱 회귀모형을 추정하겠습니다. MASS 패키지의 polr() 함수를 사용하면 됩니다. Hess 옵션은 헤시안 행렬 (Hessian matrix)의 추정결과를 오브젝트에 저장하겠다는 의미이며, 저희는 summary() 함수로 모형추정결과를 확인할 예정이므로 Hess=TRUE 옵션을 지정하였습니다.

```
> # 복합설문 설계 고려안함
> olog1 <- polr(formula1,mydata_mc_ologit,Hess=TRUE)
> olog2 <- polr(formula2,mydata_mc_ologit,Hess=TRUE)
```

다음으로 복합설문 설계를 고려한 후 순위 로지스틱 회귀모형을 추정해보겠습니다. svyolr() 함수에 모형을 정의한 공식(formula)과 복합설문 반영 오브젝트를 차례대로 지정하면 됩니다.

```
> # 복합설문 설계 고려함
> ologit_glm1 <- svyolr(formula1,cs_design_mc_ologit)
> ologit_glm2 <- svyolr(formula2,cs_design_mc_ologit)
```

4가지 순위 로지스틱 회귀모형의 추정결과는 summary() 함수를 이용하면 쉽게 얻을 수 있습니다. 예를 들어 복합설문 설계를 고려하지 않은 경우와 고려한 경우의 '모형1' 추정결과는 다음과 같습니다.

```
> summary(olog1)
Call:
polr(formula = formula1, data = mydata_mc_ologit, Hess = TRUE)

Coefficients:
                 Value   Std. Error   t value
ses            -0.31170    0.009974    -31.251
achieve        -0.17399    0.007216    -24.112
use_smart1      0.37158    0.051599      7.201
scale_gad      -1.81601    0.020703    -87.717
I(scale_gad^2)  0.31909    0.015702     20.321
covid_suffer   -0.03905    0.009670     -4.038

Intercepts:
      Value    Std. Error   t value
1|2  -4.4626     0.0639     -69.8072
2|3  -2.3137     0.0534     -43.3195
3|4  -0.1705     0.0517      -3.2979
4|5   1.6953     0.0522      32.4510
```

```
Residual Deviance: 130412.59
AIC: 130432.59
> summary(ologit_glm1)
Call:
svyolr(formula1, cs_design_mc_ologit)
```

Coefficients:

	Value	Std. Error	t value
ses	-0.30869987	0.01045415	-29.528936
achieve	-0.17255698	0.00797191	-21.645626
use_smart1	0.37819846	0.06467249	5.847903
scale_gad	-1.80843397	0.02081826	-86.867666
I(scale_gad^2)	0.32007417	0.01892605	16.911835
covid_suffer	-0.04325134	0.01001255	-4.319715

Intercepts:

	Value	Std. Error	t value
1|2	-4.4417	0.0736	-60.3823
2|3	-2.2917	0.0643	-35.6406
3|4	-0.1478	0.0650	-2.2728
4|5	1.7240	0.0649	26.5719

추정결과를 살펴보기 전에 먼저 회귀계수에 대한 테스트 통계치를 살펴봅시다. 앞서 살펴본 OLS 회귀모형이나 이항 로지스틱 회귀모형과 마찬가지로 복합설문 설계를 고려한 결과의 테스트 통계치가 작게 나타납니다(물론 언제나 그런 것은 아닙니다). 즉 복합설문 데이터를 분석할 때 복합설문 설계를 고려하여 분석하지 않으면, 제1종 오류를 범할 가능성이 높아집니다.

추정된 결과를 해석하는 것은 그리 어렵지 않습니다. 예를 들어 복합설문 설계를 고려한 모형1 추정결과(ologit_glm1)를 살펴보겠습니다. 먼저 출력결과 하단의 절편값(Intercepts:)을 살펴봅시다. "1|2"의 -4.4417는 종속변수의 값을 {1}과 {2, 3, 4, 5}로 나누었을 때의 역치(threshold)를 의미합니다. 다음으로 회귀계수 추정결과(Coefficients:)를 살펴보죠. 예를 들어 use_smart1의 회귀계수인 $b=.3782$는 테스트 통계치가 5.8479이기 때문에 통상적 유의도 수준에서 통계적으로 유의미한(다시 말해 0과 통계적으로 구분되는) 값이라는 것을 알 수 있습니다. 또한 회귀계수 $b=.3782$는 "다른 독립변수들의 효

과를 통제할 때, 스마트폰 비이용자에 비해 스마트폰 이용자의 주관적 행복감 수준이 이전 단계에서 다음 단계로 증가할 확률은 약 46%($1.46 \approx e^{.3782}$)가량 높으며, 두 집단의 이러한 차이는 통계적으로 유의미하다"라고 해석할 수 있습니다.

보다 구체적으로 예를 들어보죠. use_smart1 변수를 제외한 모든 독립변수가 0을 갖는다고 가정했을 때, 스마트폰 비이용자와 스마트폰 이용자의 주관적 행복감이 '2' 이상의 수준을 갖게 될 확률을 계산해봅시다. 먼저 두 집단의 주관적 행복감이 '2' 이상의 수준을 갖게 될 로짓값은 다음과 같습니다.

- 스마트폰 비이용자 : $\text{logit}(y < 2) = -4.4417 + 0 = -4.4417$
- 스마트폰 이용자 : $\text{logit}(y < 2) = -4.4417 + .3782 = -4.0635$

위의 로짓값을 확률값으로 전환하면 다음과 같습니다.

- 스마트폰 비이용자 : $0.0116 = \dfrac{1}{(1 + e^{-(-4.4417)})}$

- 스마트폰 이용자 : $0.0169 = \dfrac{1}{(1 + e^{-(-4.0635)})}$

위의 결과에서 happy 변수에 대해 1을 응답할 확률을 보면, 스마트폰 이용자의 경우 약 1.69%로 스마트폰 비이용자의 약 1.16%에 비해 높습니다.

순위 로지스틱 회귀모형에 관해 대략 소개했으니 이제 추정된 4가지 모형을 비교해봅시다. polr() 함수나 svyolr() 함수의 경우, 회귀계수에 대한 통계적 유의도 표시 기호가 제시되지 않기 때문에 이전의 wrap_function() 함수를 사용할 수 없습니다. 저희는 wrap_ordinal_function() 함수를 작성하여 직접 계산한 통계적 유의도가 출력되도록 하였습니다.[4] 정리된 결과는 [표 6-5]와 같습니다.

---

4 통계적 유의도를 출력하지 않는 것은 MASS 패키지 개발자의 철학에 따른 것입니다. 오늘날 통계적 유의도가 오남용되고 있는 것은 부정할 수 없는 사실이지만, 통계적 유의도 테스트를 '실시해야만' 하는 연구자의 입장이라면 꼭 필요한 결과일 것입니다. 그러니 이와 관련해서는 본서에 제시된 방법을 참고하시되, 실제 분석결과를 보고할 때는 본인이 속한 필드의 관례를 따르시길 바랍니다.

```
> # 추정된 회귀계수 정리를 위한 개인함수
> wrap_ordinal_function <- function(object_glm){
+   tidy(object_glm) %>%
+    mutate(
+     p.value=pt(abs(statistic),object_glm$df.residual,lower.tail=F),
+     sigstar=cut(p.value,c(-Inf,0.001,0.01,0.05,1),
+                 labels=c("***","**","*","")),
+     myreport=str_c(format(round(estimate,4),nsmall=4),
+                    sigstar,"\n(",
+                    format(round(std.error,4),nsmall=4),")")
+    ) %>% select(-(estimate:sigstar))
+ }
> # 4가지 모형의 회귀계수 추정결과 통합 및 정리
> list("m1_no"=olog1,"m1_yes"=ologit_glm1,
+      "m2_no"=olog2,"m2_yes"=ologit_glm2) %>%
+ map_df(wrap_ordinal_function,.id="model") %>%
+ pivot_wider(names_from=model,values_from=myreport) %>%
+ write_excel_csv("Table_Part3_Ch6_5_regression_ordinal_logistic.csv")
```
[모형비교 결과는 제시된 표에 정리하였음]

[표 6-5] 복합설문 설계 고려 여부에 따른 순위 로지스틱 회귀모형 추정결과 비교

	모형1		모형2	
	고려안함	고려함	고려안함	고려함
사회경제적 지위(ses)	−0.3117*** (0.0100)	−0.3087*** (0.0105)	−0.3129*** (0.0100)	−0.3102*** (0.0104)
성적수준(achieve)	−0.1740*** (0.0072)	−0.1726*** (0.0080)	−0.1742*** (0.0072)	−0.1728*** (0.0080)
스마트폰 사용 여부(use_smart)	0.3716*** (0.0516)	0.3782*** (0.0647)	0.3654*** (0.0516)	0.3710*** (0.0646)
범불안장애 척도 일차항(scale_gad)	−1.8160*** (0.0207)	−1.8084*** (0.0208)	−1.8198*** (0.0207)	−1.8115*** (0.0208)
범불안장애 척도 이차항[I(scale_gad^2)]	0.3191*** (0.0157)	0.3201*** (0.0189)	0.3269*** (0.0160)	0.3269*** (0.0196)
코로나19 경제적 어려움 인식(covid_suffer)	−0.0390*** (0.0097)	−0.0433*** (0.0100)	−0.0003 (0.0116)	−0.0048 (0.0118)

상호작용효과				
scale_gad:covid_suffer			0.1461*** (0.0219)	0.1470*** (0.0233)
I(scale_gad^2):covid_suffer			−0.1018*** (0.0165)	−0.1010*** (0.0202)
절편				
$\tau_{1|2}$	−4.4626*** (0.0639)	−4.4417*** (0.0736)	−4.4620*** (0.0640)	−4.4419*** (0.0736)
$\tau_{2|3}$	−2.3137*** (0.0534)	−2.2917*** (0.0643)	−2.3103*** (0.0534)	−2.2896*** (0.0644)
$\tau_{3|4}$	−0.1705*** (0.0517)	−0.1478* (0.065)	−0.1699*** (0.0517)	−0.1485* (0.0651)
$\tau_{4|5}$	1.6953*** (0.0522)	1.7240*** (0.0649)	1.6975*** (0.0523)	1.7249*** (0.0649)
모형적합도 지수				
모형비교 테스트 통계치			$\chi^2(2)=47.50,$ $p=4.8440 \times 10^{-11}$	NA
AIC	130433	NA	130389	NA
BIC	130522	NA	130496	NA

알림: *$p < .05$, **$p < .01$, ***$p < .001$. 보고된 수치는 회귀계수와 표준오차(괄호 속)를 소수점 넷째자리에서 반올림하여 제시함. srvyr 패키지(version 1.1.1) 함수들을 이용하여 복합설문 설계를 고려한 분석결과의 경우 군집변수, 층화변수, 가중치변수, 유한모집단수정지수 4가지를 적용한 후 추정된 결과임. 제시된 모형비교 테스트 통계치의 경우 복합설문 설계를 고려하지 않은 경우는 로그우도비 카이제곱 테스트 통계치임. 복합설문 설계를 고려한 경우의 모형비교 테스트 통계치나 AIC, BIC의 경우 현재 srvyr 패키지 혹은 survey 패키지에서 제공되는 함수들이 없기 때문에 NA로 표기하였음.

다음으로 '모형2'에서 나타난 상호작용효과 패턴을 시각화해봅시다. 먼저 예측데이터를 생성하기 위해 ses, achieve와 같은 연속형 변수의 경우 0으로(즉 복합설문 데이터의 평균값), 스마트폰 이용 여부의 경우 다수 집단인 '이용자'로 통제하였습니다. 상호작용항에 해당하는 covid_suffer 변수의 경우 1부터 4까지 0.1 간격으로 설정하고, scale_gad 변수의 경우 복합설문 설계를 고려하여 25%, 50%, 75% 순위의 세 수준으로 설정하였습니다. 이때 복합설문 데이터 분석기법으로 scale_gad 변수의 3분위수를 계산하기 위해 survey 패키지의 svyquantile() 함수를 사용한 점을 유의하시기 바랍니다.

```
> # 추정결과 시각화
> newdata <- mydata %>%
+ data_grid(ses=0,achieve=0,use_smart=1,
+           scale_gad=svyquantile(~scale_gad, cs_design, c(0.25,0.5,0.75))$scale_gad[1:3],
+           covid_suffer=0.1*(10:40)-svymean(~covid_suffer,cs_design)) %>%
+ mutate(use_smart=as.factor(use_smart))
```

아쉽게도 2022년 4월 현재 svyolr() 함수로 추정한 모형으로는 predict() 함수를 이용해 모형예측값을 이용할 수 없습니다. 또한 polr() 함수의 경우에도 predict() 함수를 사용할 수 있지만, 다음과 같이 확률값만 계산할 수 있고 표준오차는 계산할 수 없습니다.

```
> # 기본 predict 함수의 경우 예측값만 제공
> mypred <- predict(olog2,newdata,type="probs") %>% as_tibble()
> mypred
# A tibble: 93 x 5
       `1`     `2`     `3`     `4`     `5`
     <dbl>   <dbl>   <dbl>   <dbl>   <dbl>
 1  0.0360   0.207   0.489   0.215  0.0536
 2  0.0358   0.206   0.489   0.215  0.0538
 3  0.0357   0.206   0.489   0.216  0.0540
 4  0.0355   0.205   0.489   0.216  0.0543
 5  0.0354   0.204   0.489   0.217  0.0545
 6  0.0352   0.204   0.489   0.218  0.0547
 7  0.0351   0.203   0.488   0.218  0.0549
 8  0.0349   0.202   0.488   0.219  0.0552
 9  0.0348   0.202   0.488   0.220  0.0554
10  0.0346   0.201   0.488   0.220  0.0556
```

95% 신뢰구간을 포함한 예측값을 계산하기 위해 본서에서는 다음의 과정을 따랐습니다. 먼저 분석모형인 '모형2' 공식에 맞게 상호작용항을 추가로 생성하였습니다. 이때 범주형 변수인 use_smart 변수는 더미화된 형태로 투입해주었습니다(use_smart1=1).[5]

---

5 이 과정을 간소화하기 위해서는 model.matrix() 함수를 사용할 수 있습니다. 다만 model.matrix() 함수를 이용하면 범주형 변수를 다루기 까다롭다는 단점이 있습니다.

```
> # 신뢰구간 포함 예측값 도출
> newdata <- newdata %>%
+ mutate(
+   use_smart1=1,
+   scale_gad2=scale_gad^2,
+   scale_gad_covid_suffer=scale_gad*covid_suffer,
+   scale_gad2_covid_suffer=scale_gad^2*covid_suffer
+ ) %>%
+ select(ses,achieve,use_smart1,scale_gad,
+        scale_gad2,covid_suffer,scale_gad_covid_suffer,scale_gad2_covid_suffer)
> names(newdata); names(coef(olog2))  # 순서가 동일한지 확인
[1] "ses"                      "achieve"                    "use_smart1"
[4] "scale_gad"                "scale_gad2"                 "covid_suffer"
[7] "scale_gad_covid_suffer"   "scale_gad2_covid_suffer"
[1] "ses"                      "achieve"                    "use_smart1"
[4] "scale_gad"                "I(scale_gad^2)"             "covid_suffer"
[7] "scale_gad:covid_suffer"   "I(scale_gad^2):covid_suffer"
```

    기존의 predict() 함수를 predict_ordinal_function() 함수로 확장하면 순위형 범주의 수준별 예측값 및 95% 신뢰구간을 계산할 수 있습니다. 함수 내부 for() 반복문에서 잘 드러나듯, 추정된 절편값 각각을 해당하는 종속변수의 수준(i)에 적용해줌으로써["C[,ncol(X)+i] <- 1"에 주목] 개별 수준별 예측값(predy) 및 95% 신뢰구간(LL, UL)을 구할 수 있습니다. 분석모형에서 종속변수인 happy 변수는 1–5수준으로 이루어져 있으므로 4개의 절편값을 이용해 1–4수준에 대한 예측값을 구한 뒤, 마지막 5수준의 경우 나머지 예측값들의 합을 1에서 빼주는 방식으로["diff(c(0, x, 1))"에 주목] 총 5개 예측결과를 산출하였습니다.

```
> # 예측값 도출을 위한 개인 함수
> predict_ordinal_function <- function(newdata,object_glm){
+   X <- as.matrix.data.frame(newdata)
+   numY <- length(object_glm$zeta)
+   predy <- LL <- UL <- matrix(0,nrow(X),numY)
+   for(i in 1:numY){
+     C <- matrix(0,nrow(X),ncol(X)+numY)
+     C[,1:ncol(X)] <- X
```

```
+    C[,ncol(X)+i] <- 1
+    beta <- as.matrix(c(-object_glm$coefficients,object_glm$zeta))
+    link <- as.vector(C%*%beta)
+    SE <- sqrt(diag(C%*%vcov(object_glm)%*%t(C)))
+    predy[,i] <- 1/(1+exp(-link)) # 로짓 링크를 확률값으로
+    LL[,i] <- 1/(1+exp(-link+1.96*SE)) # 95% 신뢰구간 하한
+    UL[,i] <- 1/(1+exp(-link-1.96*SE)) # 95% 신뢰구간 상한
+  }
+  # 최종 확률값
+  list("predy"=predy,"LL"=LL,"UL"=UL) %>%
+  map(~t(apply(.,1,function(x) diff(c(0, x, 1))))) %>% # 누적확률을 범주별 확률로
+  map(~as.data.frame(.) %>% rownames_to_column("rid")) %>%
+  map_df(~pivot_longer(.,cols=-rid),.id="type") %>%
+  pivot_wider(names_from="type") %>%
+  # 주의: 마지막 클래스의 경우 ul<->ll 뒤바뀌었으므로 수정
+  rowwise() %>% mutate(ll=min(LL,UL),ul=max(LL,UL)) %>%
+  select(rid,name,predy,ll,ul) %>% ungroup()
+ }
> mypred_cs <- predict_ordinal_function(newdata,ologit_glm2)
> mypred_no <- predict_ordinal_function(newdata,olog2)
```

앞서 polr 패키지에 내장된 predict() 함수를 olog2 오브젝트에 적용한 결과와 비교하면 직접 계산한 mypred_no가 동일한 확률값을 갖는 것을 확인할 수 있습니다.

```
> mypred_no
# A tibble: 465 x 5
     rid   name   predy      ll      ul
   <chr>  <chr>   <dbl>   <dbl>   <dbl>
 1     1     V1  0.0360  0.0291  0.0445
 2     1     V2   0.207   0.177   0.239
 3     1     V3   0.489   0.483   0.487
 4     1     V4   0.215   0.185   0.246
 5     1     V5  0.0536  0.0440  0.0651
 6     2     V1  0.0358  0.0289  0.0443
 7     2     V2   0.206   0.177   0.238
 8     2     V3   0.489   0.483   0.487
 9     2     V4   0.215   0.186   0.246
10     2     V5  0.0538  0.0442  0.0653
```

2가지 방식으로 개별 범주별 확률값을 계산한 후 covid_suffer 변수의 값을 X축에 제시하고, scale_gad 변수의 수준을 조절변수로 범례에 표현한 결과는 [그림 6-5]와 같습니다.

```
> myfig <- newdata %>%
+ rownames_to_column("rid") %>%
+ left_join(bind_rows(
+   mypred_cs %>%
+    mutate(model="복합설문 데이터 분석\n(복합설문 설계 고려함)"),
+   mypred_no %>%
+    mutate(model="일반적 데이터 분석\n(복합설문 설계 고려안함)")),
+  by="rid") %>%
+ mutate(name=factor(name,labels=c("Proability\n(happy=1)",
+                                  "Proability\n(happy=2)",
+                                  "Proability\n(happy=3)",
+                                  "Proability\n(happy=4)",
+                                  "Proability\n(happy=5)")),
+        scale_gad=factor(scale_gad,
+                         labels=c("낮음(25th quantile)",
+                                  "중간(50th quantile)",
+                                  "높음(75th quantile)")),
+        covid_suffer=covid_suffer+svymean(~covid_suffer,cs_design)[1])
> myfig %>%
+ ggplot(aes(x=covid_suffer,y=predy,color=scale_gad,fill=scale_gad))+
+ geom_line()+
+ geom_ribbon(aes(ymin=ll,ymax=ul),alpha=0.2,color=NA)+
+ labs(x="코로나19 경제적 영향 인식",y="확률값",
+      color="범불안장애(GAD)",fill="범불안장애(GAD)")+
+ theme_bw()+
+ theme(legend.position="top")+
+ facet_grid(model~name)
> ggsave("Figure_Part3_Ch6_5_interaction_covidsuffer_gad_order.png",height=12,width=24,units='cm')
```

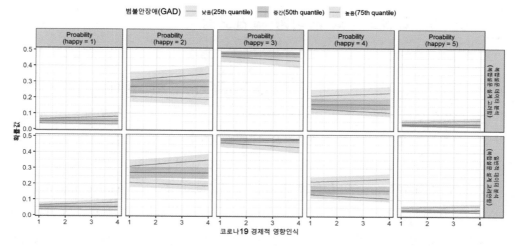

[그림 6-5] 코로나19로 인한 경제적 영향 인식과 범불안장애 수준에 따른 주관적 행복감 응답항목별 확률 변화

[그림 6-5]를 보면 범불안장애가 높은 응답자(청색)의 경우 범불안장애가 중간 수준인 응답자(녹색)보다 주관적 행복감 점수로 1 혹은 2를 선택할 가능성이 높게 나타나지만, 4 혹은 5를 선택할 가능성은 낮게 나타납니다. 반면 범불안장애가 낮은 응답자(적색)의 경우 범불안장애가 중간 수준인 응답자(녹색)보다 주관적 행복감 점수로 4 혹은 5를 선택할 가능성이 높게 나타나지만, 1 혹은 2를 선택할 가능성은 낮게 나타납니다. 아울러 상호작용효과와 관련하여 주목할 부분은 범불안장애가 높은 응답자(청색)입니다. 주관적 행복감 점수가 2인 경우 코로나19로 인한 경제적 영향력을 부정적으로 인식할수록 2로 응답할 확률이 높게 나타나지만, 행복감 점수가 4인 경우 코로나19로 인한 경제적 영향력을 부정적으로 인식할수록 4로 응답할 응답확률이 낮게 나타나고 있습니다. 즉 범불안장애가 높은 응답자들의 경우, 범불안장애가 중간 수준이거나 낮은 응답자들과 비교해 코로나19 경제적 영향 인식이 주관적 행복감에 부정적인 영향을 미친다고 해석할 수 있습니다.

또한 위쪽 패널에 해당하는 복합설문 데이터 분석결과와 아래쪽 패널에 해당하는 일반적 데이터 분석결과를 비교하면 비슷한 패턴을 보이는 것을 확인할 수 있습니다. 하지만 이전과 마찬가지로, 복합설문 설계를 고려할 경우 분산추정치가 상대적으로 크다는 것이 드러납니다(특히 2나 4로 응답할 확률에 주목).

4 포아송 회귀모형과 음이항 회귀모형

복합설문 데이터를 대상으로 종속변수가 정규분포를 가정한 연속형 변수인 경우에 OLS 회귀모형을 어떻게 적용하는지, 그리고 응답범주에 서열이 나타난 경우에 이항 로지스틱 회귀모형과 순위 로지스틱 회귀모형을 어떻게 적용할 수 있는지를 앞에서 살펴보았습니다. 이번에는 복합설문 데이터에 대해 종속변수가 0 이상의 양의 정수, 즉 횟수형 변수(count variable)인 경우에 포아송(Poisson) 회귀모형과 음이항(negative binomial) 회귀모형을 어떻게 활용할 수 있는지 살펴보겠습니다. 음이항 회귀모형은 포아송 회귀모형의 확장입니다. 일반적으로 횟수형 종속변수의 분포가 포아송 분포보다 과대분포(over-dispersion)된 경우에 모수(문헌에 따라 α 혹은 θ라고 불림)를 추가하여 과대분포를 조정한 음이항 회귀모형을 추정합니다. 포아송 회귀모형과 음이항 회귀모형의 관계에 대한 보다 자세한 논의는 다른 문헌들[6]을 참고하시기 바랍니다.

우선 저희는 예시데이터에서 exercise 변수, 즉 일주일에 운동을 한 일수를 종속변수로 택하였습니다. 일주일이 7일이라는 점에서 exercise 변수는 최솟값 0(전혀 운동하지 않을 경우), 최댓값 7(매일 운동한 경우)을 갖습니다. 또한 exercise 변수를 설명하기 위해 앞서 소개했던 모형들과 동일한 2가지 모형을 다음과 같이 지정하였습니다.

```
> # 포아송(Poisson) 모형
> pred_1 <- "ses+achieve+use_smart+scale_gad+I(scale_gad^2)+covid_suffer"
> formula1 <- as.formula(str_c("exercise~",pred_1))
> pred_2 <- "+scale_gad:covid_suffer+I(scale_gad^2):covid_suffer"
> formula2 <- as.formula(str_c("exercise~",pred_1,pred_2))
> formula1; formula2
exercise ~ ses + achieve + use_smart + scale_gad + I(scale_gad^2) +
  covid_suffer
exercise ~ ses + achieve + use_smart + scale_gad + I(scale_gad^2) +
  covid_suffer + scale_gad:covid_suffer + I(scale_gad^2):covid_suffer
```

---

6 복합설문 데이터가 아닌 상황에서 두 모형은 어떤 관계이며, R을 이용해 어떻게 모형을 추정할 수 있는지에 대해서는 졸저(백영민, 2019)를 참조하시기 바랍니다.

먼저 포아송 회귀모형을 추정하는 방법은 아래와 같습니다. 복합설문 설계를 반영하지 않을 경우에는 `glm()` 함수에 지정된 공식과 데이터를 투입한 후 `family` 옵션에 `poisson`을 지정하면 일반 포아송 회귀모형을 추정할 수 있고, `quasipoisson`을 지정하면 준(準)-포아송 회귀모형을 추정할 수 있습니다. 복합설문 설계를 반영할 경우에는 `svyglm()` 함수를 사용하되 비슷한 방식으로 공식과 데이터를 지정하면 됩니다. 여기서는 준-포아송 회귀모형을 추정하였습니다. 왜냐하면 복합설문 데이터의 경우 복합설문 설계를 반영하는 과정에서 `quasipoisson` 옵션을 사용할 수밖에 없기 때문입니다. 앞서 이항 로지스틱 회귀모형에서 `binomial` 옵션이 아닌 `quasibinomial` 옵션을 사용하였다는 점을 떠올리면 복합설문 설계를 고려한 `svyglm()` 함수의 `family` 옵션을 왜 `quasipoisson`으로 지정했는지 이해할 수 있을 것입니다.

```
> # 복합설문 설계 고려안함
> pois1 <- glm(formula1, mydata_mc, family=quasipoisson)
> pois2 <- glm(formula2, mydata_mc, family=quasipoisson)
> # 복합설문 설계 고려함
> count_glm1 <- svyglm(formula1,cs_design_mc,family=quasipoisson)
> count_glm2 <- svyglm(formula2,cs_design_mc,family=quasipoisson)
```

이렇게 추정된 4가지 모형추정결과를 비교해봅시다. `summary()` 함수를 사용해도 되지만, 앞서 정의한 `wrap_function()`이라는 이름의 개인함수를 사용해 [표 6-6]에 정리하였습니다. 회귀계수 추정결과를 비교하기 전에 '모형1'에서 복합설문 설계 고려 여부에 따라 회귀계수의 테스트 통계치가 어떻게 다르게 나타나는지를 먼저 살펴봅시다.

```
> # 추정된 두 모형의 테스트 통계치 비교
> summary(pois1)$coefficient[,3] %>% round(4)
   (Intercept)          ses      achieve    use_smart1     scale_gad   I(scale_gad^2)
       26.7531     -12.2816      -0.3375       -4.6395      -15.6043          9.6398
  covid_suffer
        6.2036
> summary(count_glm1)$coefficient[,3] %>% round(4)
   (Intercept)          ses      achieve    use_smart1     scale_gad   I(scale_gad^2)
       25.7653     -10.5445       0.4291       -5.4752      -13.9525          8.9079
  covid_suffer
        5.4778
```

앞서 살펴본 다른 일반선형모형들과 마찬가지로 복합설문 설계를 반영할 경우 전반적으로 테스트 통계치가 다소 감소하는 것을 알 수 있습니다(use_smart1 변수의 경우 테스트 통계치의 절댓값이 증가하였지만, 다른 회귀계수들의 경우 테스트 통계치의 절댓값이 감소하였습니다). 다시 말해 복합설문 데이터를 분석할 때 일반적인 회귀모형을 사용할 경우 제1종 오류를 범할 가능성이 높다는 것을 다시금 확인할 수 있습니다.

```
> # 4가지 모형의 회귀계수 추정결과 통합 및 정리
> list("m1_no"=pois1,"m1_yes"=count_glm1,
+      "m2_no"=pois2,"m2_yes"=count_glm2) %>%
+ map_df(wrap_function,.id="model") %>%
+ pivot_wider(names_from=model,values_from=myreport) %>%
+ write_excel_csv("Table_Part3_Ch6_6_regression_count_poisson.csv")
```
               [모형비교 결과는 제시된 표에 정리하였음]

[표 6-6] 복합설문 설계 고려 여부에 따른 (준-)포아송 회귀모형 추정결과 비교

	모형1		모형2	
	고려안함	고려함	고려안함	고려함
절편	0.7261*** (0.0271)	0.7182*** (0.0279)	0.7260*** (0.0271)	0.7184*** (0.0279)
사회경제적 지위(ses)	−0.0710*** (0.0058)	−0.0758*** (0.0072)	−0.0712*** (0.0058)	−0.0760*** (0.0072)
성적수준(achieve)	−0.0014 (0.0042)	0.0021 (0.0049)	−0.0014 (0.0042)	0.0021 (0.0049)
스마트폰 사용 여부(use_smart)	−0.1258*** (0.0271)	−0.1456*** (0.0266)	−0.1269*** (0.0271)	−0.1470*** (0.0266)
범불안장애 척도 일차항(scale_gad)	−0.1802*** (0.0115)	−0.1800*** (0.0129)	−0.1810*** (0.0116)	−0.1806*** (0.0129)
범불안장애 척도 이차항[I(scale_gad^2)]	0.0859*** (0.0089)	0.0879*** (0.0099)	0.0873*** (0.0090)	0.0888*** (0.0099)
코로나19 경제적 어려움 인식(covid_suffer)	0.0350*** (0.0056)	0.0323*** (0.0059)	0.0422*** (0.0070)	0.0389*** (0.0076)

상호작용효과				
scale_gad:covid_suffer			0.0215 (0.0127)	0.0225 (0.0134)
I(scale_gad^2):covid_suffer			−0.0159 (0.0093)	−0.0146 (0.0101)
모형적합도 지수				
모형비교 테스트 통계치			NA	$F(2,675)$ =1.46 p=.2340
AIC	NA	137979	NA	137982
BIC	NA	138019	NA	138036

알림: $^*p < .05$, $^{**}p < .01$, $^{***}p < .001$. 보고된 수치는 회귀계수와 표준오차(괄호 속)를 소수점 넷째자리에서 반올림하여 제시함. srvyr 패키지(version 1.1.1) 함수들을 이용하여 복합설문 설계를 고려한 분석결과의 경우 군집변수, 층화변수, 가중치변수, 유한모집단수정지수 4가지를 적용한 후 추정된 결과임. 제시된 모형비교 테스트 통계치의 경우 복합설문 설계를 고려한 경우는 왈드 테스트 통계치임(라오-스콧 테스트 통계치의 통계적 유의도는 p=.2526으로 왈드 테스트 통계치보다 조금 더 보수적인 추정결과를 보였음). 복합설문 설계를 고려하지 않은 준-포아송 회귀모형의 모형비교 테스트 통계치나 AIC, BIC의 경우 계산이 불가함.

[표 6-6]을 보면 모형추정결과라는 점에서 큰 차이는 없지만, use_smart 변수의 효과추정치는 꽤 차이를 보이는 것을 알 수 있습니다. 복합설문 설계를 고려했든 고려하지 않았든 포아송 회귀모형 추정결과에 대한 해석방법은 동일합니다. 예를 들어 복합설문 설계를 고려한 '모형2' 포아송 회귀모형 추정결과에서 use_smart 변수의 회귀계수 $b=-.1470$, $p < .001$은 "다른 변수들이 일주일의 운동횟수에 미치는 효과를 통제할 때, 스마트폰 비이용자에 비해 스마트폰 이용자의 운동횟수는 약 14%$(.86 \approx 1-e^{-.1470})$가량 낮으며 이러한 차이는 통계적으로 유의미하다($p < .001$)"고 해석할 수 있습니다.

다음으로 음이항 회귀모형을 추정하는 방법을 살펴보겠습니다. R의 경우 음이항 회귀모형에서는 포아송 회귀모형의 과대분포 문제를 해결하기 위해 θ라는 이름의 모수를 추가로 고려합니다(프로그램에 따라 θ 대신 α라고 표기하기도 합니다). 복합설문 설계를 고려하지 않을 경우에는 MASS 패키지의 glm.nb() 함수를 이용하여 음이항 회귀모형을 추정할 수 있으며, 복합설문 설계를 고려할 경우에는 sjstats 패키지의 svyglm.nb() 함수[7]를 이용하여 음이항 회귀모형을 추정할 수 있습니다. 우선 앞서 정의한 두 모형을 대상으로 음이항 회귀모형을 추정해보겠습니다. glm.nb() 함수 혹은 svyglm.nb() 함수의 내부에 공식과 데이터를 지정하면 됩니다. 모형을 추정한 후 먼저 '모형1'의 추정결과를 살펴보겠습니다.

```
> # 복합설문 설계 고려안함
> negbin1 <- glm.nb(formula1, mydata_mc)
> negbin2 <- glm.nb(formula2, mydata_mc)
> # 복합설문 설계 고려함
> count_glmnb1 <- svyglm.nb(formula1,cs_design_mc)
> count_glmnb2 <- svyglm.nb(formula2,cs_design_mc)
> summary(negbin1)

Call:
glm.nb(formula = formula1, data = mydata_mc, init.theta = 0.9699833452,
    link = log)

Deviance Residuals:
    Min      1Q   Median      3Q      Max
-1.6264  -1.4255  -0.3895   0.4366   1.8177

Coefficients:
                 Estimate  Std. Error  z value  Pr(>|z|)
(Intercept)     0.7332104   0.0320607   22.869  < 2e-16 ***
ses            -0.0679389   0.0065092  -10.437  < 2e-16 ***
achieve        -0.0005539   0.0047601   -0.116    0.907
use_smart1     -0.1317809   0.0320798   -4.108  3.99e-05 ***
scale_gad      -0.1757205   0.0128874  -13.635  < 2e-16 ***
I(scale_gad^2)  0.0831579   0.0099512    8.357  < 2e-16 ***
covid_suffer    0.0346530   0.0063760    5.435  5.48e-08 ***
---
Signif. codes: 0 '***' 0.001 '**' 0.01 '*' 0.05 '.' 0.1 ' ' 1
```

---

[7] 해당 함수는 survey 패키지의 svymle() 함수를 기반으로 작성되었지만 모형추정과정에서 sjstats 패키지의 함수들을 활용하기 때문에 반드시 sjstats 패키지를 설치한 후 library() 함수를 통해 구동해야 합니다.

(Dispersion parameter for Negative Binomial(0.97) family taken to be 1)

     Null deviance: 60516 on 54947 degrees of freedom
Residual deviance: 60133 on 54941 degrees of freedom
AIC: 205005

Number of Fisher Scoring iterations: 1

       Theta: 0.9700
    Std. Err.: 0.0109

 2 x log-likelihood: -204988.9200
> summary(count_glmnb1)
Survey-sampled mle:
survey::svymle(loglike = sjstats_loglik, gradient = sjstats_score,
  design = design, formulas = list(theta = ~1, eta = formula),
  start = c(mod$theta, stats::coef(mod)), na.action = "na.omit")

	Coef	SE	p.value
theta.(Intercept)	0.95368390	0.015640320	<0.001
eta.(Intercept)	0.72347827	0.028405114	<0.001
eta.ses	-0.07283896	0.006968589	<0.001
eta.achieve	0.00297211	0.004772410	0.533
eta.use_smart1	-0.14977330	0.027153304	<0.001
eta.scale_gad	-0.17554682	0.012685323	<0.001
eta.I(scale_gad^2)	0.08525714	0.009838329	<0.001
eta.covid_suffer	0.03208020	0.005866026	<0.001

Stratified 1 - level Cluster Sampling design
With (793) clusters.
stats::update(design, scaled.weights = dw/mean(dw, na.rm = TRUE))
Sampling variables:
- ids: cluster
- strata: strata
- fpc: fpc
- weights: w
Data variables: female (fct), agem (dbl), ses (dbl), sch_type (fct), sch_mdhg (fct), achieve (dbl), use_smart (fct), spend_smart (dbl), scale_gad (dbl), scale_spaddict (dbl), covid_suffer (dbl), exp_sad (fct), exercise (dbl), happy (dbl), m_gad_1 (dbl), m_gad_2 (dbl), m_gad_3 (dbl), m_gad_4 (dbl), m_gad_5 (dbl), m_gad_6 (dbl), m_gad_7 (dbl), int_sp_ou_1 (dbl), int_sp_ou_2 (dbl), int_sp_ou_3 (dbl), int_sp_ou_4 (dbl), int_sp_ou_5 (dbl), int_sp_ou_6 (dbl), int_sp_ou_7 (dbl), int_sp_ou_8 (dbl), int_sp_ou_9 (dbl), int_sp_ou_10 (dbl), cluster (dbl), strata (chr), w (dbl), fpc (dbl), scaled.weights (dbl)

glm.nb( ) 함수 추정결과의 Theta: 0.9700 및 Std. Err: 0.0109에 해당되는 결과가
바로 svyglm.nb( ) 함수 추정결과의 theta.(Intercept)　0.95368390 0.015640320으
로, 2가지 θ 모두 통계적으로 유의미한 결과를 나타냅니다. θ 통계치는 0에 가까우면 가
까울수록 '과대분포'가 강하다고 해석할 수 있습니다. 복합설문 설계 고려 여부에 따라
θ의 값이 조금 다르기는 하지만 전반적으로 크게 다른 수치라고 보기는 어려우며, θ 통계
치는 0보다 유의미하게 크다고 결론 내릴 수 있습니다. 이렇게 추정한 4가지 음이항 회귀
모형들을 [표 6-7]과 같이 정리하여 비교해봅시다. 출력결과가 glm.nb( ) 함수인지 아니
면 svyglm.nb( ) 함수인지에 따라 상이하기 때문에 모형추정결과를 정리하는 개인함수
를 별개로 설정하였습니다.

```r
> # glm.nb( ) 함수 출력결과의 경우
> wrap_negbin_function <- function(object_glm){
+ sum_table <- tidy(object_glm)
+ theta_table <- tibble(term="theta",
+                       estimate=object_glm$theta,
+                       std.error=object_glm$SE.theta,
+                       statistic=estimate/std.error,
+                       p.value=2*pnorm(abs(statistic),lower.tail=F))
+ bind_rows(sum_table,theta_table) %>%
+   mutate(
+   sigstar=cut(p.value,c(-Inf,0.001,0.01,0.05,1),
+               labels=c("***","**","*","")),
+   myreport=str_c(format(round(estimate,4),nsmall=4),
+                  sigstar,"\n(",
+                  format(round(std.error,4),nsmall=4),")")
+   ) %>% select(-(estimate:sigstar))
+ }
> # svyglm.nb( ) 함수 출력결과의 경우
> wrap_negbin_cs_function <- function(object_glm){
+ sum_theta_table <- tibble(term=names(object_glm$par),
+                           estimate=coef(object_glm),
+                           std.error=SE(object_glm),
+                           statistic=estimate/std.error,
+                           p.value=2*pnorm(abs(statistic),lower.tail=F))
+ sum_theta_table %>%
+   mutate(
```

```
+   term=ifelse(str_starts(term,"theta"),"theta",str_remove(term,"eta\\.")),
+   sigstar=cut(p.value,c(-Inf,0.001,0.01,0.05,1),
+                 labels=c("***","**","*","")),
+   myreport=str_c(format(round(estimate,4),nsmall=4),
+                 sigstar,"\n(",
+                 format(round(std.error,4),nsmall=4),")"),
+   ) %>% select(-(estimate:sigstar))
+ }
> # 4가지 모형의 회귀계수 추정결과 통합 및 정리
> bind_rows(
+   list("m1_no"=negbin1,"m2_no"=negbin2) %>%
+     map_df(wrap_negbin_function,.id="model"),
+   list("m1_yes"=count_glmnb1,"m2_yes"=count_glmnb2) %>%
+     map_df(wrap_negbin_cs_function,.id="model")
+ ) %>%
+   pivot_wider(names_from=model,values_from=myreport,names_sort=T) %>%
+   write_excel_csv("Table_Part3_Ch6_7_regression_count_negbin.csv")
```
[모형비교 결과는 제시된 표에 정리하였음]

[표 6-7] 복합설문 설계 고려 여부에 따른 음이항 회귀모형 추정결과 비교

	모형1		모형2	
	고려안함	고려함	고려안함	고려함
절편	0.7332*** (0.0321)	0.7235*** (0.0284)	0.7334*** (0.0321)	0.7240*** (0.0284)
사회경제적 지위(ses)	−0.0679*** (0.0065)	−0.0728*** (0.0070)	−0.0682*** (0.0065)	−0.0732*** (0.0070)
성적수준(achieve)	−0.0006 (0.0048)	0.0030 (0.0048)	−0.0005 (0.0048)	0.0030 (0.0048)
스마트폰 사용 여부(use_smart)	−0.1318*** (0.0321)	−0.1498*** (0.0272)	−0.1332*** (0.0321)	−0.1515*** (0.0271)
범불안장애 척도 일차항(scale_gad)	−0.1757*** (0.0129)	−0.1755*** (0.0127)	−0.1762*** (0.0129)	−0.1759*** (0.0127)
범불안장애 척도 이차항[I(scale_gad^2)]	0.0832*** (0.0100)	0.0853*** (0.0098)	0.0844*** (0.0101)	0.0860*** (0.0099)
코로나19 경제적 어려움 인식(covid_suffer)	0.0347*** (0.0064)	0.0321*** (0.0059)	0.0412*** (0.0078)	0.0384*** (0.0075)

상호작용효과				
scale_gad:covid_suffer			0.0208 (0.0143)	0.0224 (0.0130)
I(scale_gad^2):covid_suffer			−0.0156 (0.0104)	−0.0150 (0.0098)
모형적합도 지수				
모형비교 테스트 통계치			$\chi^2(2)=2.55,$ p =.2796	NA
AIC	205005	NA	205006	NA
BIC	205076	NA	205096	NA
θ	0.9700*** (0.0109)	0.9537*** (0.0156)	0.9701*** (0.0109)	0.9538*** (0.0156)

알림: $^*p$ < .05, $^{**}p$ < .01, $^{***}p$ < .001. 보고된 수치는 회귀계수와 표준오차(괄호 속)를 소수점 넷째자리에서 반올림하여 제시함. srvyr 패키지(version 1.1.1) 함수들을 이용하여 복합설문 설계를 고려한 분석결과의 경우 군집변수, 층화변수, 가중치변수, 유한모집단수정지수 4가지를 적용한 후 추정된 결과임. 제시된 모형비교 테스트 통계치의 경우 복합설문 설계를 고려하지 않은 경우는 로그우도비 카이제곱 통계치이며, 복합설문 설계를 고려한 경우는 anova() 함수와 AIC(), BIC() 함수를 활용할 수 없기에 NA로 표기함.

　　음이항 회귀모형 추정결과는 거의 비슷합니다. 그렇다면 테스트 통계치는 어떨까요? 복합설문 설계 고려 여부에 따라 '모형1'의 추정결과로 얻은 테스트 통계치를 비교해보면 다음과 같습니다. svyglm.nb() 함수 추정결과의 경우, 회귀계수와 표준오차를 기반으로 테스트 통계치를 별도로 계산해야 합니다.


```
> tibble(
+   source=rownames(summary(negbin1)$coefficients),
+   CS_no=summary(negbin1)$coefficients[,3] %>% round(4),
+   CS_yes=(coef(count_glmnb1)/SE(count_glmnb1))[-1] %>% round(4) # [-1]은 theta를 뺀다는 의미
+ )
# A tibble: 7 x 3
  source       CS_no  CS_yes
  <chr>        <dbl>   <dbl>
1 (Intercept)  22.9    25.5
2 ses         -10.4   -10.5
3 achieve      -0.116   0.623
4 use_smart1   -4.11   -5.52
5 scale_gad   -13.6   -13.8
```

| 6 | I(scale_gad^2) | 8.36 | 8.67 |
| 7 | covid_suffer | 5.43 | 5.47 |

위의 결과를 보면 복합설문 설계를 고려한 경우의 테스트 통계치가 보다 크게 나타나는 것을 알 수 있습니다(절댓값 기준). 즉 복합설문 설계를 고려한 결과가 복합설문 설계를 반영하지 않은 결과보다 보수적인 결과를 산출하는 경향이 있지만, 언제나 보수적인 결과로 이어지는 것은 아니라는 점을 위의 사례를 통해서도 확인할 수 있습니다.

비록 포아송 회귀모형과 음이항 회귀모형 모두 '모형2'에서 상호작용효과항이 통계적으로 유의미하지는 않았지만, covid_suffer 변수와 exercise 변수의 관계가 scale_gad 변수의 수준에 따라 어떻게 달라지는지 살펴봅시다. 모형추정결과 시각화 과정은 앞서 소개했던 일반선형모형들과 다르지 않습니다. 우선 독립변수들의 조건을 지정한 데이터를 생성한 후, 복합설문 설계를 고려한 '모형2'를 이용해 예측값을 얻으면 됩니다. 예측값 산출용 데이터를 생성할 때 상호작용효과항 구성에 사용되지 않는 연속형 변수는 평균값으로 통제하였으며, use_smart 변수는 다수집단인 스마트폰 사용자로 통제하였습니다. 또한 상호작용효과항을 구성하는 두 변수의 경우 covid_suffer 변수는 X축에, scale_gad 변수는 조절변수로 범례에 배치하였습니다. 이때 predict() 함수 내부에 type='response'를 지정하는 경우에는 예측확률의 95% CI를 계산하는 것이 적절하지 않습니다(만약 95% CI를 같이 시각화하지 않고 예측값만 시각화한다면 type='response'를 지정하는 것이 훨씬 더 효과적입니다).

```
> # 포아송 및 음이항 모형 시각화
> newdata <- mydata %>%
+ data_grid(ses=0,achieve=0,use_smart=1,
+           scale_gad=1:4-svymean(~scale_gad,cs_design),
+           covid_suffer=0.1*(10:40)-svymean(~covid_suffer,cs_design)) %>%
+ mutate(use_smart=as.factor(use_smart))
> # predict() 함수 내부에 type='response' 옵션을 지정할 수 있으나 95% CI에 부적합
> # 포아송 모형
> mypred_cs_P <- predict(count_glm2,newdata,se.fit=TRUE) %>% as_tibble()
> mypred_no_P <- predict(pois2,newdata,se.fit=TRUE) %>% as_tibble()
> # 음이항 모형
> mypred_cs_N <- predict(count_glmnb2,newdata,se.fit=TRUE) %>% as_tibble()
> mypred_no_N <- predict(negbin2,newdata,se.fit=TRUE) %>% as_tibble()
```

이렇게 하여 얻은 예측값과 표준오차(SE) 정보를 이용해 연결함수(link function) 적용 이전으로 환원시킨 후, 상호작용효과를 시각화한 결과는 다음과 같습니다.

```
> myfig <- bind_rows(
+   newdata %>% mutate(model="복합설문 데이터 분석\n(복합설문 설계 고려함),포아송 모형",
+                       link=mypred_cs_P$link,SE=mypred_cs_P$SE),
+   newdata %>% mutate(model="일반적 데이터 분석\n(복합설문 설계 고려안함),포아송 모형",
+                       link=mypred_no_P$fit,SE=mypred_no_P$se.fit),
+   newdata %>% mutate(model="복합설문 데이터 분석\n(복합설문 설계 고려함),음이항 모형",
+                       link=mypred_cs_N$fit,SE=mypred_cs_N$se.fit),
+   newdata %>% mutate(model="일반적 데이터 분석\n(복합설문 설계 고려안함),음이항 모형",
+                       link=mypred_no_N$fit,SE=mypred_no_N$se.fit)) %>%
+   separate(model,into=c("model","dist"),sep=",") %>%
+   mutate(
+     predy=exp(link),  # 원래 종속변수 형태로 전환
+     ll=exp(link-1.96*SE),
+     ul=exp(link+1.96*SE),
+     covid_suffer=covid_suffer+svymean(~covid_suffer,cs_design),
+     scale_gad=factor(scale_gad,
+                       labels=c("1. 매우 낮음","2.","3.","4. 매우 높음"))
+   )
> myfig %>%
+   ggplot(aes(x=covid_suffer,y=predy,color=scale_gad,fill=scale_gad))+
+   geom_line()+
+   geom_ribbon(aes(ymin=ll,ymax=ul),alpha=0.2,color=NA)+
+   labs(x="코로나19 경제적 영향",y="운동빈도",
+         color="범불안장애(GAD)",fill="범불안장애(GAD)")+
+   theme_bw()+theme(legend.position="top")+
+   facet_grid(dist~model)
> ggsave("Figure_Part3_Ch6_6_interaction_covid19_gad.png",height=16,width=16,units='cm')
```

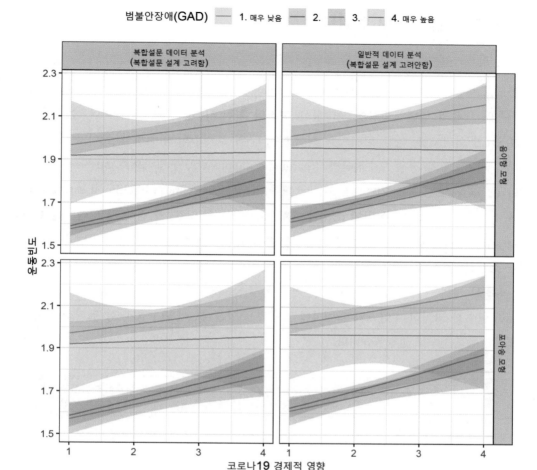

범불안장애(GAD) 1. 매우 낮음 2. 3. 4. 매우 높음

[그림 6-6] 코로나19로 인한 경제적 어려움 인식과 범불안장애의 상호작용효과 시각화

[그림 6-6]에서 코로나19 경제적 영향력 인식이 부정적일수록 학생들의 운동빈도가 상승하지만, 이와 같은 관계는 범불안장애(GAD) 수준에 따라 크게 달라진다고 보기는 어렵습니다. 분산추정치에 미미한 차이가 존재하기는 하지만, 포아송 모형을 사용하든 음 이항 모형을 사용하든, 복합설문 설계를 고려하든 고려하지 않든 상호작용효과는 유의미 하지 않다는 것을 확인할 수 있습니다.

5 다항 로지스틱 회귀모형

끝으로 종속변수가 명목변수(nominal variable), 즉 무순위 범주형(unordered categorical) 변수인 경우의 일반선형모형인 다항 로지스틱 회귀모형을 살펴보겠습니다. 앞서 살펴본 OLS 회귀모형, 이항 로지스틱 회귀모형, 순위 로지스틱 회귀모형, 포아송 혹은 음이항 회귀모형의 경우 모수접근방식(parametric approach), 구체적으로 survey 패키지의 svymle() 함수를 기반으로 최대우도추정(MLE, maximum likelihood estimation)을 실시합니다. 그러나 이번에 소개할 다항 로지스틱 회귀모형의 경우 2022년 4월 현재 svymle() 기반 추정법이 개발되어 있지 않습니다. 이에 본서에서는 2가지 방법을 대안으로 소개하겠습니다.

우선 저희는 예시데이터에서 주관적 행복감(happy) 변수와 우울감 경험 여부(exp_sad) 변수를 교차하여 아래와 같이 4개 집단을 구성한 후, 이 변수를 다항 로지스틱 회귀모형의 종속변수로 설정했습니다.

	주관적 행복감 (행복하지 않음: happy ≤ 3)	주관적 행복감 (행복: happy ≥ 4)
우울감 경험 없음 (exp_sad = 0)	불행-비우울	행복-비우울
우울감 경험 있음 (exp_sad = 1)	불행-우울	행복-우울

응답자가 이렇게 구성된 네 집단 중 어떤 집단에 속하는지를 설명하기 위해 앞서 '모형2'에서 사용한 변수들, 즉 ses, achieve, use_smart, scale_gad(일차항과 이차항), covid_suffer 변수들과 상호작용항들을 투입하여 다항 로지스틱 회귀모형을 추정해 보겠습니다. 우선 위에서 정의한 4개 집단을 구성하기 위해 데이터를 전처리하였습니다.

```
> # happy>3 인 조건과 exp_sad 의 수준을 교차하여 4개 집단 생성
> mydata_mc_mlogit <- mydata_mc %>%
+ mutate(
+   hpp2=ifelse(happy>3,1,0),
```

```
+    type4=str_c(hpp2,"-",exp_sad),
+    type4=factor(type4,labels=c("Unhappy-Nsad","Unhappy-Ysad",
+                                 "Happy-Nsad","Happy-Ysad"))
+  )
> # 모형2(상호작용항) 공식 지정
> formula2 <- type4~ses+achieve+use_smart+(scale_gad+I(scale_gad^2))*covid_suffer
```

먼저 복합설문 설계를 고려하지 않고 일반적 데이터 분석기법을 실시해보겠습니다. nnet 패키지의 multinom() 함수에 위에서 전처리한 데이터와 '모형2' 공식을 투입합니다.

```
> # 복합설문 설계 고려안함
> mlogit2 <- multinom(formula2,mydata_mc_mlogit,
+                      Hess=TRUE, # 분산추정을 위한 헤시안 행렬 저장
+                      trace=FALSE,model=TRUE) # 모형추정과정 알림 생략
> summary(mlogit2)
Call:
multinom(formula = formula2, data = mydata_mc_mlogit, Hess = TRUE,
  model = TRUE, trace = FALSE)

Coefficients:
              (Intercept)          ses      achieve   use_smart1   scale_gad
Unhappy-Ysad  -0.52271586  -0.08347011   0.1041909  -0.26355626    1.754987
Happy-Nsad     0.05416424  -0.29863474  -0.2043237   0.61472128   -1.506978
Happy-Ysad    -0.76771083  -0.33613971  -0.0843959   0.08208965    0.607948
              I(scale_gad^2)  covid_suffer  scale_gad:covid_suffer
Unhappy-Ysad      -0.3503012    0.09268813             -0.01565229
Happy-Nsad         0.4331551   -0.01145896              0.14236461
Happy-Ysad        -0.2081653    0.11033409              0.04163409
              I(scale_gad^2):covid_suffer
Unhappy-Ysad                   0.03704406
Happy-Nsad                    -0.05793754
Happy-Ysad                     0.01415487

Std. Errors:
              (Intercept)         ses     achieve   use_smart1   scale_gad
Unhappy-Ysad   0.08907584  0.01879444  0.01373373   0.09002878  0.04219991
Happy-Nsad     0.06993290  0.01428727  0.01034535   0.06991671  0.02908639
Happy-Ysad     0.09610578  0.02005133  0.01452069   0.09689367  0.04097926
```

	I(scale_gad^2)	covid_suffer	scale_gad:covid_suffer
Unhappy-Ysad	0.02692211	0.02172723	0.04610296
Happy-Nsad	0.02674831	0.01696493	0.03268459
Happy-Ysad	0.03153251	0.02178899	0.04505903

	I(scale_gad^2):covid_suffer
Unhappy-Ysad	0.02817491
Happy-Nsad	0.02862811
Happy-Ysad	0.03282399

Residual Deviance: 112031.6
AIC: 112085.6

위 모형추정결과는 앞서 정의한 wrap_function()을 이용해 [표 6-8]에 정리하겠습니다.

```
> # 정리
> Table_NO_CS <- wrap_function(mlogit2) %>%
+ pivot_wider(names_from=y.level,values_from=myreport)
```

다음으로 복합설문 설계를 고려하여 다항 로지스틱 모형을 추정해보겠습니다. 첫 번째 방법은 모수접근방식으로, svyVGAM 패키지의 svy_vglm() 함수를 이용하는 것입니다. 종속변수와 예측변수들이 비선형적 관계를 갖는다고 가정되는 일반선형모형(GLM)의 경우, 일반적인 MLE 추정방식으로는 추정이 불가한 상황이 종종 발생합니다. 특히 다항 로지스틱 회귀모형과 같이 종속변수가 여러 개의 범주를 갖는 경우, 다변량 분포(multivariate distribution) 가정을 필요로 하므로 더 효율적인 연산 방법이 요구됩니다. 대안적으로 이와 와일드(Yee & Wild, 1996)는 VGLM(vector generalized linear model) 모형을 제안하였으며('vector'라는 표현에서 알 수 있듯 다변량 분포가정에 적합함), svy_vglm() 함수는 바로 이를 기반으로 한 추정방식입니다.

svyVGAM 패키지는 survey 패키지 개발자인 룸리(Thomas Lumley)가 개발한 만큼, 기존 복합설문 데이터 분석방법과 비슷한 방식으로 사용하면 됩니다. 먼저 복합설문 오

브젝트를 생성한 후 svy_vglm() 함수에 분석모형을 투입하면 추정결과는 다음과 같습니다.[8]

```
> # 복합설문 설계 고려함: 모수적 접근
> cs_design_mc_mlogit <- cs_design_mc %>%
+   mutate(
+     hpp2=ifelse(happy>3,1,0),
+     type4=str_c(hpp2,"-",exp_sad),
+     type4=factor(type4,labels=c("Unhappy-Nsad","Unhappy-Ysad",
+                                 "Happy-Nsad","Happy-Ysad"))
+   )
> mlogit_glm2 <- svy_vglm(formula2,cs_design_mc_mlogit,
+                         # 기준집단은 위와 동일하게 설정
+                         family=multinomial(refLevel="Unhappy-Nsad"))
> summary(mlogit_glm2)
svy_vglm.survey.design(formula2, cs_design_mc_mlogit, family =
multinomial(refLevel = "Unhappy-Nsad"))
Stratified 1 - level Cluster Sampling design
With (793) clusters.
Called via srvyr
Sampling variables:
 - ids: cluster
 - strata: strata
 - fpc: fpc
 - weights: w
Data variables: female (fct), agem (dbl), ses (dbl), sch_type (fct), sch_mdhg
 (fct), achieve (dbl), use_smart (fct), spend_smart (dbl), scale_gad (dbl),
 scale_spaddict (dbl), covid_suffer (dbl), exp_sad (fct), exercise (dbl),
 happy (dbl), m_gad_1 (dbl), m_gad_2 (dbl), m_gad_3 (dbl), m_gad_4 (dbl),
 m_gad_5 (dbl), m_gad_6 (dbl), m_gad_7 (dbl), int_sp_ou_1 (dbl), int_sp_ou_2
 (dbl), int_sp_ou_3 (dbl), int_sp_ou_4 (dbl), int_sp_ou_5 (dbl), int_sp_ou_6
 (dbl), int_sp_ou_7 (dbl), int_sp_ou_8 (dbl), int_sp_ou_9 (dbl), int_sp_ou_10
 (dbl), cluster (dbl), strata (chr), w (dbl), fpc (dbl), hpp2 (dbl), type4
 (fct)
```

---

8 다항 로지스틱 회귀모형 외에도 앞서 소개한 순위 로지스틱 회귀모형, 음이항 회귀모형 등 각각의 분포를 대입하면(family 옵션) 여러 가지 모형을 VGLM을 이용해 추정할 수 있습니다(물론 추정방식이 다르므로 svyVGAM 패키지와 survey 및 srvyr 패키지 추정결과에는 크고 작은 차이가 발생합니다). 자세한 것은 svyVGAM 패키지 설명서를 참조하시기 바랍니다.

	Coef	SE	z	p
(Intercept):1	−0.4902427	0.0952977	−5.1443	2.685e−07
(Intercept):2	0.0269281	0.0744880	0.3615	0.717719
(Intercept):3	−0.7138023	0.0989660	−7.2126	5.489e−13
ses:1	−0.1009166	0.0193904	−5.2045	1.946e−07
ses:2	−0.3051804	0.0147949	−20.6274	< 2.2e−16
ses:3	−0.3271568	0.0212557	−15.3915	< 2.2e−16
achieve:1	0.1046326	0.0146866	7.1243	1.046e−12
achieve:2	−0.2050782	0.0110769	−18.5140	< 2.2e−16
achieve:3	−0.0872288	0.0150066	−5.8127	6.147e−09
use_smart1:1	−0.3001417	0.0970755	−3.0918	0.001989
use_smart1:2	0.6246651	0.0743441	8.4024	< 2.2e−16
use_smart1:3	0.0112637	0.0983653	0.1145	0.908834
scale_gad:1	1.7292544	0.0400696	43.1563	< 2.2e−16
scale_gad:2	−1.5043872	0.0282950	−53.1680	< 2.2e−16
scale_gad:3	0.5935070	0.0406003	14.6183	< 2.2e−16
I(scale_gad^2):1	−0.3363970	0.0249973	−13.4573	< 2.2e−16
I(scale_gad^2):2	0.4418818	0.0247652	17.8428	< 2.2e−16
I(scale_gad^2):3	−0.1996807	0.0320021	−6.2396	4.387e−10
covid_suffer:1	0.1104420	0.0220056	5.0188	5.199e−07
covid_suffer:2	−0.0047283	0.0168206	−0.2811	0.778631
covid_suffer:3	0.1046425	0.0227805	4.5935	4.358e−06
scale_gad:covid_suffer:1	0.0037879	0.0470083	0.0806	0.935776
scale_gad:covid_suffer:2	0.1588472	0.0335777	4.7307	2.237e−06
scale_gad:covid_suffer:3	0.0564205	0.0449883	1.2541	0.209801
I(scale_gad^2):covid_suffer:1	0.0173249	0.0274769	0.6305	0.528349
I(scale_gad^2):covid_suffer:2	−0.0723901	0.0256020	−2.8275	0.004691
I(scale_gad^2):covid_suffer:3	−0.0089626	0.0337086	−0.2659	0.790329

이 함수의 경우 기존의 broom 패키지의 tidy() 함수가 작동하지 않으므로 이를 기반
으로 한 wrap_function() 함수 역시 적용할 수 없습니다. 따라서 wrap_multinom_
cs_function() 함수를 별도로 정의한 후 [표 6-8]에 정리된 결과를 제시하겠습니다.

```
> # 정리
> wrap_multinom_cs_function <- function(object_glm){
+ summary(object_glm)$coeftable %>%
+  as_tibble(rownames="term") %>%
```

```
+   mutate(
+     y.level=str_extract(term,"\\d$"),
+     term=str_remove(term,":\\d$"),
+     sigstar=cut(p,c(-Inf,0.001,0.01,0.05,1),
+                   labels=c("***","**","*","")),
+     myreport=str_c(format(round(Coef,4),nsmall=4),
+                   sigstar,"\n(",
+                   format(round(SE,4),nsmall=4),")"),
+   ) %>%
+   select(y.level,term,myreport) %>%
+   pivot_wider(names_from=y.level,values_from=myreport)
+ }
> Table_YS_CS_YP <- wrap_multinom_cs_function(mlogit_glm2) %>%
+   rename("Unhappy-Ysad"="1","Happy-Nsad"="2","Happy-Ysad"="3")
```

두 번째 방법은 잭나이프 반복재현(JRR)이나 부트스트래핑 기반 반복재현과 같은 비모수접근방식(nonparametric approach)입니다. 앞서 4장에서 설명하였듯이 비모수접근방식은 계산상의 장점을 제공하므로 다항 로지스틱 회귀모형과 같이 복잡한 연산을 필요로 하는 경우에 적합합니다. 여기서는 재표집 횟수를 100회로 설정한 부트스트랩 기법을 사용했습니다(빠른 실습을 위해 100회로 설정했습니다만, 논문이나 연구보고서 작성을 위해서는 재표집 횟수를 최소 1,000회 이상으로 설정하시기 바랍니다). 부트스트랩 기법은 매번 다른 결과가 나오므로 랜덤시드번호를 지정하는 것이 권장됩니다.

```
> set.seed(1234)
> cs_mlogit_boot <- cs_design_mc_mlogit %>%
+     as_survey_rep(
+         type="bootstrap",
+         replicates=100) # 실제 분석 시 재표집 횟수를 최소 1000 이상으로 늘리기 바랍니다
```

다항 로지스틱 모형을 추정하기 위해서 각각의 재표집된 데이터를 대상으로 하여 multinom() 함수 추정결과에 대해 coef() 함수로 회귀계수를 추출하고, 반복재현 방법을 적용하는 withReplicates() 함수를 사용하였습니다. 전통적인 R 방식의 with() 함수를 사용해본 분들이라면 withReplicates() 함수를 적용하는 방식이 그리 낯설지

않을 것입니다. 아울러 재표집된 100개의 데이터별 추정결과를 저장하기 위해 return.replicates=TRUE 옵션을 지정하였습니다.

```
> # 모형 설정
> mlogit_boot2 <- withReplicates(
+   cs_mlogit_boot,
+     quote(coef(multinom(type4~ses+achieve+use_smart+(scale_gad+I(scale_
gad^2))*covid_suffer,
+               weights=.weights,trace=F))),
+   return.replicates=TRUE # 원본 replicate 데이터 저장
+ )
```

아쉽게도 이렇게 추정한 mlogit_boot2라는 다항 로지스틱 모형 추정결과에 대해서는 summary() 함수를 사용할 수 없습니다. 다소 복잡하지만 어쩔 수 없이 다항 로지스틱 모형 추정결과의 회귀계수와 표준오차를 추출한 후, 이를 기반으로 테스트 통계치를 구하고 통계적 유의도 수준도 별도로 계산해야 합니다. 먼저 mlogit_boot2가 어떻게 구성되어 있는지 살펴보면 다음과 같습니다.

```
> mlogit_boot2 # 오브젝트 자체는 출력 안 됨
Error in dimnames(x) <- dn :
 length of 'dimnames' [2] not equal to array extent
In addition: Warning message:
In cbind(x, sqrt(diag(as.matrix(vv)))) :
 number of rows of result is not a multiple of vector length (arg 2)
> str(mlogit_boot2)
List of 2
 $ theta    : num [1:3, 1:9] -0.4902 0.0269 -0.7137 -0.1009 -0.3052 ...
  ..- attr(*, "dimnames")=List of 2
  .. ..$ : chr [1:3] "Unhappy-Ysad" "Happy-Nsad" "Happy-Ysad"
  .. ..$ : chr [1:9] "(Intercept)" "ses" "achieve" "use_smart1" ...
  ..- attr(*, "var")= num [1:27, 1:27] 1.15e-02 2.47e-03 4.10e-03 4.75e-05 3.66e-05 ...
  .. ..- attr(*, "means")= num [1:27] -0.5055 0.0205 -0.6988 -0.1 -0.3063 ...
  ..- attr(*, "statistic")= chr "theta"
 $ replicates: num [1:100, 1:27] -0.422 -0.527 -0.596 -0.499 -0.524 ...
 - attr(*, "class")= chr "svrepstat"
```

위 결과에서 나타난 추정분산, 즉 attr(*, "var") 부분이 재표집 기반 분산추정결과의 핵심에 해당합니다. vcov() 함수를 이용해 이를 추출하면 공분산 행렬을 구할 수 있습니다.

```
> # 재표집 기반 분산추정결과
> mlogit_vcov <- vcov(mlogit_boot2)
> mlogit_vcov
                [,1]          [,2]          [,3]          [,4]          [,5]          [,6]
[1,] 1.149488e-02  2.469744e-03  4.101369e-03  4.746521e-05  3.657817e-05 -2.181247e-04
[2,] 2.469744e-03  6.983088e-03  3.491415e-03 -1.726294e-04  2.374765e-04 -1.484438e-04
              [이 부분의 내용은 본문의 설명과 관계없기 때문에 생략]
attr(,"means")
 [1] -0.505461252  0.020517660 -0.698756119 -0.100014129 -0.306314974 -0.329239326  0.104044278
 [8] -0.204598808 -0.088700584 -0.291421949  0.626921976 -0.007016580  1.728109544 -1.507209455
[15]  0.596378722 -0.331025943  0.447932157 -0.197832969  0.111981069 -0.006534624  0.100603195
[22]  0.001789998  0.158002082  0.045394616  0.017644998 -0.074813432 -0.004132314
```

맨 아래 attr(,"means") 부분은 길이가 27인 벡터입니다. 이것이 바로 100번의 재표집을 통해 추정한 회귀계수의 평균값입니다. 길이가 27인 이유는 추정된 절편과 회귀계수가 총 9개[(Intercept), ses, achieve, use_smart, scale_gad, I(scale_gad^2), covid_suffer, scale_gad:covid_suffer, I(scale_gad^2):covid_suffer]이며, 종속변수의 범주가 총 4개로 비교대상이 되는 집단이 3개 집단이기 때문입니다(27＝9×3). 이제 attr(mlogit_vcov,"means")으로 회귀계수를 추정한 결과를 mycoef라는 이름의 오브젝트로 저장하겠습니다.[9]

```
> # 회귀계수
> mycoef <- attr(mlogit_vcov,"means")
```

회귀계수는 추출했으니 이제 표준오차를 추출해봅시다. 앞서 얻은 공분산 행렬, 즉 mlogit_vcov 행렬의 대각요소(diagonal elements)의 제곱근 값이 바로 표준오차입니다. 즉 diag() 함수로 행렬의 대각요소를 추출하고 여기에 sqrt() 함수를 취하면 다음과 같습니다.

```
> mySE <- sqrt(diag(mlogit_vcov))
> mySE
 [1] 0.10721420 0.08356487 0.09937791 0.02022034 0.01557641 0.02536616 0.01706850 0.01259197
 [9] 0.01661424 0.10827865 0.07956705 0.10035916 0.03969815 0.02755957 0.03775183 0.02645543
[17] 0.02486847 0.03238622 0.02127146 0.01797878 0.02697615 0.05411479 0.03925525 0.05085009
[25] 0.03129560 0.02638622 0.03498192
```

이제 회귀계수와 표준오차를 이용해서 테스트 통계치, 구체적으로 z 통계치를 계산하면 다음과 같습니다.

```
> #테스트 통계치
> myZ <- mycoef/mySE
```

이렇게 얻은 테스트 통계치를 기반으로 각 절편과 회귀계수의 통계적 유의도 수준을 계산하고, 통계적 유의도 수준에 따른 기호를 계산하면 다음과 같습니다.

```
> #테스트 통계치
> myZ <- mycoef/mySE
> #통계적 유의도 테스트
> myP <- 2*pnorm(abs(myZ),0,1,lower.tail=FALSE)
> mysigstar <- as.character(cut(myP,c(-Inf,0.001,0.01,0.05,1),labels=c("***","**","*"," ")))
```

---

9 이를 mlogit_boot2 내부 theta 오브젝트와 혼동하지 않길 바랍니다. theta 오브젝트는 재표집을 위해 사용된 초깃값(initial value)에 해당하며, 실제 재표집의 결과로 얻은 평균값들은 attr(,"means") 부분에 저장되어 있습니다. 각각의 재표집된 데이터의 평균을 구해보면 이와 동일하다는 것을 확인할 수 있습니다.

```
> #각주: replicate들의 평균과 동일
> apply(mlogit_boot2$replicates,2,mean)
 [1] -0.505461252  0.020517660 -0.698756119 -0.100014129 -0.306314974 -0.329239326  0.104044278
 [8] -0.204598808 -0.088700584 -0.291421949  0.626921976 -0.007016580  1.728109544 -1.507209455
[15]  0.596378722 -0.331025943  0.447932157 -0.197832969  0.111981069 -0.006534624  0.100603195
[22]  0.001789998  0.158002082  0.045394616  0.017644998 -0.074813432 -0.004132314
> coef(mlogit_boot2) #반면 이는 Theta에 해당하므로 혼동하지 않도록 주의
             (Intercept)        ses    achieve  use_smart1 scale_gad I(scale_gad^2) covid_suffer
Unhappy-Ysad -0.49024159 -0.1009112  0.10464401 -0.30015051 1.7293074    -0.3363942  0.110445028
Happy-Nsad    0.02692019 -0.3051805 -0.20507575  0.62466847 -1.5043963     0.4419043 -0.004739804
Happy-Ysad   -0.71371483 -0.3271470 -0.08721049  0.01116224 0.5935481    -0.1996649  0.104619702
             scale_gad:covid_suffer I(scale_gad^2):covid_suffer
Unhappy-Ysad            0.003785829                 0.017355343
Happy-Nsad              0.158837003                -0.072380621
Happy-Ysad              0.056399922                -0.008928612
```

이 작업을 개인함수로 설정한 뒤 다른 2가지 결과와 함께 비교해보겠습니다.

```
> # 정리
> wrap_multinom_boot_function <- function(object_boot){
+    # 재표집 기반 분산추정결과
+    myvcov <- vcov(object_boot)
+    # 회귀계수
+    mycoef <- attr(myvcov,"means")
+    # 회귀계수의 표준오차 추정
+    mySE <- sqrt(diag(myvcov))
+    # 테스트 통계치
+    myZ <- mycoef/mySE
+    # 통계적 유의도 테스트
+    myP <- 2*pnorm(abs(myZ),0,1,lower.tail=FALSE)
+    mysigstar <- as.character(cut(myP,c(-Inf,0.001,0.01,0.05,1),labels=c("***","**","*"," ")))
+    # 결과표
+    sum_table <- object_boot$theta
+    sum_table[] <- str_c(format(round(mycoef,4),nsmall=4),
+                         mysigstar,"\n(",
+                         format(round(mySE,4),nsmall=4),")")
+    # 티블 형태로 반환
+    t(sum_table) %>% as_tibble(rownames="term")
+ }
> Table_YS_CS_NP <- wrap_multinom_boot_function(mlogit_boot2)
```

[표 6-8]에는 복합설문 설계를 고려하지 않은 일반적 데이터 분석결과, VGLM으로 얻은 복합설문 분석결과, 그리고 부트스트랩 기법으로 얻은 복합설문 분석결과가 정리되어 있습니다.

```
> # 3가지 모형의 회귀계수 추정결과 통합 및 정리
> bind_rows(
+    Table_NO_CS %>% mutate(model="NO"),
+    Table_YS_CS_YP %>% mutate(model="YS_YP"),
+    Table_YS_CS_NP %>% mutate(model="YS_NP")
+ ) %>%
+    pivot_wider(names_from=model,values_from=c(-term,-model)) %>%
+    write_excel_csv("Table_Part3_Ch6_8_regression_multinomial_logistic.csv")
        [모형비교 결과는 제시된 표에 정리하였음]
```

[표 6-8] 복합설문 설계 고려 여부에 따른 다항 로지스틱 회귀모형 (기준집단, '불행-비우울')

| | 불행-우울 | | | 행복-비우울 | | | 행복-우울 | | |
| | 고려안함 | 고려함 | | 고려안함 | 고려함 | | 고려안함 | 고려함 | |
	모수적	모수적	비모수적	모수적	모수적	비모수적	모수적	모수적	비모수적
절편	-0.5227*** (0.0891)	-0.4902*** (0.0953)	-0.5055*** (0.1072)	0.0542 (0.0699)	0.0269 (0.0745)	0.0205 (0.0836)	-0.7677*** (0.0961)	-0.7138*** (0.0990)	-0.6988*** (0.0994)
사회경제적 지위(ses)	-0.0835*** (0.0188)	-0.1009*** (0.0194)	-0.1000*** (0.0202)	-0.2986*** (0.0143)	-0.3052*** (0.0148)	-0.3063*** (0.0156)	-0.3361*** (0.0201)	-0.3272*** (0.0213)	-0.3292*** (0.0254)
성적수준(achieve)	0.1042*** (0.0137)	0.1046*** (0.0147)	0.1040*** (0.0171)	-0.2043*** (0.0103)	-0.2051*** (0.0111)	-0.2046*** (0.0126)	-0.0844*** (0.0145)	-0.0872*** (0.0150)	-0.0887*** (0.0166)
스마트폰 사용 여부(use_smart)	-0.2636** (0.0900)	-0.3001** (0.0971)	-0.2914** (0.1083)	0.6147*** (0.0699)	0.6247*** (0.0743)	0.6269*** (0.0796)	0.0821 (0.0969)	0.0113 (0.0984)	-0.0070 (0.1004)
범불안장애 척도 일차항(scale_gad)	1.7550*** (0.0422)	1.7293*** (0.0401)	1.7281*** (0.0397)	-1.5070*** (0.0291)	-1.5044*** (0.0283)	-1.5072*** (0.0276)	0.6079*** (0.0410)	0.5935*** (0.0406)	0.5964*** (0.0378)
범불안장애 척도 이차항 [I(scale_gad^2)]	-0.3503*** (0.0269)	-0.3364*** (0.0250)	-0.3310*** (0.0265)	0.4332*** (0.0267)	0.4419*** (0.0248)	0.4479*** (0.0249)	-0.2082*** (0.0315)	-0.1997*** (0.0320)	-0.1978*** (0.0324)
코로나19 경제적 어려움 인식(covid_suffer)	0.0927*** (0.0217)	0.1104*** (0.0220)	0.1120*** (0.0213)	-0.0115 (0.0170)	-0.0047 (0.0168)	-0.0065 (0.0180)	0.1103*** (0.0218)	0.1046*** (0.0228)	0.1006*** (0.0270)
상호작용효과									
scale_gad:covid_suffer	-0.0157 (0.0461)	0.0038 (0.0470)	0.0018 (0.0541)	0.1424*** (0.0327)	0.1588*** (0.0336)	0.1580*** (0.0393)	0.0416 (0.0451)	0.0564 (0.0450)	0.0454 (0.0509)
I(scale_gad^2):covid_suffer	0.0370 (0.0282)	0.0173 (0.0275)	0.0176 (0.0313)	-0.0579* (0.0286)	-0.0724** (0.0256)	-0.0748** (0.0264)	0.0142 (0.0328)	-0.0090 (0.0337)	-0.0041 (0.0350)

일러: $^{*}p < .05$, $^{**}p < .01$, $^{***}p < .001$. 복합설문 설계 여부를 고려하지 않은 경우, 보고된 수치는 mnet 패키지(version 7.3-17)의 multinom() 함수를 이용하여 추정한 다항 로지스틱 회귀모형의 회귀계수와 표준오차(괄호 속을 소수점 넷째자리에서 반올림하여 제시함. 복합설문 설계 여부를 모수접근방식으로 고려한 경우, svyVGAM 패키지(version 1.0)의 svy_vglm() 함수를 이용하여 추정한 다항 로지스틱 회귀모형 결과를 제시함. 복합설문 설계 여부를 비모수접근방식으로 고려한 경우, srvyr 패키지(version 1.1.1) 함수들을 이용하여 100번의 재표집을 적용한 부트스트래핑 기반 반복재현 기반 다항 로지스틱 회귀모형을 추정한 결과를 제시함. 복합설문 설계는 srvyr 패키지(version 1.1.1)에서 군집변수, 층화변수, 가중치변수, 유한모집단수정지수 47지를 적용하여 반영하였음. 복합설문 설계를 고려한 경우, anova() 함수와 AIC(), BIC() 함수를 활용할 수 없기에 제시하지 않았음.

우선 [표 6-8]에서 제시한 복합설문 설계가 반영된 다항 로지스틱 회귀모형 결과의 경우 재표집 횟수가 100에 불과하기 때문에 추정결과에 대해서는 너무 신뢰하지 않는 것이 타당합니다. 부트스트랩 기법 기반 반복재현 기법을 이용하여 신뢰할 만한 추정결과를 얻고자 한다면 재표집 횟수를 최소 1,000 이상으로 대폭 늘린 후[10] 위에서 제시한 과정을 거쳐 결과를 도출하시기 바랍니다.

그럼, 위에서 추정된 결과를 해석해봅시다. 모수접근방식인 VGLM으로 얻은 복합설문 데이터 분석을 기준으로 살펴보겠습니다. 사회경제적 지위(ses) 변수의 회귀계수 3가지, 즉 '불행-우울'의 $b = -.1009$, $p < .001$, '행복-비우울'의 $b = -.3052$, $p < .001$, '행복-우울'의 $b = -.3272$, $p < .001$을 순서대로 해석해보겠습니다.

- **'불행-우울'의 $b = -.1009$, $p < .001$**: 다른 변수들을 통제할 때 사회경제적 지위가 1단위 증가하면 '불행-비우울' 집단이 아닌 '불행-우울' 집단에 속할 확률이 약 10%($.10 \approx 1 - e^{-.1009}$) 감소하며, 이러한 변화분은 통계적으로 유의미하다.
- **'행복-비우울'의 $b = -.3052$, $p < .001$**: 다른 변수들을 통제할 때 사회경제적 지위가 1단위 증가하면 '불행-비우울' 집단이 아닌 '행복-비우울' 집단에 속할 확률이 약 26%($.26 \approx 1 - e^{-.3052}$) 감소하며, 이러한 변화분은 통계적으로 유의미하다.
- **'행복-우울'의 $b = -.3272$, $p < .001$**: 다른 변수들을 통제할 때 사회경제적 지위가 1단위 증가하면 '불행-비우울' 집단이 아닌 '행복-우울' 집단에 속할 확률이 약 28%($.28 \approx 1 - e^{-.3272}$) 감소하며, 이러한 변화분은 통계적으로 유의미하다.

상호작용효과의 경우 제시된 회귀계수를 토대로 해석하는 것이 매우 까다롭습니다. 특히 다항 로지스틱 회귀모형의 경우 상호작용효과를 효과적으로 설명하기 위해서는 시각화만큼 유용한 방법이 없습니다. 그러나 아쉽게도 다항 로지스틱 회귀모형의 예측결과를 시각화하는 것은 매우 까다롭습니다. 앞서 순위 로지스틱 회귀모형과 마찬가지로 복합설문 데이터 분석기법에 해당하는 두 함수는 predict() 함수를 사용할 수 없고, multinom() 함수의 경우에도 nnet 패키지에 내장된 predict() 함수를 사용할 수는 있지만 95% CI를 계산할 수 없습니다(2022년 4월 시점). 따라서 저희는 보다 일반화된 형

---

10 as_survey_rep() 함수에서 replicates=1000 혹은 replicates=5000과 같이 바꾸시면 됩니다.

태의 개인함수를 정의하여 3가지 구간추정결과를 정리하였습니다.

우선 예측값 도출을 위한 데이터를 생성하였습니다. 상호작용항에 해당하는 covid_suffer 변수의 경우 1부터 4까지 네 수준을, scale_gad 변수의 경우 복합설문 설계를 고려하여 25%, 50%, 75% 순위의 세 수준을 설정하였습니다.

```
> # 추정결과 시각화
> newdata <- mydata %>%
+   data_grid(ses=0,achieve=0,use_smart=1,
+       scale_gad=svyquantile(~scale_gad, cs_design, c(0.25,0.5,0.75))$scale_gad[1:3],
+       covid_suffer=(1:4)-svymean(~covid_suffer,cs_design)) %>%
+   mutate(use_smart=as.factor(use_smart))
```

먼저 nnet 패키지에서 제공하는 predict() 함수의 결과를 살펴보겠습니다. 다음과 같이 범주별 예측확률만 출력하는 것을 알 수 있습니다.

```
> # 기본 predict 함수의 경우 예측값만 제공
> mypred <- predict(mlogit2,newdata,type="probs") %>% as_tibble()
> mypred
# A tibble: 12 x 4
```

	`Unhappy-Nsad`	`Unhappy-Ysad`	`Happy-Nsad`	`Happy-Ysad`
	<dbl>	<dbl>	<dbl>	<dbl>
1	0.257	0.423	0.159	0.162
2	0.235	0.434	0.156	0.175
3	0.215	0.444	0.153	0.189
4	0.195	0.452	0.150	0.203
5	0.223	0.522	0.113	0.142
6	0.199	0.539	0.109	0.154
7	0.176	0.553	0.104	0.167
8	0.156	0.566	0.0987	0.180
9	0.201	0.580	0.100	0.119
10	0.173	0.606	0.0913	0.130
11	0.148	0.629	0.0825	0.141
12	0.126	0.648	0.0740	0.152

다음으로 신뢰구간 예측값을 얻기 위해 해당 데이터에 상호작용항들을 추가해주겠습니다. 이는 앞서 순위 로지스틱 회귀모형에서 진행한 과정과 본질적으로 동일하지만, 절편을 일괄적으로 추가해준다는 점이 다릅니다(순위 로지스틱 회귀모형의 경우 순위 범주별로 추정된 절편을 사용하였음). 이는 "intercept=1"에서 확인할 수 있습니다.

```
> # 신뢰구간 포함 예측값 도출
> newdata <- newdata %>%
+  mutate(
+    intercept=1,
+    use_smart1=1,
+    scale_gad2=scale_gad^2,
+    scale_gad_covid_suffer=scale_gad*covid_suffer,
+    scale_gad2_covid_suffer=scale_gad^2*covid_suffer
+  ) %>%
+  select(intercept,ses,achieve,use_smart1,scale_gad,
+         scale_gad2,covid_suffer,scale_gad_covid_suffer,scale_gad2_covid_suffer)
> names(newdata);colnames(coef(mlogit2)) # 순서가 동일한지 확인
[1] "intercept"        "ses"                      "achieve"
[4] "use_smart1"       "scale_gad"                "scale_gad2"
[7] "covid_suffer"     "scale_gad_covid_suffer"   "scale_gad2_covid_suffer"
[1] "(Intercept)"      "ses"                      "achieve"
[4] "use_smart1"       "scale_gad"                "I(scale_gad^2)"
[7] "covid_suffer"     "scale_gad:covid_suffer"   "I(scale_gad^2):covid_suffer"
```

이제 개인함수를 정의한 뒤 multinom() 함수 오브젝트에 적용하면 이전과 동일한 결과를 확인할 수 있습니다. predict_multinom_function() 함수는 예측을 진행하고자 하는 새로운 데이터(newdata), 종속변수의 범주 개수(numY), 분석결과에 해당하는 회귀계수 추정치(mycoef), 그리고 추정된 공분산행렬(myvcov)입니다. 서로 다른 3가지 모형을 일괄 정리하기 위해서 일반적으로 사용 가능한 함수를 정의하였으므로, 독자들께서 실제 분석을 진행하실 때는 보다 간소화하여 사용하시기 바랍니다. 이렇게 mlogit2 오브젝트를 정리하면 앞서 nnet 패키지 내장 predict() 함수와 동일한 예측값 및 신뢰구간을 얻을 수 있습니다.

```
> # 예측값 도출을 위한 개인 함수
> predict_multinom_function <- function(newdata,numY,mycoef,myvcov){
+ C <- as.matrix.data.frame(newdata)
+ beta <- t(matrix(mycoef,nrow=numY))
+ link <- C%*%beta
+ Cr <- matrix(rep(t(C),numY),nrow=nrow(C),byrow=T)
+ SE <- sqrt(diag(Cr%*%myvcov%*%t(Cr)))
+ predy <- cbind(1,exp(link))/(1+rowSums(exp(link)))  # 다항로짓 링크를 확률값으로
+ LL <- cbind(1,exp(link-1.96*SE))/(1+rowSums(exp(link-1.96*SE)))  # 95% 신뢰구간 하한
+ UL <- cbind(1,exp(link+1.96*SE))/(1+rowSums(exp(link+1.96*SE)))  # 95% 신뢰구간 상한
+ # 최종 확률값
+ list("predy"=predy,"LL"=LL,"UL"=UL) %>%
+  map(~as.data.frame(.) %>% rownames_to_column("rid")) %>%
+  map_df(~pivot_longer(.,cols=-rid),.id="type") %>%
+  pivot_wider(names_from="type") %>%
+  # 주의: 기준집단의 경우 ul<->ll 뒤바뀌었으므로 수정
+  rowwise() %>% mutate(ll=min(LL,UL),ul=max(LL,UL)) %>%
+  select(rid,name,predy,ll,ul) %>% ungroup()
+ }
> predict_multinom_function(newdata,numY=3,
+                           coef(mlogit2),
+                           vcov(mlogit2))
# A tibble: 48 x 5
     rid    name   predy     ll      ul
   <chr>   <chr>   <dbl>  <dbl>   <dbl>
1      1      V1   0.257  0.231   0.285
2      1      V2   0.423  0.407   0.437
3      1      V3   0.159  0.153   0.164
4      1      V4   0.162  0.156   0.168
5      2      V1   0.235  0.201   0.273
6      2      V2   0.434  0.412   0.453
7      2      V3   0.156  0.149   0.163
8      2      V4   0.175  0.166   0.183
9      3      V1   0.215  0.170   0.268
10     3      V2   0.444  0.413   0.469
# ... with 38 more rows
```

최종적으로 3가지 모형에 대해 예측결과를 계산한 뒤 시각화를 실시하였습니다. [그림 6-7]에서 상호작용항에 해당하는 covid_suffer 변수는 X축에 놓고, scale_gad

변수는 조절변수로 범례에 배치하였습니다.

```r
> myfig <- newdata %>%
+ rownames_to_column("rid") %>%
+ left_join(bind_rows(
+   predict_multinom_function(newdata,numY=3,
+                             coef(mlogit2),
+                             vcov(mlogit2)) %>%
+   mutate(model="일반적 데이터 분석\n(복합설문 설계 고려안함)"),
+   predict_multinom_function(newdata,numY=3,
+                             coef(mlogit_glm2),
+                             vcov(mlogit_glm2)) %>%
+   mutate(model="복합설문 데이터 분석\n(복합설문 설계 고려함, 모수적)"),
+   predict_multinom_function(newdata,numY=3,
+                             attr(vcov(mlogit_boot2),"means"),
+                             vcov(mlogit_boot2)) %>%
+   mutate(model="복합설문 데이터 분석\n(복합설문 설계 고려함, 비모수적)")),
+   by="rid") %>%
+ mutate(name=factor(name,
+                    labels=c("행복점수 낮음(1,2,3)\n우울증 미경험",
+                             "행복점수 낮음(1,2,3)\n우울증 경험",
+                             "행복점수 높음(4,5)\n우울증 미경험",
+                             "행복점수 높음(4,5)\n우울증 경험")),
+        scale_gad=factor(scale_gad,
+                         labels=c("낮음(25th quantile)",
+                                  "중간(50th quantile)",
+                                  "높음(75th quantile)")),
+        covid_suffer=covid_suffer+svymean(~covid_suffer,cs_design))
> myfig %>%
+ ggplot(aes(x=covid_suffer,y=predy,color=scale_gad,fill=scale_gad))+
+ geom_line()+
+ geom_ribbon(aes(ymin=ll,ymax=ul),alpha=0.2,color=NA)+
+ labs(x="코로나19 경제적 영향 인식",y="확률값",
+      color="범불안장애(GAD)",fill="범불안장애(GAD)")+
+ theme_bw()+
+ theme(legend.position="top")+
+ facet_grid(model~name)
> ggsave("Figure_Part3_Ch6_7_interaction_covid19_gad_mlogit.png",height=16,width=20,units='cm')
```

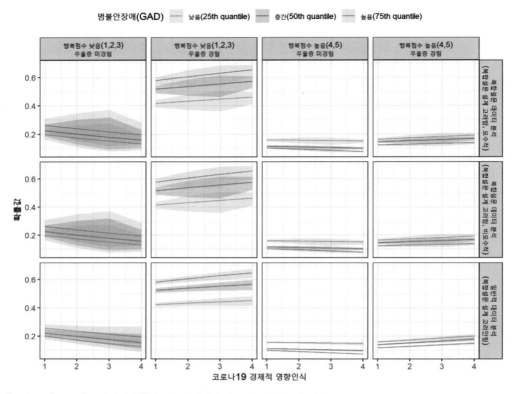

[그림 6-7] 코로나19 경제적 영향과 범불안장애에 따른 상호작용효과 패턴

    일반적 데이터 분석기법(세 번째 가로줄)과 비교하면 복합설문 설계를 고려한 경우 데이터 분석결과의 분산이 매우 커지는 것을 확인할 수 있습니다. 이러한 변동성이 발견되었음에도 불구하고, 4가지 범주 중 주목할 만한 패턴이 드러나는 것은 행복점수가 낮고 (1, 2, 3) 우울증을 경험한 비율(두 번째 세로줄)입니다. 범불안장애가 높은 응답자(청색)의 경우, 범불안장애가 중간 수준인 응답자(녹색)에 비해 주관적 행복감이 낮고 우울증을 경험할 확률이 높습니다. 반면 범불안장애가 낮은 응답자(적색)의 경우 범불안장애가 중간 수준인 응답자(녹색)에 비해 주관적 행복감이 높고 우울증을 경험할 확률이 낮습니다. 또한 코로나19 경제적 영향을 부정적으로 인식할수록 해당 확률값이 증가하는데, 이러한 경향성은 범불안장애가 높은 응답자(청색)에서 더 뚜렷하게 나타났습니다.

6 일반선형모형 마무리

지금까지 복합설문 데이터를 대상으로 학술논문과 학술보고서에서 널리 사용되고 있는 일반선형모형들을 어떻게 적용하고 활용할 수 있는지 살펴보았습니다. 종속변수가 어떤 특징과 분포를 갖는지 파악한 후, 정규분포를 따르는 연속형 변수로 가정할 수 있는 경우 OLS 회귀모형을, 0과 1로 표현되는 이분형 변수인 경우에는 이항 로지스틱 회귀모형을, 범주형 변수의 범주를 서열화할 수 있는 경우에는 순위 로지스틱 회귀모형을, 범주형 변수의 범주를 서열화할 수 없는 경우에는 다항 로지스틱 회귀모형을, 0 이상의 양의 정수 형태로 표현된 횟수형 변수의 경우에는 포아송 회귀모형이나 음이항 회귀모형을 사용할 수 있습니다. 종속변수의 특징과 분포에 따라 복합설문 설계를 고려한 일반선형모형 추정 함수의 형태는 [표 6-9]에 정리하였습니다.

[표 6-9] 종속변수별 복합설문 데이터 일반선형모형 추정 함수

종속변수	함수 형태
정규분포를 가정한 연속형 변수(continuous variable)	`svyglm(formula,` `  CSobject)`

0과 1로 표현된
이분형 변수(binary variable)
	`svyglm(formula,`
	`  CSobject,`
	`  family=quasibinomial)`

서열화된 범주들로 구성된 범주형 변수(ordered categorical variable)	`svyolr(formula,` `  CSobject)`

0 이상의 양의 정수로 구성된
횟수형 변수(count variable)
	`svyglm(formula,`
	`  CSobject,`
	`  family=quasipoisson) # 포아송 모형`
	`svyglm.nb(formula,`
	`  CSobject)        # 음이항 회귀모형`

범주들이 서열화되지 않은
범주형 변수(unordered categorical variable)
	`svy_vglm(formula,`
	`  CSobject,`
	`  family=multinomial) # 모수접근방식`
	`withReplicates(`
	`  CSrepobject,`
	`  quote(`
	`    coef(multinom(formula,`
	`    weights=.weights,...))) #비모수접근방식`
	`)`

이번 장을 마무리하기 전에 한 가지 당부를 드리고 싶습니다. 복합설문 설계를 따라 수집된 데이터에 대해 복합설문 설계를 무시하고 분석할 경우 (언제나 그렇지는 않지만 일반적으로) 제1종 오류를 범할 가능성이 높습니다. 따라서 복합설문 설계를 토대로 수집된 경우 군집변수(cluster), 층화변수(strata), 가중치변수(weight), 유한모집단수정(FPC)지수 등을 반영한 복합설문 데이터 분석기법을 적용하는 것이 적절합니다. 복합설문 설계만 고려된다는 점이 다를 뿐 추정된 일반선형모형에 대한 해석방식은 크게 다르지 않기 때문에 추정결과를 해석하는 일이 그렇게 어렵지는 않을 것입니다.

4부
복합설문 데이터
심화 이슈

7장

복합설문 구조방정식 모형

연구모형에서 잠재변수를 설정해야 할 경우, 구조방정식 모형(SEM, structural equation modeling)은 매우 효과적이고 유용한 데이터 분석기법입니다. 여기서는 복합설문 데이터를 대상으로 구조방정식 모형—보다 구체적으로 잠재변수와 관측변수의 관계를 테스트하는 확증적 인자분석(CFA, confirmatory factor analysis), 관측변수들의 인과관계를 테스트하는 경로모형(PM, path modeling), 잠재변수의 인과구조를 테스트할 수 있는 구조방정식 모형(SEM)—을 어떻게 적용할 수 있는지 실습해보겠습니다.[1]

---

[1] 본서에서는 구조방정식 모형에 잠재성장모형(latent growth curve model)을 포함시키지 않았습니다. 이유는 2가지입니다. 첫째, 잠재성장모형은 구조방정식 모형의 일환이라고 볼 수도 있지만, 동일 응답자에게서 반복적으로 데이터를 측정한다는 점에서 다음에 다루게 될 다층모형(MLM, multilevel modeling)의 일종으로 보는 것이 더 적절하다고 생각했기 때문입니다. 둘째, 본서에서 사용하는 예시데이터는 특정 시점에서 단 한 차례 측정된 횡단 복합설문(cross-sectional complex survey) 데이터입니다. 다시 말해 예시데이터의 특성을 고려할 때, 잠재성장모형을 적용하는 것이 불가능합니다.
구조방정식 모형에 익숙한 독자라면, 그리고 표본마멸(attrition)이 나타나지 않았다면 여기에 소개한 방식으로 잠재성장모형을 추정하는 것이 어렵지는 않을 것입니다. 그러나 흔히 패널 데이터라고 불리는 대부분의 반복측정 설문 데이터의 경우 표본마멸 현상이 언제나 등장하며, 따라서 설문조사 시점별로 가중치가 다르게 측정되는 것이 보통입니다. 즉 표본마멸이 발생한 복합설문 시계열 데이터의 경우, 이번 장에서 소개하는 방법으로는 복합설문 구조방정식 모형을 추정할 수 없습니다.

1 R을 이용한 구조방정식 모형

구조방정식 모형을 추정할 수 있는 함수들을 제공하는 R 패키지는 다양합니다. 그러나 복합설문 데이터 분석이 가능한 패키지는 2022년 4월 현재 lavaan.survey 패키지가 유일합니다. 패키지의 이름에서도 잘 드러나듯 lavaan.survey 패키지는 복합설문 설계를 고려하지 않을 경우 사용할 수 있는 구조방정식 추정 R 패키지인 lavaan 패키지를 확장한 것입니다. 즉 lavaan.survey 패키지의 함수들을 사용하기 위해서는 lavaan 패키지를 반드시 설치해야 하고, 분석을 진행하기 전에 두 패키지를 먼저 구동해야 하며, lavaan 패키지 함수들을 기반으로 구조방정식 모형을 추정하는 방법을 알고 있어야 합니다. 여기서 저희는 구조방정식 모형을 추정하기 위해 필요한 기초적인 lavaan 패키지 함수들을 간략하게 설명한 후, 어떻게 복합설문 구조방정식 모형을 추정할 수 있는지 소개하겠습니다. lavaan 패키지를 이용하여 구조방정식 모형을 추정하는 보다 자세하고 다양한 방법에 대해서는 다른 참고문헌들(백영민, 2017; Beaujean, 2014; Desjardins & Bulut, 2018; Finch & French, 2015)을 참조하시기 바랍니다.

lavaan 패키지를 기반으로 구조방정식 모형을 추정하는 과정은 다음과 같이 크게 3단계로 구성됩니다.

- **1단계 모형규정(model specification)**: 잠재변수와 관측변수의 관계, 그리고 변수 간 인과관계를 규정합니다. ""을 이용하여 문자형으로 모형을 지정하고 별개의 오브젝트로 저장하는 방법을 주로 활용합니다. 구조방정식 모형을 구성하는 방정식들을 지정하는 방법은 R의 공식지정 방식과 동일합니다. 예를 들어 y~x1+x2+x1:x2의 경우 x1과 x2의 주효과항들과 상호작용효과항을 투입하여 y를 추정한다는 의미입니다. 또한 잠재변수와 관측변수의 관계는 =~ 오퍼레이터를, 변수와 변수의 인과관계는 ~ 오퍼레이터를, 변수의 분산 및 공분산은 ~~ 오퍼레이터를, 변수의 평균이나 절편의 경우 ~1을 이용하여

정의합니다.[2] 추가적으로 특정 모수들을 제한(constraint)할 때는 원하는 모수에 제한하고자 하는 오브젝트나 수치를 * 기호와 함께 부여하며(예를 들어 path* 혹은 0.50*과 같은 방식으로), 추출된 모수를 활용하여 새로운 모수를 생성하고자 할 때는 := 오퍼레이터를 활용할 수 있습니다. 여기서는 오퍼레이터들의 사용방식을 간략하게 소개하였습니다. 보다 자세한 활용방식에 대해서는 lavaan 패키지를 활용한 구조방정식 모형을 소개한 다른 참고문헌을 살펴보시기 바랍니다.

- **2단계 모형추정(model estimation)**: 1단계에서 규정한 모형을 데이터에 적용하여 구조방정식 모형을 추정합니다. 이때 연구자의 연구목적에 따라 cfa(), lavaan(), sem(), growth() 등의 함수들을 사용할 수 있습니다. 참고로 cfa() 함수는 확증적 인자분석 (CFA) 추정에, growth() 함수는 잠재성장모형(latent growth curve model) 추정에 특화된 함수입니다. 그리고 동일한 함수인 lavaan() 함수와 sem() 함수는 CFA, 잠재성장 모형 및 경로모형, 잠재변수가 포함된 인과모형을 의미하는 SEM도 추정할 수 있습니다. 여기서 저희는 sem() 함수만 소개하였으며, 구조방정식 모형 추정법으로는 '강건한 표준오차(robust SE)'를 적용한 최대우도추정법(ML, maximum likelihood estimation)을 사용하였습니다. 구조방정식 모형 추정법에 대한 보다 자세한 내용에 대해서는 lavaan 패키지를 활용한 구조방정식 모형 추정방법을 다룬 다른 참고문헌, 혹은 구조방정식 모형을 소개한 교과서[3]들을 살펴보시기 바랍니다.

- **3단계 모형추정결과 확인(model summary)**: 3단계에서는 구조방정식 모형 추정결과를 확인합니다. 가장 손쉬운 방법은 summary() 함수를 이용하는 것입니다. 그러나 구조방정식 모형의 모형적합도 지수 혹은 모수추정 통계치를 자세히 살펴보기 위해서는 fitMeasures() 함수나 parameterEstimates() 함수를 각각 활용할 수 있습니다.

---

2 <~, start() 등의 오퍼레이터들도 사용되지만 활용빈도가 높지 않습니다. 또한 +, : 기호 외에도 ==, >, < 등을 활용하여 특정 모수들을 제한하는 방법도 있지만, 별도로 설명하지 않았습니다.

3 개인적으로는 클라인(Kline, 2015)을 추천합니다.

lavaan.survey 패키지의 함수를 활용하여 복합설문 구조방정식 모형을 추정하려면 어떻게 해야 할까요? 2단계 이후에 lavaan.survey() 함수에 복합설문 설계를 반영하지 않고 추정된 구조방정식 모형 오브젝트와 복합설문 설계가 반영된 오브젝트를 규정하여 1단계에서 규정한 모형을 재추정하는 과정을 추가로 밟으면 됩니다.

대략의 과정을 이해했다면 이제 복합설문 구조방정식 모형을 어떻게 추정하는지 예시 데이터를 통해 살펴보겠습니다. 먼저, 복합설문 구조방정식 모형을 추정하기 위해 필요한 패키지들을 구동합니다. 이번 장에서 다루는 패키지들은 3가지로 분류할 수 있습니다. 첫 번째로 복합설문 데이터 분석을 위해 survey, srvyr 패키지를 구동합니다. 두 번째로 구조방정식 모형을 추정하기 위해 lavaan, lavaan.survey 패키지를 구동합니다. 세 번째로 복합설문 데이터에 결측값이 발생한 경우 복합설문 구조방정식 모형을 확장 적용하기 위해 mice, naniar 패키지를 구동합니다.

```
> # 패키지 구동
> library(tidyverse) # 데이터 관리
> library(survey)    # 전통적 접근을 이용한 복합설문 분석
> library(srvyr)     # tidyverse 접근을 이용한 복합설문 분석
> library(lavaan)    # SEM
> library(lavaan.survey)   # SEM-CS
> library(mice)      # MI 기법
> library(naniar)    # 결측데이터 요약통계
```

이후 이전에 소개했던 방식과 동일한 방식으로 데이터를 사전처리한 후, 복합설문 설계를 적용한 오브젝트를 생성합니다.

```
> # 데이터 소환
> dat <- haven::read_spss("kyrbs2020.sav")
> # 프로그래밍 편의를 위해 소문자로 전환
> names(dat) <- tolower(names(dat))
> # 분석대상 변수 사전처리 및 복합설문 설계 투입 변수 선별
> mydata <- dat %>%
+ mutate(
+   female=ifelse(sex==1,0,1), # 성별
+   agem=age_m/12, # 연령(월기준)
+   ses=e_ses, # SES
```

```
+   sch_type=factor(stype),  # 남녀공학, 남, 여
+   sch_mdhg=as.factor(mh),  # 중/고등학교 구분
+   achieve=e_s_rcrd,  # 성적
+   use_smart=ifelse(int_spwd==1&int_spwk==1,0,1),  # 스마트폰 이용 여부
+   int_spwd_tm=ifelse(is.na(int_spwd_tm),0,int_spwd_tm),  # 주중 스마트폰 비이용자인 경우 0
+   int_spwk=ifelse(is.na(int_spwk),0,int_spwk),  # 주말 스마트폰 비이용자인 경우 0
+   spend_smart=(5*int_spwd_tm+2*int_spwk)/(7*60),  # 스마트폰 이용시간(시간 기준, 일주일의 하루 기준)
+   spend_smart=ifelse(use_smart==0,NA,spend_smart),  # 스마트폰 미사용자의 결측값
+   scale_gad=rowMeans(dat %>% select(starts_with("m_gad"))),  # 범불안장애 스케일
+   scale_spaddict=rowMeans(dat %>% select(starts_with("int_sp_ou"))),  # 스마트폰 중독 스케일
+   scale_spaddict=ifelse(use_smart==0,NA,scale_spaddict),  # 스마트폰 미사용자의 결측값
+   covid_suffer=5-e_covid19,  # Covid19로 인한 경제적 변화
+   exp_sad=ifelse(m_sad==2,1,0)%>% as.factor(),  # 슬픔/절망 경험
+   exercise=pa_tot-1,  # 일주일 운동 빈도
+   happy=6-pr_hd,  # 주관적 행복감 인식수준
+   ) %>%
+   select(female:happy,
+           starts_with("m_gad"),
+           starts_with("int_sp_ou"),
+           cluster,strata,w,fpc)
> # 복합설문 설계 적용: 타이디버스 접근
> cs_design <- mydata %>%
+   as_survey_design(ids=cluster,      # 군집
+                     strata=strata,   # 유층
+                     weights=w,        # 가중치
+                     fpc=fpc)          # 유한모집단수정지수
```

    이렇게 생성한 복합설문 데이터 및 복합설문 설계 오브젝트를 이용해 구조방정식 모형을 추정해보겠습니다. 구체적으로 '확증적 인자분석(CFA)', '경로모형(PM)', '구조방정식 모형(SEM)'을 예시데이터에 적용한 뒤, 추가적으로 결측데이터가 발생했을 경우 구조방정식 모형을 추정하는 방법에 대해 알아보겠습니다.

2 복합설문 확증인자분석

복합설문 구조방정식 모형을 소개하면서 집중하고 싶은 변수는 '범불안장애(GAD)'를 측정하기 위해 사용한 7개 측정항목 변수(m_gad_1, m_gad_2, m_gad_3, m_gad_4, m_gad_5, m_gad_6, m_gad_7)와 '스마트폰 중독성향'을 측정하기 위해 사용한 10개 측정항목 변수(int_sp_ou_1, int_sp_ou_2, int_sp_ou_3, int_sp_ou_4, int_sp_ou_5, int_sp_ou_6, int_sp_ou_7, int_sp_ou_8, int_sp_ou_9, int_sp_ou_10)입니다. 앞의 사례들에서 저희는 '범불안장애'와 '스마트폰 중독성향'의 측정항목 변수들의 평균값을 취하여 사용한 바 있습니다[물론 svycralpha() 함수를 이용하여 각 변수의 측정항목들 사이에 '내적 일치도(internal consistency)'가 충분한지 확인하였습니다]. 반면 여기서는 데이터를 얻은 구조에 주목해보겠습니다. 여기서는 각 측정항목을 설명하는 잠재변수(latent variable, factor)를 설정한 후, 인자구조(factor structure)가 데이터의 구조와 부합하는지 복합설문 데이터 분석 맥락에서 살펴보겠습니다.

　본격적인 분석에 앞서 분석대상을 정합니다. 스마트폰 중독성향의 경우 스마트폰 이용자에게 해당되는 측정항목이기 때문에 분석대상을 스마트폰 이용자로 한정하는 것이 타당합니다. 따라서 다음과 같이 스마트폰 이용자를 하위모집단으로 설정하여 분석을 진행하겠습니다.

```
> # 스마트폰 이용자만 하위모집단으로
> subpop <- mydata %>% filter(use_smart==1)
> cs_subpop <- cs_design %>% filter(use_smart==1)
```

　먼저 '범불안장애'와 '스마트폰 중독성향'의 측정모형의 타당성을 살펴보는 확증적 인자분석(CFA)을 실시해보겠습니다. 1단계, 즉 모형규정은 다음과 같습니다. 여기서 스마트폰 중독성향 측정항목들 중 int_sp_ou_1, int_sp_ou_2, int_sp_ou_3의 오차항의 공분산을 추정하였는데, 이 결과는 수정지수(modification index)를 기반으로 추가된 것입니다.[4]

```
> # 확증적 인자분석(CFA)
> # 1단계: 모형규정
> mycfa <- "
+ # 잠재변수 -> 관측변수(측정항목들), Lambda matrix
+ GAD =~ m_gad_1+m_gad_2+m_gad_3+m_gad_4+m_gad_5+m_gad_6+m_gad_7
+ ADDICT =~ int_sp_ou_1+int_sp_ou_2+int_sp_ou_3+int_sp_ou_4+int_sp_ou_5
+ ADDICT =~ int_sp_ou_6+int_sp_ou_7+int_sp_ou_8+int_sp_ou_9+int_sp_ou_10
+ # 잠재변수 간 공분산, Phi matrix
+ GAD ~~ ADDICT
+ # MI 결과를 토대로 추가 추정한 공분산, Theta matrix
+ int_sp_ou_1 ~~ int_sp_ou_2
+ int_sp_ou_2 ~~ int_sp_ou_3
+ int_sp_ou_1 ~~ int_sp_ou_3
+ "
```

이제 CFA 모형을 추정해봅시다. 앞서 말씀드렸듯 저희는 sem() 함수를 적용하였으며, 모형추정방식으로는 강건한 표준오차(robust SE)를 적용한 최대우도추정법(ML estimation)을 사용하였습니다(estimator="MLM" 부분).

```
> # 2단계: 모형추정
> fit_cfa_n <- sem(mycfa, data=subpop, estimator="MLM")
```

---

4 수정지수는 아래와 같은 방식을 통해 구할 수 있습니다. 수정지수를 적용하는 것이 타당한지에 대해서는 논란이 적지 않지만, 관측변수의 오차 간 공분산을 추가로 추정할 경우에 대해서는 그리 큰 논란이 되지 않는 것으로 알려져 있습니다.

```
> modindices(fit_cfa_n) %>% arrange(desc(mi)) %>% head()
          lhs op        rhs       mi     epc  sepc.lv  sepc.all  sepc.nox
1     m_gad_2 ~~    m_gad_3 1512.642   0.064    0.064     0.266     0.266
2 int_sp_ou_5 ~~ int_sp_ou_9 1499.345   0.037    0.037     0.151     0.151
3     m_gad_3 ~~    m_gad_5  810.713  -0.035   -0.035    -0.135    -0.135
4      ADDICT =~    m_gad_6  803.495   0.161    0.099     0.114     0.114
5     m_gad_4 ~~    m_gad_7  748.827   0.036    0.036     0.139     0.139
6     m_gad_2 ~~    m_gad_6  743.753  -0.044   -0.044    -0.152    -0.152
```

이렇게 하여 추정된 결과는 복합설문 설계를 고려하지 않은 채 얻은 CFA 모형추정결과입니다. 비교를 위하여 복합설문 설계를 고려하지 않았을 때의 모형추정결과가 어떠한지 살펴봅시다.

> # 3단계: 결과 확인(복합설문 설계 고려안함)
> summary(fit_cfa_n,fit=TRUE,standard=TRUE) # 모형적합도, 표준화 추정치 제시
lavaan 0.6-11 ended normally after 58 iterations

Estimator	ML
Optimization method	NLMINB
Number of free parameters	44
Number of observations	53457

Model Test User Model:

	Standard	Robust
Test Statistic	14371.020	10492.765
Degrees of freedom	109	109
P-value (Chi-square)	0.000	0.000
Scaling correction factor		1.370
Satorra-Bentler correction		

Model Test Baseline Model:

Test statistic	569342.454	370939.154
Degrees of freedom	136	136
P-value	0.000	0.000
Scaling correction factor		1.535

User Model versus Baseline Model:

Comparative Fit Index (CFI)	0.975	0.972
Tucker-Lewis Index (TLI)	0.969	0.965
Robust Comparative Fit Index (CFI)		0.975
Robust Tucker-Lewis Index (TLI)		0.969

Loglikelihood and Information Criteria:

Loglikelihood user model (H0)	−811535.774	−811535.774
Loglikelihood unrestricted model (H1)	−804350.264	−804350.264
Akaike (AIC)	1623159.548	1623159.548
Bayesian (BIC)	1623550.560	1623550.560
Sample-size adjusted Bayesian (BIC)	1623410.727	1623410.727

Root Mean Square Error of Approximation:

RMSEA	0.049	0.042
90 Percent confidence interval - lower	0.049	0.042
90 Percent confidence interval - upper	0.050	0.043
P-value RMSEA <= 0.05	0.897	1.000
Robust RMSEA		0.049
90 Percent confidence interval - lower		0.049
90 Percent confidence interval - upper		0.050

Standardized Root Mean Square Residual:

SRMR	0.032	0.032

Parameter Estimates:

Standard errors	Robust.sem
Information	Expected
Information saturated (h1) model	Structured

Latent Variables:

	Estimate	Std.Err	z-value	P(>|z|)	Std.lv	Std.all
GAD =~						
m_gad_1	1.000				0.617	0.807
m_gad_2	1.138	0.006	179.502	0.000	0.702	0.855
m_gad_3	1.244	0.008	165.109	0.000	0.767	0.806
m_gad_4	0.928	0.006	150.658	0.000	0.572	0.751
m_gad_5	0.652	0.006	106.066	0.000	0.402	0.656
m_gad_6	0.876	0.007	118.247	0.000	0.540	0.622
m_gad_7	0.807	0.007	118.740	0.000	0.498	0.698
ADDICT =~						
int_sp_ou_1	1.000				0.616	0.695

int_sp_ou_2	1.087	0.004	265.949	0.000	0.670	0.739
int_sp_ou_3	1.098	0.004	245.838	0.000	0.677	0.746
int_sp_ou_4	1.161	0.007	178.458	0.000	0.716	0.782
int_sp_ou_5	0.958	0.006	155.060	0.000	0.591	0.781
int_sp_ou_6	1.085	0.006	170.408	0.000	0.669	0.808
int_sp_ou_7	0.677	0.007	102.509	0.000	0.417	0.551
int_sp_ou_8	0.761	0.007	109.086	0.000	0.469	0.549
int_sp_ou_9	0.473	0.006	82.076	0.000	0.292	0.492
int_sp_ou_10	1.016	0.007	148.970	0.000	0.626	0.739

Covariances:

	Estimate	Std.Err	z-value	P(>|z|)	Std.lv	Std.all
GAD ~~						
ADDICT	0.130	0.002	57.424	0.000	0.343	0.343
.int_sp_ou_1 ~~						
.int_sp_ou_2	0.245	0.003	80.292	0.000	0.245	0.628
.int_sp_ou_2 ~~						
.int_sp_ou_3	0.269	0.003	88.726	0.000	0.269	0.730
.int_sp_ou_1 ~~						
.int_sp_ou_3	0.215	0.003	73.000	0.000	0.215	0.557
.int_sp_ou_5 ~~						
.int_sp_ou_6	0.076	0.002	38.765	0.000	0.076	0.329
.int_sp_ou_7 ~~						
.int_sp_ou_9	0.117	0.002	60.656	0.000	0.117	0.361
.int_sp_ou_8	0.104	0.003	38.636	0.000	0.104	0.231
.int_sp_ou_8 ~~						
.int_sp_ou_9	0.119	0.002	56.482	0.000	0.119	0.324
.m_gad_4 ~~						
.m_gad_5	0.069	0.002	38.871	0.000	0.069	0.296
.m_gad_5 ~~						
.m_gad_7	0.047	0.002	27.351	0.000	0.047	0.198

Variances:

	Estimate	Std.Err	z-value	P(>|z|)	Std.lv	Std.all
.m_gad_1	0.204	0.002	92.607	0.000	0.204	0.349
.m_gad_2	0.181	0.002	80.956	0.000	0.181	0.269
.m_gad_3	0.318	0.003	102.385	0.000	0.318	0.351
.m_gad_4	0.254	0.003	89.014	0.000	0.254	0.436
.m_gad_5	0.214	0.002	87.168	0.000	0.214	0.570
.m_gad_6	0.461	0.004	116.362	0.000	0.461	0.613
.m_gad_7	0.260	0.003	94.758	0.000	0.260	0.512

.int_sp_ou_1	0.407	0.004	115.943	0.000	0.407	0.517
.int_sp_ou_2	0.374	0.003	113.467	0.000	0.374	0.454
.int_sp_ou_3	0.364	0.003	112.226	0.000	0.364	0.443
.int_sp_ou_4	0.326	0.003	107.008	0.000	0.326	0.389
.int_sp_ou_5	0.223	0.002	99.259	0.000	0.223	0.390
.int_sp_ou_6	0.237	0.003	91.907	0.000	0.237	0.346
.int_sp_ou_7	0.399	0.003	124.833	0.000	0.399	0.696
.int_sp_ou_8	0.511	0.004	131.457	0.000	0.511	0.699
.int_sp_ou_9	0.266	0.002	118.067	0.000	0.266	0.757
.int_sp_ou_10	0.325	0.003	104.638	0.000	0.325	0.453
GAD	0.380	0.005	79.540	0.000	1.000	1.000
ADDICT	0.380	0.004	89.939	0.000	1.000	1.000

출력결과를 순서대로 간략하게 설명하겠습니다. 먼저 Estimator는 추정방법이며, ML은 최대우도추정법을 사용하였다는 뜻입니다. sem() 함수의 estimator 옵션을 "MLM"으로 지정했다는 점에서 사실 당연한 결과입니다. 두 번째 줄의 optimization method는 최적의 모수를 추정하기 위한 최적화 방법이 NLMINB라는 의미입니다. R 베이스의 nlminb() 함수를 이용하였음을 알 수 있습니다. 세 번째 줄의 Number of free parameters는 1단계에서 지정한 CFA 모형에서 추정된 모수의 숫자가 총 44개라는 의미입니다. 추정된 모수들은 출력결과 하단에 제시되어 있습니다. Number of observations는 데이터의 사례수가 5만 3,457개임을 의미합니다.

Model Test User Model: 부분의 결과는 모형적합도를 가늠할 때 사용하는 카이제곱 통계치를 제시한 것입니다. 여기서는 Standard 부분의 결과가 아닌 Robust 부분의 결과를 봐야 합니다. 결과에서 알 수 있듯, 1단계에서 규정한 CFA 모형은 스마트폰 이용자 하위모집단 데이터와 상당히 큰 차이를 보입니다[$\chi^2_{ML}(136) = 370939.154$, $p < .001$]. 그러나 분석에 사용된 데이터의 사례수가 53,457로 매우 크다는 점을 고려할 때, 이 카이제곱 통계치를 근거로 CFA 모형이 데이터에 부합하지 않는다고 말하기는 어렵습니다. 즉 보다 아래에 제시된 CFI, TLI, RMSEA, SRMR 등과 같은 다른 모형적합도 통계치들이 표본크기가 큰 경우에 더 적합합니다.

Model Test Baseline Model: 부분의 결과는 모형을 전혀 적용하지 않았을 때, 즉 기저모형(baseline model)을 가정했을 때의 카이제곱 테스트 통계치를 의미합니다. 여기에 제시된 결과, 즉 $\chi^2_{ML}(136) = 370939.154$, $p < .001$은 그 자체로는 큰 의미가 없지만, 연

구자의 모형이 얼마나 개선되었는지를 평가할 수 있는 출발점이 됩니다.

User Model versus Baseline Model: 부분의 결과는 기저모형을 가정했을 때 얻은 $\chi^2_{ML}(136) = 370939.154$와 CFA 모형추정결과로 얻은 $\chi^2_{ML}(109) = 10492.765$를 활용하여 산출한 모형적합도 지수들입니다. 일반적으로 CFI와 TLI의 경우 1에 가까울수록 모형이 적합하다고 결론 내립니다. 여기서 저희는 '강건한 표준오차를 적용한 ML' 추정기법을 사용하였기 때문에 Robust Comparative Fit Index (CFI), Robust Tucker-Lewis Index (TLI)의 값, 즉 0.975와 0.969에 주목해야 합니다. $CFI_{Robust} = .975$, $TLI_{Robust} = .969$ 모두 매우 1에 가까운 값을 보이므로 추정한 CFA 모형은 데이터에 적합하다고 평가할 수 있습니다.

Loglikelihood and Information Criteria: 부분의 결과는 동일한 데이터에 배속관계(embedded relationship)인 여러 경쟁모형 중 어느 모형이 가장 타당한지를 평가할 때 사용하는 모형적합도입니다. 먼저 Loglikelihood user model (H0) 부분의 결과는 앞서 소개한 User Model versus Baseline Model: 부분의 기저모형의 로드우도를 의미하며, Loglikelihood unrestricted model (H1) 부분의 결과는 Model Test User Model: 부분, 즉 1단계에서 규정한 CFA 모형의 로그우도를 의미합니다. H1에 해당되는 −804350.264가 H0에 해당되는 −811535.774보다 0에 더 가깝다는 점에서 기저모형보다 규정된 CFA 모형이 더 나은 모형임을 알 수 있습니다. 아울러 AIC, BIC, 표본크기 조정 BIC 3가지가 보고되어 있으며, 만약 동일한 데이터에서 추정한 경쟁 CFA 모형이 있다면 어떤 CFA 모형이 더 나은지 결정할 때 활용할 수 있습니다(더 작은 AIC, BIC를 갖는 모형이 더 적합한 모형임).

Root Mean Square Error of Approximation: 부분의 결과는 RMSEA 모형적합도 통계치이며, 0에 가까울수록 추정된 모형이 데이터에 적합하다고 평가합니다. 여기서도 Robust RMSEA의 값과 그 아래의 90% CI의 수치에 주목해야 합니다. $RMSEA_{Robust} = .049$, 90% CI (.049, .050)으로 0에 상당히 가까운 값을 보여주고 있습니다.

Standardized Root Mean Square Residual: 부분의 결과는 SRMR 모형적합도 통계치이며, 0에 가까울수록 추정된 모형이 데이터에 부합한다고 평가합니다. $SRMR_{Robust} = .032$로 추정된 CFA 모형이 데이터에 상당히 부합한다는 것을 알 수 있습니다.

Parameter Estimates: 부분의 결과는 모수추정 방식을 제시한 것입니다. Standard errors는 표준오차를 추정하는 방법을 나타내고, Information은 정보행렬(information matrix)을 추출한 방식을 나타냅니다. 또한 Information saturated (h1) model은 지정된 모형이 어떤 모형인지를 나타낸 것입니다. 일반 연구자라면 아마 크게 신경쓰지 않아도 될 부분입니다.

이상의 결과들이 일반적으로 모형적합도와 관련된 통계치입니다. 위의 결과들 외에도 연구분야에 따라 NFI, RNI, GFI 등과 다른 모형적합도 지수들을 사용하기도 합니다. 만약 summary() 함수에서 제공하는 모형적합도 지수들을 넘어선 다른 모형적합도 지수들을 원한다면 아래와 같이 fitMeasures() 함수에 2단계에서 얻은 모형추정결과를 입력하면 됩니다.

```
> # 추정 가능한 모든 모형적합도 지수들 확인
> fitMeasures(fit_cfa_n)
```
[출력결과는 별도 제시하지 않았음]

이후의 모형추정결과는 잠재변수가 관측변수(측정항목)를 얼마나 잘 설명하는지, 잠재변수와 관측변수의 오차들 사이의 공분산은 어떠한지, 그리고 관측변수의 오차분산과 잠재변수의 분산은 어떠한지를 제시하고 있습니다. 그러나 여기에 제시된 모형추정결과는 복합설문 설계를 적용하지 않은 것이기 때문에 별도의 설명은 하지 않겠습니다.

이제 복합설문 설계를 반영한 CFA 모형을 추정해보겠습니다. 다음과 같이 lavaan.survey() 함수에 2단계의 모형추정결과 오브젝트 fit_cfa_n과 복합설문 설계 오브젝트 cs_subpop을 각각 지정합니다.

```
> # 2.5단계: 복합설문 설계 반영
> fit_cfa_y <- lavaan.survey(fit_cfa_n,cs_subpop)
```

복합설문 설계를 반영해 CFA 모형을 추정한 아래 결과를 보면, 출력결과의 형태는 크게 다르지 않습니다. 그러나 주의 깊게 살펴보면 모형추정결과가 동일하지 않다는 것을 알 수 있습니다.

```
> # 3단계: 결과 확인(복합설문 설계 고려함)
> summary(fit_cfa_y,fit=TRUE,standard=TRUE)
lavaan 0.6-11 ended normally after 58 iterations

  Estimator                                    ML
  Optimization method                      NLMINB
  Number of free parameters                    61

  Number of observations                    53457

Model Test User Model:

                                        Standard      Robust
  Test Statistic                       14206.883   10128.721
  Degrees of freedom                         109         109
  P-value (Chi-square)                     0.000       0.000
  Scaling correction factor                            1.403
    Satorra-Bentler correction

Model Test Baseline Model:

  Test statistic                      564917.552  321825.233
  Degrees of freedom                         136         136
  P-value                                  0.000       0.000
  Scaling correction factor                            1.755

User Model versus Baseline Model:

  Comparative Fit Index (CFI)              0.975       0.969
  Tucker-Lewis Index (TLI)                 0.969       0.961

  Robust Comparative Fit Index (CFI)                   0.975
  Robust Tucker-Lewis Index (TLI)                      0.969
```

Loglikelihood and Information Criteria:

Loglikelihood user model (H0)   −813970.170   −813970.170
Loglikelihood unrestricted model (H1)   −806866.729   −806866.729

Akaike (AIC)   1628062.340   1628062.340
Bayesian (BIC)   1628604.425   1628604.425
Sample-size adjusted Bayesian (BIC)   1628410.566   1628410.566

Root Mean Square Error of Approximation:

RMSEA   0.049   0.041
90 Percent confidence interval - lower   0.049   0.041
90 Percent confidence interval - upper   0.050   0.042
P-value RMSEA <= 0.05   0.975   1.000

Robust RMSEA   0.049
90 Percent confidence interval - lower   0.048
90 Percent confidence interval - upper   0.050

Standardized Root Mean Square Residual:

SRMR   0.030   0.030

Parameter Estimates:

Standard errors   Robust.sem
Information   Expected
Information saturated (h1) model   Structured

Latent Variables:

	Estimate	Std.Err	z-value	P(>|z|)	Std.lv	Std.all
GAD =~						
m_gad_1	1.000				0.620	0.806
m_gad_2	1.134	0.006	179.895	0.000	0.703	0.855
m_gad_3	1.239	0.008	152.857	0.000	0.768	0.806
m_gad_4	0.924	0.007	141.652	0.000	0.573	0.749
m_gad_5	0.642	0.007	95.168	0.000	0.398	0.651
m_gad_6	0.864	0.008	106.901	0.000	0.536	0.620
m_gad_7	0.796	0.007	109.522	0.000	0.493	0.694

ADDICT =~

int_sp_ou_1	1.000				0.618	0.697
int_sp_ou_2	1.086	0.004	262.164	0.000	0.671	0.741
int_sp_ou_3	1.097	0.004	247.993	0.000	0.678	0.749
int_sp_ou_4	1.157	0.006	182.345	0.000	0.715	0.781
int_sp_ou_5	0.952	0.006	149.509	0.000	0.588	0.777
int_sp_ou_6	1.086	0.006	168.046	0.000	0.671	0.807
int_sp_ou_7	0.665	0.007	96.263	0.000	0.411	0.544
int_sp_ou_8	0.754	0.007	103.693	0.000	0.466	0.544
int_sp_ou_9	0.457	0.007	66.801	0.000	0.283	0.480
int_sp_ou_10	1.022	0.007	143.867	0.000	0.632	0.741

Covariances:

	Estimate	Std.Err	z-value	P(>|z|)	Std.lv	Std.all
GAD ~~						
ADDICT	0.133	0.002	55.110	0.000	0.346	0.346
.int_sp_ou_1 ~~						
.int_sp_ou_2	0.240	0.003	81.419	0.000	0.240	0.621
.int_sp_ou_2 ~~						
.int_sp_ou_3	0.265	0.003	82.547	0.000	0.265	0.727
.int_sp_ou_1 ~~						
.int_sp_ou_3	0.210	0.003	72.142	0.000	0.210	0.551
.int_sp_ou_5 ~~						
.int_sp_ou_6	0.076	0.002	38.257	0.000	0.076	0.327
.int_sp_ou_7 ~~						
.int_sp_ou_9	0.120	0.002	58.797	0.000	0.120	0.365
.int_sp_ou_8	0.106	0.003	37.189	0.000	0.106	0.232
.int_sp_ou_8 ~~						
.int_sp_ou_9	0.120	0.002	54.764	0.000	0.120	0.323
.m_gad_4 ~~						
.m_gad_5	0.069	0.002	37.892	0.000	0.069	0.296
.m_gad_5 ~~						
.m_gad_7	0.045	0.002	24.558	0.000	0.045	0.191

Intercepts:

	Estimate	Std.Err	z-value	P(>|z|)	Std.lv	Std.all
.m_gad_1	1.571	0.006	270.930	0.000	1.571	2.043
.m_gad_2	1.606	0.006	276.733	0.000	1.606	1.952
.m_gad_3	1.988	0.007	278.738	0.000	1.988	2.085
.m_gad_4	1.459	0.004	335.182	0.000	1.459	1.909

.m_gad_5	1.271	0.003	397.848	0.000	1.271	2.079
.m_gad_6	1.700	0.006	287.251	0.000	1.700	1.966
.m_gad_7	1.354	0.004	345.720	0.000	1.354	1.905
.int_sp_ou_1	2.158	0.006	343.844	0.000	2.158	2.434
.int_sp_ou_2	2.187	0.007	332.117	0.000	2.187	2.414
.int_sp_ou_3	2.183	0.007	323.653	0.000	2.183	2.411
.int_sp_ou_4	2.142	0.006	358.502	0.000	2.142	2.340
.int_sp_ou_5	1.687	0.004	416.484	0.000	1.687	2.230
.int_sp_ou_6	1.822	0.005	349.669	0.000	1.822	2.191
.int_sp_ou_7	1.586	0.004	409.199	0.000	1.586	2.099
.int_sp_ou_8	1.768	0.005	383.040	0.000	1.768	2.064
.int_sp_ou_9	1.378	0.003	460.418	0.000	1.378	2.341
.int_sp_ou_10	1.809	0.006	319.282	0.000	1.809	2.121
GAD	0.000				0.000	0.000
ADDICT	0.000				0.000	0.000

Variances:

	Estimate	Std.Err	z-value	P(>|z|)	Std.lv	Std.all
.m_gad_1	0.207	0.003	81.783	0.000	0.207	0.350
.m_gad_2	0.182	0.002	77.341	0.000	0.182	0.269
.m_gad_3	0.318	0.003	96.261	0.000	0.318	0.350
.m_gad_4	0.256	0.003	76.215	0.000	0.256	0.439
.m_gad_5	0.215	0.003	78.444	0.000	0.215	0.576
.m_gad_6	0.460	0.004	104.556	0.000	0.460	0.616
.m_gad_7	0.262	0.003	81.999	0.000	0.262	0.518
.int_sp_ou_1	0.404	0.003	117.896	0.000	0.404	0.514
.int_sp_ou_2	0.370	0.003	106.329	0.000	0.370	0.451
.int_sp_ou_3	0.360	0.003	103.194	0.000	0.360	0.439
.int_sp_ou_4	0.327	0.003	102.925	0.000	0.327	0.390
.int_sp_ou_5	0.227	0.003	89.414	0.000	0.227	0.396
.int_sp_ou_6	0.241	0.003	81.869	0.000	0.241	0.348
.int_sp_ou_7	0.402	0.004	104.597	0.000	0.402	0.704
.int_sp_ou_8	0.516	0.005	110.112	0.000	0.516	0.704
.int_sp_ou_9	0.267	0.003	105.505	0.000	0.267	0.770
.int_sp_ou_10	0.328	0.004	92.822	0.000	0.328	0.451
GAD	0.384	0.006	67.902	0.000	1.000	1.000
ADDICT	0.382	0.004	92.591	0.000	1.000	1.000

우선 추정된 모수의 숫자가 다릅니다. 앞서 `fit_cfa_n` 오브젝트의 경우 총 44개의 모수가 추정된 반면, 복합설문 설계를 반영한 `fit_cfa_y` 오브젝트의 출력결과에서는 총 61개의 모수가 추정되었습니다. 추정된 모수의 차이는 17인데, 이는 출력결과의 Intercepts: 부분의 관측변수의 절편값들이 추가되었기 때문입니다. 복합설문 설계를 적용한 경우에는 구조방정식 모형에서 절편(흔히 A행렬이라고 불림)이 같이 추정됩니다.[5] 다른 주요 모형적합도 지수들을 정리하여 비교하면 [표 7-1]과 같습니다.

---

5 만약 복합설문 설계를 고려하지 않은 구조방정식 모형의 절편값들을 추정하고 싶다면, 1단계의 모형을 다음과 같이 규정하면 됩니다(밑줄 그은 부분에 주목). 이 경우 구조방정식 모형의 모형적합도는 공분산 행렬을 기반으로 하기 때문에 절편을 추가로 추정해도 모형적합도 수치들이 변하지 않습니다.

```
> mycfa <- "
+ #잠재변수 -> 관측변수(측정항목들), Lambda matrix
+ GAD =~ m_gad_1+m_gad_2+m_gad_3+m_gad_4+m_gad_5+m_gad_6+m_gad_7
+ ADDICT =~ int_sp_ou_1+int_sp_ou_2+int_sp_ou_3+int_sp_ou_4+int_sp_ou_5
+ ADDICT =~ int_sp_ou_6+int_sp_ou_7+int_sp_ou_8+int_sp_ou_9+int_sp_ou_10
+ #잠재변수 간 공분산, Phi matrix
+ GAD ~~ ADDICT
+ #절편값 추정
+ int_sp_ou_1~1; int_sp_ou_2~1; int_sp_ou_3~1; int_sp_ou_4~1; int_sp_ou_5~1
+ int_sp_ou_6~1; int_sp_ou_7~1; int_sp_ou_8~1; int_sp_ou_9~1; int_sp_ou_10~1
+ #MI 결과를 토대로 추가 추정한 공분산, Theta matrix
+ int_sp_ou_1 ~~ int_sp_ou_2
+ int_sp_ou_2 ~~ int_sp_ou_3
+ int_sp_ou_1 ~~ int_sp_ou_3
+ int_sp_ou_5 ~~ int_sp_ou_6
+ int_sp_ou_7 ~~ int_sp_ou_9
+ int_sp_ou_7 ~~ int_sp_ou_8
+ int_sp_ou_8 ~~ int_sp_ou_9
+ m_gad_4 ~~ m_gad_5
+ m_gad_5 ~~ m_gad_7
+ "
```

[표 7-1] 복합설문 설계 고려 여부에 따른 모형적합도 지수 비교[6]

	복합설문 설계 고려안함	복합설문 설계 고려함
$\chi^2_{ML}(df_{ML})$	$\chi^2_{ML}(109) = 10492.765$	$\chi^2_{ML}(109) = 10128.721$
p	<.001	<.001
CFI$_{Robust}$	0.97494	0.97504
TLI$_{Robust}$	0.96874	0.96886
RMSEA$_{Robust}$ (90% CI)	0.04947 (0.04879, 0.05016)	0.04919 (0.04851, 0.04987)
SRMR	0.03214	0.03035

복합설문 설계 고려 여부에 따라 전반적인 모형적합도가 크게 다르지는 않지만, 동일하게 나타나지도 않습니다. 그렇다면 복합설문 설계 고려 여부에 따라 모수추정결과가 어떻게 다른지 비교해봅시다. parameterEstimates() 함수를 이용하여 2가지 CFA 모형 추정결과를 비교·정리하면 다음과 같습니다.

```
> # 모수추정치 비교
> cfa_compare <- inner_join(parameterEstimates(fit_cfa_n) %>% select(lhs,rhs,op,est,se,z),
+            parameterEstimates(fit_cfa_y) %>% select(lhs,rhs,op,est,se,z),
+            by=c("lhs","op","rhs")) %>%
+ drop_na(z.x) %>%
```

---

[6] 아래와 같은 방식에 따라 정리하였습니다. 출력결과는 이미 표에 제시하였기 때문에 별도 제시하지 않았습니다.
```
> # 각주 : 표의 모형적합도
> tibble(
+ source=names(fitMeasures(fit_cfa_n)),
+ cs_n=fitMeasures(fit_cfa_n),
+ cs_y=fitMeasures(fit_cfa_y)
+ ) %>%
+ filter(source=="chisq.scaled"|source=="df"|
+        source=="cfi"|source=="tli"|
+        source=="rmsea"|source=="rmsea.ci.lower"|
+        source=="rmsea.ci.upper"|source=="srmr") %>%
+ mutate(across(
+ .cols=starts_with("cs_"),
+ .fns=function(x){round(x,5)}
+ ))
```
[출력결과는 별도 제시하지 않았음]

226 4부 복합설문 데이터 심화 이슈

```
+ select(lhs,op,rhs,starts_with("est"),starts_with("se"),starts_with("z"))
> cfa_compare
```

	lhs op	rhs	est.x	est.y	se.x	se.y	z.x	z.y
1	GAD =~	m_gad_2	1.138	1.134	0.006	0.006	179.502	179.895
2	GAD =~	m_gad_3	1.244	1.239	0.008	0.008	165.109	152.857
3	GAD =~	m_gad_4	0.928	0.924	0.006	0.007	150.658	141.652
4	GAD =~	m_gad_5	0.652	0.642	0.006	0.007	106.066	95.168
5	GAD =~	m_gad_6	0.876	0.864	0.007	0.008	118.247	106.901
6	GAD =~	m_gad_7	0.807	0.796	0.007	0.007	118.740	109.522
7	ADDICT =~	int_sp_ou_2	1.087	1.086	0.004	0.004	265.949	262.164
8	ADDICT =~	int_sp_ou_3	1.098	1.097	0.004	0.004	245.838	247.993
9	ADDICT =~	int_sp_ou_4	1.161	1.157	0.007	0.006	178.458	182.345
10	ADDICT =~	int_sp_ou_5	0.958	0.952	0.006	0.006	155.060	149.509
11	ADDICT =~	int_sp_ou_6	1.085	1.086	0.006	0.006	170.408	168.046
12	ADDICT =~	int_sp_ou_7	0.677	0.665	0.007	0.007	102.509	96.263
13	ADDICT =~	int_sp_ou_8	0.761	0.754	0.007	0.007	109.086	103.693
14	ADDICT =~	int_sp_ou_9	0.473	0.457	0.006	0.007	82.076	66.801
15	ADDICT =~	int_sp_ou_10	1.016	1.022	0.007	0.007	148.970	143.867
16	GAD ~~	ADDICT	0.130	0.133	0.002	0.002	57.424	55.110
17	int_sp_ou_1 ~~	int_sp_ou_2	0.245	0.240	0.003	0.003	80.292	81.419
18	int_sp_ou_2 ~~	int_sp_ou_3	0.269	0.265	0.003	0.003	88.726	82.547
19	int_sp_ou_1 ~~	int_sp_ou_3	0.215	0.210	0.003	0.003	73.000	72.142
20	int_sp_ou_5 ~~	int_sp_ou_6	0.076	0.076	0.002	0.002	38.765	38.257
21	int_sp_ou_7 ~~	int_sp_ou_9	0.117	0.120	0.002	0.002	60.656	58.797
22	int_sp_ou_7 ~~	int_sp_ou_8	0.104	0.106	0.003	0.003	38.636	37.189
23	int_sp_ou_8 ~~	int_sp_ou_9	0.119	0.120	0.002	0.002	56.482	54.764
24	m_gad_4 ~~	m_gad_5	0.069	0.069	0.002	0.002	38.871	37.892
25	m_gad_5 ~~	m_gad_7	0.047	0.045	0.002	0.002	27.351	24.558
26	m_gad_1 ~~	m_gad_1	0.204	0.207	0.002	0.003	92.607	81.783
27	m_gad_2 ~~	m_gad_2	0.181	0.182	0.002	0.002	80.956	77.341
28	m_gad_3 ~~	m_gad_3	0.318	0.318	0.003	0.003	102.385	96.261
29	m_gad_4 ~~	m_gad_4	0.254	0.256	0.003	0.003	89.014	76.215
30	m_gad_5 ~~	m_gad_5	0.214	0.215	0.002	0.003	87.168	78.444
31	m_gad_6 ~~	m_gad_6	0.461	0.460	0.004	0.004	116.362	104.556
32	m_gad_7 ~~	m_gad_7	0.260	0.262	0.003	0.003	94.758	81.999
33	int_sp_ou_1 ~~	int_sp_ou_1	0.407	0.404	0.004	0.003	115.943	117.896
34	int_sp_ou_2 ~~	int_sp_ou_2	0.374	0.370	0.003	0.003	113.467	106.329
35	int_sp_ou_3 ~~	int_sp_ou_3	0.364	0.360	0.003	0.003	112.226	103.194
36	int_sp_ou_4 ~~	int_sp_ou_4	0.326	0.327	0.003	0.003	107.008	102.925
37	int_sp_ou_5 ~~	int_sp_ou_5	0.223	0.227	0.002	0.003	99.259	89.414

38	int_sp_ou_6 ~~	int_sp_ou_6	0.237	0.241	0.003	0.003	91.907	81.869
39	int_sp_ou_7 ~~	int_sp_ou_7	0.399	0.402	0.003	0.004	124.833	104.597
40	int_sp_ou_8 ~~	int_sp_ou_8	0.511	0.516	0.004	0.005	131.457	110.112
41	int_sp_ou_9 ~~	int_sp_ou_9	0.266	0.267	0.002	0.003	118.067	105.505
42	int_sp_ou_10 ~~	int_sp_ou_10	0.325	0.328	0.003	0.004	104.638	92.822
43	GAD ~~	GAD	0.380	0.384	0.005	0.006	79.540	67.902
44	ADDICT ~~	ADDICT	0.380	0.382	0.004	0.004	89.939	92.591

추정결과를 하나하나 비교하는 것이 어렵기 때문에 추정된 모수의 변동비(즉 복합설문 설계를 고려하지 않았을 때에 비해 복합설문 설계를 고려했을 때의 추정된 모수값의 비율)와 복합설문 설계를 고려했을 때 통계적 유의도 테스트가 보수적인지 여부를 확인할 수 있는 ratioF, conserv라는 이름의 두 변수를 설정하였습니다.

```
> # 추정치 비교 결과 요약
> cfa_compare <- cfa_compare %>%
+   mutate(
+     ratioF=est.y/est.x,
+     conserv=ifelse(abs(z.x)>abs(z.y),TRUE,FALSE)
+   )
> quantile(cfa_compare$ratioF,prob=c(0,0.25,0.5,0.75,1))
        0%        25%        50%        75%       100%
0.9666261  0.9918457  1.0002650  1.0077380  1.0189459
> count(cfa_compare, conserv) # NA는 인자적재치 계산 시 기준값 1.00
  conserv  n
1   FALSE  6
2    TRUE 38
```

위의 결과에서 확인할 수 있듯, 추정된 모수는 거의 비슷합니다. 복합설문 설계를 반영하여 얻은 모수추정결과는 복합설문 설계를 고려하지 않고 얻은 모수추정결과에 비해 기껏해야 3% 작거나 2% 정도 클 뿐입니다. 그러나 통계적 유의도 테스트 결과의 경우, 복합설문 설계를 고려하지 않은 추정결과에 비해 복합설문 설계를 고려해서 얻은 추정결과가 전반적으로 더 보수적으로 나타난 것을 확인할 수 있습니다(추정된 44개의 모수 중 38개, 약 86%의 모수추정치가 상대적으로 보수적으로 추정되었음).

3 복합설문 경로모형

다음으로는 잠재변수를 고려하지 않은 복합설문 구조방정식 모형, 즉 경로모형(PM, path modeling)을 추정해보겠습니다. 진행과정은 앞서 소개한 CFA 모형 추정과정과 동일합니다. 여기서는 아래와 같은 경로모형에서 나타나는 간접효과(indirect effect), 즉 학생의 성적(achieve)을 통제한 후, 학생의 사회경제적 지위(ses 변수)가 코로나19로 인한 경제적 영향력 인식(covid_suffer 변수)을 경유하여 학생의 주관적 행복감(happy 변수)에 미치는 효과를 테스트해보겠습니다.

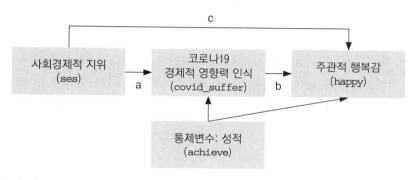

[그림 7-1] 경로모형

> # 경로모형(path-modeling)
> # 1단계: 모형규정
> mypm <- "
+ # 통제변수 효과 통제
+ covid_suffer ~ achieve
+ happy ~ achieve
+ # X -> M
+ covid_suffer ~ a*ses
+ # X -> Y ; M -> Y
+ happy ~ b*covid_suffer+c*ses
+ # intercept
+ covid_suffer~1
+ happy~1

```
+ # 간접, 직접, 총효과 추정
+ IE := a*b    # 간접효과
+ DE := c      # 직접효과
+ TE := DE+IE # 총효과
+ "
```

이제 위와 같이 규정한 경로모형을 추정해봅시다. 추정방식은 CFA 모형을 추정할 때와 마찬가지로 강건한 표준오차(robust SE)를 적용한 최대우도추정방법을 사용했습니다.

```
> # 2단계: 모형추정
> fit_pm_n <- sem(mypm,data=subpop,estimator="MLM")
```

앞서 소개했던 CFA 모형과 마찬가지로, 복합설문 설계를 적용하지 않았을 경우의 경로모형 추정결과는 summary() 함수를 이용하여 아래처럼 쉽게 도출할 수 있습니다. 여기서는 추정결과를 제시하지 않았지만, 나중에 복합설문 경로모형 추정결과와 비교하면서 같이 제시하겠습니다.

```
> # 3단계: 결과 확인(복합설문 설계 고려안함)
> summary(fit_pm_n)
              [추정결과는 별도 제시하지 않았음]
```

위에서 얻은 fit_pm_n에 lavaan.survey() 함수를 이용하여 복합설문 설계를 적용하면 복합설문 경로모형 추정결과를 얻을 수 있습니다.

```
> # 2.5단계: 복합설문 설계 반영
> fit_pm_y <- lavaan.survey(fit_pm_n,cs_subpop)
> # 3단계: 결과 확인(복합설문 설계 고려함)
> summary(fit_pm_y)
              [추정결과는 별도 제시하지 않았음]
```

복합설문 설계 고려 여부에 따른 경로모형 추정결과를 비교하기 위해 다음의 개인함수를 정의하였습니다. 이를 이용해 정리한 결과는 [표 7-2]와 같습니다.

```
> # 모형추정결과 비교(추정결과는 표로 제시)
> wrap_sem_function <- function(fit_n,fit_y){
+  inner_join(parameterEstimates(fit_n) %>%
+             select(lhs,rhs,op,est,se,z,pvalue),
+           parameterEstimates(fit_y) %>%
+             select(lhs,rhs,op,est,se,z,pvalue),
+           by=c("lhs","op","rhs")) %>%
+  select(lhs,op,rhs,starts_with("est"),starts_with("se"),
+         starts_with("z"),starts_with("pvalue")) %>%
+  drop_na(z.x) %>%
+  mutate(
+   myreportx=str_c(format(round(est.x,4),nsmall=4),
+                 cut(pvalue.x,c(-Inf,0.001,0.01,0.5,1),labels=c("***","**","**","")),
+                 "\n(",
+                 format(round(se.x,4),nsmall=4),
+                 ")"),
+   myreporty=str_c(format(round(est.y,4),nsmall=4),
+                 cut(pvalue.y,c(-Inf,0.001,0.01,0.5,1),labels=c("***","**","**","")),
+                 "\n(",
+                 format(round(se.y,4),nsmall=4),
+                 ")"),
+   R2x=ifelse(op=="~~",format(round(1-est.x,4),nsmall=4),""),
+   R2y=ifelse(op=="~~",format(round(1-est.y,4),nsmall=4),""),
+   ratioF=est.y/est.x,
+   conserv=ifelse(abs(z.x)>abs(z.y),TRUE,FALSE)
+  ) %>%
+  select(lhs,op,rhs,myreportx,myreporty,R2x,R2y,ratioF,conserv)
+ }
> pm_compare <- wrap_sem_function(fit_pm_n,fit_pm_y)
> write_excel_csv(pm_compare, "Table_Part4_Ch7_2_compare_PM_CS.csv")
```

[표 7-2] 복합설문 설계 고려 여부에 따른 경로모형 추정결과 비교

| | 복합설문 설계 | | | |
| | 고려안함 | | 고려함 | |
	코로나19 경제적 영향력 인식 (covid_suffer)	주관적 행복감 (happy)	코로나19 경제적 영향력 인식 (covid_suffer)	주관적 행복감 (happy)
절편	1.2126*** (0.0135)	4.6783*** (0.0161)	1.1832*** (0.0166)	4.6512*** (0.0187)
성적(achieve)	0.0155*** (0.0033)	−0.0891*** (0.0037)	0.0180*** (0.0039)	−0.0881*** (0.0040)
사회경제적 지위(ses)	0.3036*** (0.0045)	−0.1722*** (0.0052)	0.3090*** (0.0050)	−0.1667*** (0.0054)
코로나19 경제적 영향력 인식(covid_suffer)		−0.0680*** (0.0051)		−0.0693*** (0.0054)
R^2	0.3080	0.1325	0.3080	0.1325
간접효과		−0.0206*** (0.0016)		−0.0214*** (0.0017)
직접효과		−0.1722*** (0.0052)		−0.1667*** (0.0054)
총효과		−0.1928*** (0.0049)		−0.1881*** (0.0052)

알림: $^*p < .05$, $^{**}p < .01$, $^{***}p < .001$. 복합설문 설계를 고려하지 않은 모형추정결과는 lavaan 패키지(version 0.6-11)의 sem() 함수를, 복합설문 설계를 고려한 모형추정결과는 lavaan.survey 패키지(version 1.1.3.1)의 lavaan.survey() 함수를 이용하여 추정하였음.

경로모형 추정결과는 거의 차이가 없습니다. 그러나 추정결과를 자세히 비교해보면 복합설문 경로모형 추정결과의 표준오차(SE)가 복합설문 설계를 고려하지 않은 경로모형 추정결과의 표준오차보다 전반적으로 큰 것을 발견할 수 있습니다. 즉 복합설문 데이터를 대상으로 경로모형을 추정할 때 복합설문 경로모형을 사용하지 않으면, 제1종 오류의 가능성이 상대적으로 낮아진다는 것을 확인할 수 있습니다.

4 복합설문 구조방정식 모형

이제 잠재변수를 투입한 복합설문 구조방정식 모형을 추정해보겠습니다. 진행과정은 앞서 소개한 CFA 모형이나 경로모형의 추정과정과 같습니다. 여기서는 다음과 같은 구조방정식 모형의 두 결과변수의 상호인과관계(reciprocal causal relationship)를 추정한 후, 두 인과관계가 과연 동등하다고 볼 수 있는지 테스트해보겠습니다.

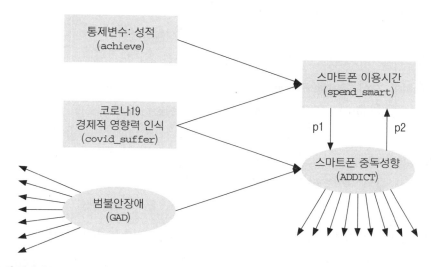

[그림 7-2] 잠재변수가 투입된 구조방정식 모형

```
> # SEM: 잠재변수가 포함된 인과모형
> # 1단계: 모형규정
> mysem <- "
+ GAD =~ m_gad_1+m_gad_2+m_gad_3+m_gad_4+m_gad_5+m_gad_6+m_gad_7
+ ADDICT =~ int_sp_ou_1+int_sp_ou_2+int_sp_ou_3+int_sp_ou_4+int_sp_ou_5
+ ADDICT =~ int_sp_ou_6+int_sp_ou_7+int_sp_ou_8+int_sp_ou_9+int_sp_ou_10
+ # MI 결과를 토대로 추가 추정한 공분산, Theta matrix
+ int_sp_ou_1 ~~ int_sp_ou_2
+ int_sp_ou_2 ~~ int_sp_ou_3
+ int_sp_ou_1 ~~ int_sp_ou_3
+ int_sp_ou_5 ~~ int_sp_ou_6
+ int_sp_ou_7 ~~ int_sp_ou_9
+ int_sp_ou_7 ~~ int_sp_ou_8
```

```
+ int_sp_ou_8 ~~ int_sp_ou_9
+ m_gad_4 ~~ m_gad_5
+ m_gad_5 ~~ m_gad_7
+ # X -> Y1, Y2
+ ADDICT ~ GAD+covid_suffer
+ spend_smart ~ achieve+covid_suffer
+ # Y1 <--> Y2
+ ADDICT ~ p1*spend_smart
+ spend_smart ~ p2*ADDICT
+ # Test reciprocal relationships
+ mypara := p1-p2
+ "
```

이제 위와 같이 규정한 구조방정식 모형을 추정해봅시다. 마찬가지로 강건한 표준오차(robust SE)를 적용한 최대우도추정방법을 사용하였습니다.

```
> # 2단계: 모형추정
> fit_sem_n <- sem(mysem,data=mydata,estimator="MLM")
```

앞서 소개했던 CFA 모형과 마찬가지로, 복합설문 설계를 적용하지 않았을 경우의 경로모형 추정결과는 summary() 함수를 이용하여 아래처럼 쉽게 도출할 수 있습니다. 일단 두 결과변수 사이의 인과관계 크기를 비교한 결과를 제외한 다른 추정결과는 제시하지 않겠습니다. 모형적합도 지수들과 모수추정결과의 경우, 복합설문 경로모형 추정결과와 비교하면서 같이 제시하겠습니다.

```
> # 3단계: 결과 확인(복합설문 설계 고려안함)
> summary(fit_sem_n,fit=TRUE,standard=TRUE)
                    [추정결과는 별도 제시하지 않았음]
Defined Parameters:
          Estimate Std.Err z-value P(>|z|)  Std.lv Std.all
  mypara    -0.456   0.051  -9.015   0.000  -0.264  -0.062
```

복합설문 설계를 고려하지 않고 추정한 위의 구조방정식 모형 추정결과를 보면, 두 결과변수 사이의 상호인과관계가 통계적으로 서로 다른 것을 확인할 수 있습니다. 여기서 얻은 `fit_sem_n`에 `lavaan.survey()` 함수를 이용하여 복합설문 설계를 적용하면, 복합설문 구조방정식 모형 추정결과를 얻을 수 있습니다. 여기서도 마찬가지로 모형적합도 지수들과 모수추정결과는 별도로 제시하지 않았습니다.

```
> # 2.5단계: 복합설문 설계 반영
> fit_sem_y <- lavaan.survey(fit_sem_n,survey.design=cs_design)
> # 3단계: 결과 확인(복합설문 설계 고려함)
> summary(fit_sem_y,fit=TRUE,standard=TRUE)
                    [추정결과는 별도 제시하지 않았음]
Defined Parameters:
            Estimate Std.Err z-value P(>|z|)  Std.lv Std.all
  mypara     -0.416    0.054  -7.646   0.000  -0.237  -0.045
```

복합설문 구조방정식 모형 추정결과에서도 두 결과변수 사이의 상호인과관계는 어느 하나가 다른 하나보다 큰 것을 알 수 있습니다.

이제 복합설문 설계 고려 여부에 따라 구조방정식 모형의 추정결과가 구체적으로 어떻게 달라지는지 살펴봅시다. 먼저 모형적합도를 비교한 결과는 [표 7-3]과 같습니다.

[표 7-3] 복합설문 설계 고려 여부에 따른 구조방정식 모형의 모형적합도 지수 비교[7]

	복합설문 설계 고려안함	복합설문 설계 고려함
$\chi^2_{ML}(df_{ML})$	$\chi^2_{ML}(157)=13710.183$	$\chi^2_{ML}(157)=13128.795$
p	<.001	<.001
CFI_{Robust}	0.96988	0.97006
TLI_{Robust}	0.96374	0.96396
$RMSEA_{Robust}$ (90% CI)	0.04551 (0.04494, 0.04608)	0.04520 (0.04463, 0.04577)
SRMR	0.04083	0.03842

[표 7-3]을 보면 복합설문 설계의 고려 여부에 따라 모형적합도가 크게 다르게 나타나지는 않습니다. 하지만 예시데이터의 경우에는 복합설문을 고려했을 때 모형적합도 지수들이 미미하게라도 개선되는 것을 확인할 수 있습니다.

다음으로 모수추정결과를 비교해봅시다. 앞서 CFA 모형 추정결과에서와 마찬가지로, 복합설문 설계를 고려하지 않았을 경우의 모수추정치 대비 복합설문 설계를 고려한 모수추정치의 비율 및 테스트 통계치를 기준으로 하여, 2가지 추정방법 중 어떤 추정방법이 더 보수적인 통계적 유의도 테스트 결과를 제공하는지를 살펴본 결과는 다음과 같습니다.

```
> # 모형추정결과 비교(추정결과는 표로 제시)
> sem_compare <- wrap_sem_function(fit_sem_n,fit_sem_y)
> quantile(sem_compare$ratioF,c(0,0.25,0.50,0.75,1.00))
        0%        25%        50%        75%       100%
0.9130940 0.9896259 1.0005651 1.0082176 1.1708009
> count(sem_compare, conserv)
 conserv  n
1   FALSE  9
2    TRUE 42
```

위의 결과를 보면 대부분의 추정치가 서로 엇비슷합니다. 복합설문 설계를 고려하지 않았을 때의 모수추정치에 비해 복합설문 설계를 고려한 경우 기껏해야 10% 미만의 오차가 발생할 뿐입니다. 그러나 복합설문 설계를 고려한 경우에는 추정된 모수에 대한 통계적 유의도 테스트 결과가 전반적으로 다소 보수적인 것을 알 수 있습니다(추정된 51개의 모수 중 42개, 약 82%의 모수추정치가 상대적으로 보수적으로 추정되었음).

---

7 아래와 같은 방식에 따라 정리하였습니다. 출력결과는 이미 표에 제시했으므로 별도 제시하지 않았습니다.

```
> # 각주: 표의 모형적합도
> tibble(
+   source=names(fitMeasures(fit_sem_n)),
+   cs_n=fitMeasures(fit_sem_n),
+   cs_y=fitMeasures(fit_sem_y)
+ ) %>%
+ filter(source=="chisq.scaled"|source=="df"|
+        source=="cfi"|source=="tli"|
+        source=="rmsea"|source=="rmsea.ci.lower"|
+        source=="rmsea.ci.upper"|source=="srmr") %>%
+ mutate(across(
+   .cols=starts_with("cs_"),
+   .fns=function(x){round(x,5)}
+ ))
```
[출력결과는 별도 제시하지 않았음]

끝으로 연구모형의 인과관계와 관련된 모수추정결과를 비교한 결과는 아래 [표 7-4]와 같습니다.

[표 7-4] 복합설문 설계 고려 여부에 따른 구조방정식 모형 추정결과 비교

	복합설문 설계			
	고려안함		고려함	
	스마트폰 이용시간 (spend_smart)	스마트폰 중독성향 (ADDICT)	스마트폰 이용시간 (spend_smart)	스마트폰 중독성향 (ADDICT)
성적(achieve)	0.4179*** (0.0090)		0.4204*** (0.0106)	
코로나19 경제적 영향력 인식 (covid_suffer)	0.0768*** (0.0118)	0.0398*** (0.0033)	0.0866*** (0.0128)	0.0410*** (0.0032)
범불안장애(GAD)		0.3298*** (0.0057)		0.3319*** (0.0057)
스마트폰 이용시간 (spend_smart)		0.0165*** (0.0033)		0.0194*** (0.0037)
스마트폰 중독성향(ADDICT)	0.4723*** (0.0475)		0.4355*** (0.0510)	
결과변수 간 인과관계 비교	−0.4558*** (0.0506)		−0.4161*** (0.0544)	

알림: $^*p < .05$, $^{**}p < .01$, $^{***}p < .001$. 복합설문 설계를 고려하지 않은 모형추정결과는 lavaan 패키지(version 0.6-11)의 sem( ) 함수를, 복합설문 설계를 고려한 모형추정결과는 lavaan.survey 패키지(version 1.1.3.1)의 lavaan.survey( ) 함수를 이용하여 추정하였음.

복합설문 설계 고려 여부에 따른 구조방정식 추정결과는 별 차이가 없습니다. 그러나 복합설문 경로모형 추정결과의 표준오차(SE)가 복합설문 설계를 고려하지 않은 경로모형 추정결과의 표준오차보다 전반적으로 다소 크게 나타나는 것을 확인할 수 있습니다. 이 결과는 앞서 제시한 테스트 통계치 비교결과, 즉 82%의 모수추정치가 상대적으로 보수적으로 추정되었다는 결과의 일부이며, 이를 통해 복합설문 설계에 기반해 수집한 데이터를 분석할 때 복합설문 설계를 고려하지 않으면 제1종 오류의 가능성이 커진다는 것을 다시금 확인할 수 있습니다.

5 결측데이터를 고려한 복합설문 구조방정식 모형

끝으로, 복합설문 데이터에 결측값이 발생한 경우라면 어떻게 할까요? 복합설문 결측데이터 분석에 대해서는 10장에서 자세히 다루기로 하고, 여기서는 결측데이터를 고려한 복합설문 구조방정식 모형을 추정하는 방법을 간략하게 살펴보겠습니다. 일반적인 결측데이터 분석기법이 궁금한 독자께서는 먼저 10장을 확인하신 후 추가적인 문헌을 참고하시기 바랍니다(백영민·박인서, 2021b; Allison, 2002; Enders, 2010; Little & Rubin, 2020).

결측데이터 분석기법은 크게 최대우도(ML, maximum likelihood) 기법과 다중투입(MI, multiple imputation) 기법으로 구분됩니다. ML 기법은 변수들 간의 다변량 정규분포(multivariate normal distribution) 가정을 바탕으로 결측값을 추정하는 반면, MI 기법은 관측 데이터의 정보를 기반으로 여러 번의 대체(imputation)된 데이터를 생성합니다. 즉 ML 기법을 적용하기 위해서는 다변량 정규분포를 가정할 수 있어야 하는 것과 달리, MI 기법은 분포 가정을 필요로 하지 않으며 많은 양의 연산을 반복적으로 수행함으로써 모수를 추정합니다. 이 중 구조방정식 모형에서 일반적으로 취하는 접근은 ML 기법입니다. 실제로 lavaan 패키지에서 sem() 함수는 ML 기법을 이용해 결측데이터를 추정할 수 있도록 옵션이 마련되어 있습니다(구체적으로 missing="FIML" 옵션). 그러나 복합설문 구조방정식 모형에 결측데이터 분석기법을 적용하는 경우, 구체적으로 lavaan. survey() 함수를 이용하는 경우에는 ML 기법을 사용할 수 없기 때문에 대안으로 MI 기법을 사용하여야 합니다.

결측데이터 분석에 앞서 가장 먼저 해야 할 일은 결측데이터를 확인하는 것입니다. 다음과 같이 결측데이터 패턴을 파악하기 위해 자주 사용되는 naniar 패키지의 함수들을 이용하면 매우 편리하게 결측데이터 통계치를 계산할 수 있습니다.

```
> #결측데이터 분석
> n_case_miss(mydata); n_case_complete(mydata)
[1] 1601
[1] 53347
> miss_var_summary(mydata) #(use_smart==0)로 인한 체계적 결측
#A tibble: 35 x 3
```

	variable	n_miss	pct_miss
	<chr>	<int>	<dbl>
1	spend_smart	1491	2.71
2	scale_spaddict	1491	2.71
3	agem	139	0.253
4	female	0	0
5	ses	0	0
6	sch_type	0	0
7	sch_mdhg	0	0
8	achieve	0	0
9	use_smart	0	0
10	scale_gad	0	0

위 결과에서 드러나듯, 예시데이터에는 총 5만 3,347개의 관측값과 1,601개의 결측값이 있습니다. 그중 1,601개의 결측값이 발생하는 변수는 spend_smart, scale_spaddict, agem 3가지입니다. 앞서 반복해서 살펴보았듯 spend_smart, scale_spaddict는 스마트폰 비이용자에게 스마트폰 사용시간 및 중독성향을 측정할 수 없기 때문에 발생하는 체계적(systemtatic) 결측입니다. 따라서 CFA로 분석한 스마트폰 이용자 집단만 살펴보면 다음과 같습니다.

```
> # 스마트폰 이용자만 하위모집단으로
> subpop <- mydata %>% filter(use_smart==1) # CFA 분석데이터와 동일
> miss_var_summary(subpop) # agem(연령변수) 결측
# A tibble: 35 x 3
```

	variable	n_miss	pct_miss
	<chr>	<int>	<dbl>
1	agem	110	0.206
2	female	0	0
3	ses	0	0
4	sch_type	0	0
5	sch_mdhg	0	0
6	achieve	0	0
7	use_smart	0	0
8	spend_smart	0	0
9	scale_gad	0	0
10	scale_spaddict	0	0

```
# ... with 25 more rows
```

스마트폰 이용자 대상 하위모집단에는 agem(연령) 변수가 총 110개 결측값으로 나타나며, 전체 응답자 중 약 0.2%는 해당 변수값이 결측되어 있습니다(0.206). 앞서 SEM 모형과 동일한 모형을 추정하되, 통제변수로 연령변수를 추가한 상황을 가정해보겠습니다. 이러한 경우 110명의 응답자를 제외하고 분석을 실시하는 것도 한 가지 방법이지만, 결측 데이터 분석기법을 구체적으로 적용한 뒤 복합설문 구조방정식 모형을 추정할 수도 있습니다.

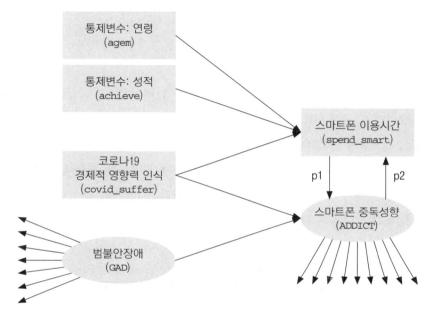

[그림 7-3] 통제변수가 추가 투입된 구조방정식 모형

```
> # 1단계: 모형규정
> mysem2 <- str_replace(mysem,
+                        "spend_smart ~ achieve",
+                        "spend_smart ~ agem+achieve") # 통제변수 추가
```

우선 결측데이터 분석기법을 별도로 지정하지 않고 복합설문 구조방정식 모형을 추정해보겠습니다. 즉 SEM 실습과 비교하면 분석모형(연령변수가 추가로 통제됨)과 분석데이터(스마트폰 이용자 대상 하위모집단)만 바뀌었을 뿐 추정방법이 동일합니다. 이때 모형에 투입된 변수들 중 하나의 결측이라도 발생한 응답자의 경우 분석에서 제외되며, 흔히 이 방법을 '리스트단위 결측제거(LWD, listwise deletion)'라고 부릅니다.

```
> # 2단계: 모형추정
> fit_sem_n2 <- sem(mysem2,data=subpop,estimator="MLM")
> # 2.5단계: 복합설문 설계 반영(리스트단위 결측제거)
> fit_sem_y2 <- lavaan.survey(fit_sem_n2,survey.design=cs_design)
```

MI 기법을 적용하여 결측데이터 분석기법을 실시하려면 2.5단계, 즉 복합설문 설계를 반영하기 전 '대체투입된' 데이터셋을 생성하여야 합니다. 먼저 MI 기법을 적용하려면 mice 패키지의 mice() 함수를 사용하면 됩니다. mice() 함수 안에 데이터만 투입하여도 다중투입을 실행할 수 있지만, 추가적으로 m 옵션과 seed 옵션을 지정하는 것이 좋습니다.

```
> # 다중투입(MI) 기법 적용
> myimp <- mice(subpop,m=20,seed=1234,print=FALSE) # 20회 대체투입
Warning message:
Number of logged events: 202
```

m 옵션은 대체투입의 횟수를 의미합니다. 기본값으로 5(즉 5회 대체투입)가 설정되어 있지만 20으로 바꾸었습니다. MI 기법은 대체투입 횟수만큼 결측데이터를 대체투입한 완전 데이터(complete data)를 만들고, 이들 데이터를 통합(pooling)하는 방식으로 최종 추정치를 계산합니다. 즉 부트스트랩 기법에서 1,000회 이상의 재표집 횟수가 권장되었던 것과 마찬가지로, MI 기법에서도 충분히 큰 대체투입 횟수를 지정해야 타당한 추정값을 얻을 수 있습니다. 일반적인 결측데이터 상황에서는 5회 이상의 대체투입이 권장되며, 20회 정도면 충분한 통계적 검정력(statistical power)을 확보할 수 있는 것으로 알려져 있습니다(Graham et al., 2007; Van Burren, 2018).

seed 옵션은 동일한 결과를 얻기 위한 랜덤시드넘버(random seed number)입니다. 다변량 정규분포 가정을 기반으로 최대우도추정을 실시하는 ML 기법과 달리, MI 기법에서는 비모수접근방식을 기반으로 재표집(resampling)을 실시하기 때문에 매번 다른 결과가 나올 수 있습니다. 따라서 연구자는 동일한 추정결과를 얻을 수 있도록 사전에 랜덤시드넘버를 지정해두는 것이 좋습니다.

이 밖에 print 옵션은 모형추정과정에서 발생하는 알림 메시지를 출력하지 않기 위해 설정한 것입니다. Warning message: 또한 알림 메시지와 관련된 것이므로 크게 신경 쓸 부분은 아닙니다. 이렇게 MI 기법이 적용된 오브젝트는 다음과 같이 활용할 수 있습니다.

```
> # 전체 m=20개 대체투입 데이터를 리스트로 결합
> myimplist <- myimp %>%
+   complete("all") %>%
+   mitools::imputationList()
> myimplist
MI data with 20 datasets
Call: mitools::imputationList(.)
```

mice 패키지의 complete() 함수를 이용하면 대체투입이 완료된 완전 데이터를 얻을 수 있는데, 이때 "all" 옵션을 지정하면 전체 20개에 대해 완전 데이터를 구할 수 있습니다. 이러한 완전 데이터셋을 imputationList 형태로 변환하면 됩니다. 다음 단계로서 복합설문 설계가 반영된 오브젝트를 규정할 때는 다름 아닌 imputationList 데이터를 투입해주어야 합니다.

```
> # 복합설문 설계 적용: 전통적 접근
> cs_design_imp <- svydesign(ids=~cluster,    # 군집
+                            strata=~strata,  # 유층
+                            weights=~w,      # 가중치
+                            fpc=~fpc,        # 유한모집단수정지수
+                            data=myimplist)
```

이때 전통적 접근에 해당하는 survey 패키지의 svydesign() 함수를 이용하였습니다. MI 기법을 적용해 복합설문 구조방정식 모형을 추정할 경우, 2022년 4월 현재로서는 survey 패키지만이 지원됩니다(srvyr 패키지는 지원되지 않음). 이렇게 복합설문 설계를 반영한 오브젝트를 규정하였다면, 2단계에서 규정한 모형을 재추정하는 과정을 밟으면 됩니다.

```
> # 2.5단계: 복합설문 설계 반영(다중투입)
> fit_sem_mi_y2 <- lavaan.survey(fit_sem_n2,survey.design=cs_design_imp)
```

SEM 실습에서 살펴본 것과 동일한 모형인 만큼, 추정결과를 프린트하지 않고 표로 정리해 살펴보겠습니다. [표 7-5]에 정리된 결과는 '복합설문 설계 및 결측데이터를 고려하지 않은 일반적인 구조방정식 모형', '결측데이터를 고려하지 않은 복합설문 구조방정식 모형', 그리고 '결측데이터를 고려한 복합설문 구조방정식 모형' 3가지입니다.

```
> summary(fit_sem_y2,fit=TRUE,standard=TRUE)
                    [출력내용은 제시된 표에 정리하였음]
> summary(fit_sem_mi_y2,fit=TRUE,standard=TRUE)
                    [출력내용은 제시된 표에 정리하였음]
> # 추정결과 비교
> sem_compare_no2 <- wrap_sem_function(fit_sem_n2,fit_sem_y2)
> sem_compare_mi2 <- wrap_sem_function(fit_sem_n2,fit_sem_mi_y2)
> left_join(sem_compare_no2 %>% select(lhs:myreporty) %>%
+              rename(myreporty_NO=myreporty),
+           sem_compare_mi2 %>% select(lhs:myreporty) %>%
+              rename(myreporty_MI=myreporty)) %>%
+ write_excel_csv("Table_Part4_Ch7_5_compare_SEM_MI.csv")
Joining, by = c("lhs", "op", "rhs", "myreportx")
```

[표 7-5] 복합설문 설계 및 결측데이터 고려 여부에 따른 구조방정식 모형 추정결과 비교

	복합설문 설계					
	고려안함		고려함			
	리스트단위 결측제거		리스트단위 결측제거		다중투입	
	스마트폰 이용시간 (spend_smart)	스마트폰 중독성향 (ADDICT)	스마트폰 이용시간 (spend_smart)	스마트폰 중독성향 (ADDICT)	스마트폰 이용시간 (spend_smart)	스마트폰 중독성향 (ADDICT)
성적(achieve)	0.4149*** (0.0091)		0.4185*** (0.0102)		0.4163*** (0.0102)	
연령(agem)	0.0292*** (0.0058)		0.0282** (0.0118)		0.0281** (0.0118)	
코로나19 경제적 영향력 인식(covid_suffer)	0.0773*** (0.0118)	0.0392*** (0.0033)	0.0877*** (0.0128)	0.0402*** (0.0032)	0.0880*** (0.0128)	0.0405*** (0.0032)
범불안장애(GAD)		0.3284*** (0.0057)		0.3302*** (0.0057)		0.3307*** (0.0057)
스마트폰 이용시간 (spend_smart)		0.0204*** (0.0033)		0.0240*** (0.0036)		0.0228*** (0.0037)
스마트폰 중독성향 (ADDICT)	0.4094*** (0.0472)		0.3643*** (0.0502)		0.3836*** (0.0512)	
결과변수 간 인과관계 비교	−0.3889*** (0.0501)		−0.3403*** (0.0535)		−0.3608*** (0.0546)	

알림: $^*p < .05$, $^{**}p < .01$, $^{***}p < .001$. 복합설문 설계를 고려하지 않은 모형추정결과는 lavaan 패키지(version 0.6-11)의 sem() 함수를, 복합설문 설계를 고려한 모형추정결과는 lavaan.survey 패키지(version 1.1.3.1)의 lavaan.survey() 함수를 이용하였음. 다중투입 방식으로 결측데이터를 반영한 경우 mice 패키지(version 3.14.0)의 mice() 함수로 추정하였음.

전반적으로 추정결과가 비슷하지만, 복합설문 설계를 고려한 경우 표준오차가 증가하고 그에 따라 통계적 유의도가 1에 가까워지는 것을 확인할 수 있습니다. 또한 결측데이터 분석기법을 별도로 적용하지 않은 경우(즉 LWD, 리스트단위 결측제거)와 MI 기법을 적용한 경우 사이에 미미한 차이가 발생한 것을 알 수 있습니다. 결측비율이 0.2%로 매우 작았다는 점에서 이는 당연한 결과일 수 있지만, 데이터의 결측비율이 높거나 특수한 결측데이터 상황이라면 결측데이터를 고려한 분석기법을 사용해야 할 것입니다.

복합설문 설계를 반영한 경우, 결측데이터 고려 여부가 추정결과에 어떤 영향을 불러오는지 살펴보겠습니다. 아래 결과를 보면 결측데이터를 고려하지 않은 모수추정결과는 일반적 구조방정식 모형에 비해 최소 12% 작거나 최대 17% 큽니다. 한편 결측데이터를 고려한 모수추정결과는 일반적 구조방정식 모형에 비해 최소 7% 작거나 최대 14% 큽니다. 또한 통계적 유의도 테스트 결과의 경우, 결측데이터를 고려하지 않은 추정결과에 비해 결측데이터를 고려해서 얻은 추정결과가 전반적으로 더 보수적으로 나타난 것을 확인할 수 있습니다(추정된 52개의 모수 중 44개, 약 85%의 모수추정치가 상대적으로 보수적으로 추정되었음; 결측데이터를 고려하지 않은 경우 52개의 모수 중 42개, 약 81%).

```
> quantile(sem_compare_no2$ratioF,c(0,0.25,0.50,0.75,1.00))
        0%        25%        50%        75%       100%
0.8749564 0.9877878 0.9999950 1.0087339 1.1748534
> quantile(sem_compare_mi2$ratioF,c(0,0.25,0.50,0.75,1.00))
        0%        25%        50%        75%       100%
0.9278215 0.9877156 1.0012939 1.0080713 1.1383471

> count(sem_compare_no2, conserv)
  conserv n
1   FALSE 10
2    TRUE 42
> count(sem_compare_mi2, conserv)
  conserv n
1   FALSE  8
2    TRUE 44
```

이처럼 결측데이터가 포함된 복합설문 데이터의 경우, 다중투입(MI) 기법을 활용하는 방식으로 확장된 구조방정식 모형을 추정할 수 있습니다. 그러나 복합설문 데이터에서 결측데이터 분석기법을 적용하는 경우의 한계점 또한 발견되었습니다. 일단 구조방정식 및 사회과학 분과에서 널리 사용되는 최대우도(ML) 기법이 사용될 수 없습니다. 또한 MI 기법을 적용할 경우, 복합설문 데이터에서 결측데이터를 '대체'하는 것이 과연 타당한지 고민해볼 여지가 있습니다. 왜냐하면 MI 기법에서 대체투입을 실시할 때는 군집 정보 등 설계변수를 고려하지 않기 때문입니다. 물론 대체투입 과정에서 예측변수의 하나로 군집변수나 층화변수를 활용할 수는 있지만, 구체적인 분석 상황에 따라 복합설문 설계와 맞지 않는 대체투입값이 발생할 수도 있습니다(예를 들어 중학교 군집에 속한 응답자에게 고등학생의 연령값을 대체투입함). 이처럼 복합설문 결측데이터 분석을 실시할 때는 여러 가지 고려사항 및 주의점을 유념해야 하는데, 이와 관련해서는 10장에서 보다 상세히 알아보겠습니다.

8장

복합설문 다층모형

다층모형은 동일한 응답자에게서 여러 시점에 걸쳐 반복적으로(repeated) 측정치를 분석할 경우, 혹은 특정 집단에 배속된(embedded) 여러 개인의 측정치를 분석할 경우 사용되는 데이터 분석기법입니다. 반복측정된 데이터 혹은 집단을 중심으로 군집화된 데이터는 일반선형모형(GLM)에서 요구하는 독립성 가정(independence assumption)에 위배됩니다. 즉 동일한 응답자에게서 반복적으로 얻은 측정치, 혹은 동일한 집단에 속한 여러 개인의 측정치와 같은 위계적 데이터(hierarchical data)의 경우 다층모형(MLM, multilevel modeling) 사용이 권장됩니다.

여기서는 복합설문 다층모형을 추정하기 위해 필요한 기초적인 개념들을 간단히 설명한 후 어떻게 다층모형을 추정할 수 있는지 소개하겠습니다. 다층모형이 무엇이며, 복합설문 설계를 고려하지 않을 경우 다층모형을 어떻게 추정하는지에 대한 보다 자세하고 다양한 방법에 대해서는 다른 참고문헌(백영민, 2018a; Finch et al., 2014; Raudenbush & Bryk, 2002; Snijder & Bosker, 2011)을 참조하시기 바랍니다.

1 다층모형과 복합설문 데이터 분석

1부에서 설명했던 것처럼 군집표집은 군집에 배속된 개인들이 특정한 성향을 공유할, 다시 말해 공유분산(shared variance)을 띨 가능성이 매우 높습니다. 그래서 군집표집으로 표집된 데이터는 다층모형에서 흔히 언급하는 군집 데이터(clustered data) 혹은 배속 데이터(embedded data; 같은 집단에 속한 여러 개인들)와 매우 유사합니다. 즉 다층모형과 복합설문 데이터 분석은 "군집 내 배속된 개인들의 공유분산 문제를 어떻게 처리할 것인가?"라는 동일한 연구문제에 대해 다른 방식의 해결책을 제시하고 있습니다.

다층모형과 복합설문 분석기법의 공통점과 차이점, 그리고 두 방법의 통합방법에 대한 여러 연구(Asparouhov, 2006; Carle, 2009; Muthén & Muthén, 2021; Valliant & Dever, 2017)에서는 복합설문 설계에서 비롯되는 데이터 분석 관련 이슈들을 다음과 같이 정리하고 있습니다. 먼저 복합설문 데이터 분석기법에서는 군집표집에 따른 여러 이슈를 '문제점들(nuisances)'로 간주한 후, 통계적 조정(statistical adjustment)을 통해 이 문제점들을 해결합니다. 반면 다층모형에서는 군집표집으로 인해 발생하는 이슈들을 모형의 설명요인(factors)으로 간주하고, 해당 이슈들을 모형에 직접적으로 투입하여 추정합니다.

예시데이터의 PSU, 즉 군집변수(cluster변수)인 학교를 한번 떠올려봅시다. 같은 학교에 다니는 학생들이라면 공통적인 특성(이를테면 성장과정이나 사교육 환경 등)을 띨 확률이 높습니다. 이러한 군집 정보를 고려하지 않고 일반적인 데이터 분석을 실시하면, 분산이 과소추정되고 제1종 오류가 발생할 가능성이 커집니다. 이러한 상황에서 복합설문 데이터 분석기법을 적용할 경우, 군집변수는 srvyr 패키지의 as_survey_design() 함수나 survey 패키지의 svydesign() 함수에 지정하는 방식을 통해 모형추정과정에서 군집변수를 고려할 뿐 추정결과에 보고되지는 않습니다. 반면 다층모형의 경우 랜덤효과(random effect)항에 군집변수를 명확하게 투입하는 방식으로 종속변수의 총분산 중 어느 정도의 분산이 군집들에 의해 발생하는지 추정하는 방식을 취하며, 따라서 군집변수의 효과(정확하게는 랜덤효과)가 모형추정결과에 명시적으로 제시됩니다. 즉 복합설문 데이터 분석과 다층모형은 군집 내 배속 사례들 사이의 공유분산을 상이한 방식으로 다루기 때문에 모형추정결과(예를 들어 종속변수와 독립변수의 관계)가 다르게 나타납니다.

그렇다면 다른 복합설문 설계변수들을 고려하면서 다층모형을 추정할 수 있을까요? 다시 말해 '복합설문 다층모형(multilevel modeling with complex survey data)'을 추정할 수 있을까요? 복합설문 다층모형을 추정하기 위해 가장 핵심적인 과정은 '가중치 재척도화(weight rescaling)', 즉 복합설문 데이터에서의 가중치를 다층모형 상황으로 재조정해주는 것입니다. 우선 통상적인 복합설문 데이터 분석에서는 가중치가 하나만 계산됩니다. 다시 말해 복합설문 데이터에서의 가중치변수(w변수)는 개별 사례에 하나의 값을 부여합니다. 하지만 다층모형에서는 측정수준별로 별개의 회귀방정식을 설정하므로 데이터에 존재하는 측정수준만큼의 혼합효과(mixed effect)가 필요하고 혼합효과별 가중치변수가 필요합니다. 본서에서 소개하는 WeMix 패키지는 '가중 혼합효과 모형(Weighted Mixed-effects model)'의 두문자입니다.

이해를 돕기 위해 예시데이터를 통해 설명을 이어가겠습니다. 예시데이터의 경우에는 몇 개의 가중치변수가 필요할까요? 예시데이터는 일차표집단위(PSU)인 '학교', 이차표집단위(SSU)인 '학급', 그리고 관측단위(observation unit)인 '학생'의 세 수준으로 이루어진 위계적(hierarchical) 데이터입니다. 즉 변수들의 측정치는 개별 학생(1수준)의 응답이고, 학생들은 학급(2수준)에 배속되어 있으며, 모든 학급은 학교(3수준)에 배속되어 있습니다. 결론적으로, 이러한 삼단 위계를 가진 데이터에 다층모형을 적합시키기 위해서는 3개의 가중치변수가 필요할 것입니다. 이를 각각 '제1수준(학생단위) 가중치', '제2수준(학급단위) 가중치', '제3수준(학교단위) 가중치'라고 부르겠습니다.

그러나 실질적으로 복합설문 다층모형을 추정하는 데는 몇 가지 문제가 발생합니다. 첫째, 주어진 하나의 가중치변수를 이용해 여러 개의 측정수준별 가중치변수들을 생성하는 것이 '불가능한' 경우가 빈번히 발생합니다. 먼저 제1수준(학생단위) 가중치의 경우 크게 걱정할 부분은 아닙니다. 왜냐하면 복합설문 데이터는 제1수준 혹은 개별 사례를 기준으로 가중치 정보를 제공하며, 다층모형 맥락을 적용하고자 하는 연구자의 입장에서는 다층구조에 맞게 기존 가중치를 재조정하면 되기 때문입니다. 제1수준 가중치 재척도화와 관련하여 본문에서는 칼(Carle, 2009)이 정리한 2가지 방법(Method A, Method B)을 소개하였습니다.

반면 제2수준(학급단위) 혹은 제3수준(학교단위) 가중치는 주어진 가중치변수 자체로는 알 수 없고, 데이터의 다른 변수들 혹은 설문 설계 정보를 활용해야 합니다. 예를 들어 학교 가중치를 계산하려면 학교별 표집확률을 알아야 하고, 학급 가중치를 계산하려면 학급별 표집확률을 알아야 합니다. 앞서 소개한 예시데이터의 추출률 공식을 다시 적으면 다음과 같습니다. 즉 보고서 10쪽의 표현에 따르면 "1차 추출은 층별로 영구난수추출법으로 표본학교를 선정"하였고, "2차 추출은 선정된 표본학교에서 학년별로 1개 학급을 무작위로 추출"하였습니다. 따라서 각각의 추출률을 직접 계산하기 위해서는 분모에 해당하는 '(층별) 모집단 학교수'와 '표본학교 학년별 학급수' 정보가 추가로 필요합니다.

$$추출률 = 학교추출률 \times 학급추출률$$

$$= \frac{표본학교수}{모집단\ 학교수} \times \frac{1}{표본학교\ 학년별\ 학급수}$$

둘째, 현재까지 개발된 복합설문 다층모형은 대부분 2수준 데이터를 가정합니다 (Asparouhov, 2006; Carle, 2009). 한편 3수준 데이터에 대해 측정수준별 가중치를 고려하는 방법, 가중치 계산방법이 모형추정결과에 갖는 영향 등에 대해서는 아직까지 충분히 연구된 바가 없습니다(2022년 4월 기준). 물론 기존의 2수준 모형을 3수준에 확장 적용하려는 시도가 없었던 것은 아니지만(이를테면 Jenkins, 2008), 현재로서 본서에서 2수준 모형보다 복잡한 모형을 소개하기는 어려울 듯합니다.

이번 장에서는 복합설문 다층모형 추정과정을 실습하기 위한 목적으로 예시데이터에 대해 2가지 강력한 가정을 추가하였습니다. 강조하지만, 이는 분석 실습을 위한 강력한 가정이기 때문에 복합설문 데이터 상황과 일치하지 않습니다. 독자 여러분께서 실제로 복합설문 다층모형을 추정할 때에는 이러한 가정들이 적용 가능한 상황인지 사전에 충분히 검토하시기 바랍니다.

첫째, 현재의 예시데이터가 2개 수준으로 이루어져 있다고 가정하겠습니다. 제1수준은 학생이고, 제2수준은 학교입니다. 즉 선택된 표본학교에서 무작위로 학생들을 표집하였다고 가정하는 것입니다. 둘째, 제2수준인 학교단위 표집확률을 직접 계산하였습니다. 여기서는 2020년 기준 대한민국 소재 중고등학교의 남녀공학 및 분리학교수 통계치를 기반으로 제2수준 가중치를 계산하였습니다. 2020년 기준 대한민국 소재 중고등학교의 남녀공학, 남학교, 여학교 개수는 [표 8-1]과 같습니다.

[표 8-1] 2020년 기준 중·고등학교의 남녀공학 및 남녀분리 학교수

	남녀공학	남학교	여학교
고등학교	228 (28.8%)	83 (10.5%)	84 (10.6%)
중학교	296 (37.3%)	52 (6.6%)	50 (6.3%)

출처: 한국교육개발원, 〈교육통계연보〉, https://gsis.kwdi.re.kr/statHtml/statHtml.do?orgld=338&tblld=DT_1LCB041&conn_path=I3

또한 현재 예시데이터의 학교특성 변수(sch_type, sch_mdhg)를 활용하면 표본의 학교가 어떤 확률로 표집되었는지를 계산할 수 있습니다. 즉 [표 8-1]의 모집단 정보와 표본의 학교 관련 정보를 교차한 정보를 이용하여 학교 가중치를 계산하였습니다. 이렇게 얻은 가중치변수는 '제1수준(학생단위) 가중치'와 '제2수준(학교단위) 가중치'입니다.

예시데이터의 가중치를 제1수준(학생단위) 가중치로 재척도화하고, 제2수준(학교단위) 가중치를 계산한 후에는 WeMix 패키지의 mix() 함수를 이용해 복합설문 다층모형을 추정합니다. 이때 mix() 함수의 weights 옵션에 제1수준과 제2수준의 가중치를 순서대로 지정합니다.

2 가중치 재척도화 방법

먼저 첫째, 제1수준(학생단위) 가중치를 재척도화해봅시다. 선행연구들을 토대로 칼(Carle, 2009)은 가중치를 재척도화하는 방법으로 A방법과 B방법, 2가지를 소개한 바 있습니다. 우선 각 방법의 가중치 재척도화 공식을 소개하면 다음과 같습니다. 예시데이터 맥락에서 i는 개별학생을, j는 개별학교를 의미합니다. w_{ij}는 j번째 군집에 배속된 i번째 개인에 대해 부여된 원가중치로 예시데이터의 가중치인 w변수를 뜻하며, n_j는 j번째 군집의 표본수를 의미합니다.

$$A방법(Method\ A) : w_{ij}^A = w_{ij}\left[\dfrac{n_j}{\displaystyle\sum_{j=1}^{J} w_{ij}}\right]$$

$$B방법(Method\ B) : w_{ij}^B = w_{ij}\left[\dfrac{\displaystyle\sum_{j=1}^{J} w_{ij}}{\displaystyle\sum_{j=1}^{J} w_{ij}^2}\right]$$

두 방법 모두 '원가중치(w_{ij})'에 '[ ]' 속의 값을 곱해주는 방식으로 계산합니다. 구체적으로 보면, A방법 w_{ij}^A는 군집의 규모(즉 학교에서 표집된 학생수)를 해당 군집에 속한 개인에 대해 부여된 가중치의 합으로 나눈 값을 원가중치에 곱해주는 방식으로 계산합니다. 반면 B방법 w_{ij}^B는 각 군집에 속한 개인에 대해 부여된 가중치의 합을 가중치의 제곱의 합으로 나눈 값을 원가중치에 곱해주는 방식으로 계산합니다.

칼은 복합설문 다층모형과 관련해 여러 선행 시뮬레이션 연구들을 검토한 후 다음과 같이 정리했습니다.

- A방법과 B방법 모두 각각의 장단점이 있으므로 복합설문 다층모형을 추정할 때는 두 방법을 모두 적용한 모형추정결과와 함께 가중치를 고려하지 않은 일반 다층모형 추정결과도 같이 보고해야 한다. 즉 복합설문 다층모형 추정결과를 보고할 때는 ①복합설문 설계를 고려하지 않은 일반 다층모형 추정결과, ②A방법에 기반한 복합설문 다층모형 추정결과, ③B방법에 기반한 복합설문 다층모형 추정결과 3가지를 모두 보고해야 한다.
- 만약 A방법과 B방법 어떤 것을 적용해도 복합설문 다층모형 추정결과가 비슷하다면 크게 우려할 것이 없다.
- 만약 A방법과 B방법으로 추정한 복합설문 다층모형 추정결과가 상이하다면, 연구자의 연구목적에 따라 특정 방법을 적용한 복합설문 다층모형 추정결과를 선택해야 한다. 시뮬레이션 연구에 따르면, 연구목적상 절편이나 회귀계수 등의 점추정치(point estimates)가 중요하다면 A방법이 더 낫다. 반면 연구목적상 랜덤효과가 더 중요하다면 B방법이 더 낫다.

이제 제1수준 가중치 재척도화 작업을 진행해봅시다. 먼저 분석에 필요한 패키지들을 다음과 같이 구동시켰습니다. 다층모형 추정을 위한 함수들을 제공하는 R 패키지로는 lme4 패키지가 있습니다. 그러나 아쉽게도 survey 패키지나 srvyr 패키지와 연동되지는 않으며, 복합설문 데이터에 대해 다층모형을 추정하기 위해서는 WeMix 패키지를 별도로 설치해야 합니다. 아울러 WeMix 패키지는 lme4 패키지의 함수를 사용하므로 두 패키지를 함께 구동해야 합니다. 기존 복합설문 데이터 분석에 사용했던 srvyr 패키지나 survey 패키지는 이번 장에서는 필요하지 않습니다.

```
> # 패키지 구동
> library(tidyverse)    # 데이터 관리
> library(lme4)         # 다층모형
```

```
> library(WeMix)          # 복합설문 다층모형
> library(broom.mixed)  # 다층모형 정리
```

종속변수로 happy 변수를, 독립변수로는 ses 변수(학생수준)와 sch_mdhg 변수(학교수준)를 사용하였습니다. 데이터를 불러오고 사전처리하는 과정은 아래와 같습니다.

```
> # 데이터 소환
> setwd("D:/ComplexSurvey/young_health_2020")
> dat <- haven::read_spss("kyrbs2020.sav")
> # 프로그래밍 편의를 위해 소문자로 전환
> names(dat) <- tolower(names(dat))
> # 분석대상 변수 사전처리
> mydata <- dat %>%
+ mutate(
+   ses=e_ses, # SES
+   sch_type=factor(stype),  # 남녀공학, 남, 여
+   sch_mdhg=as.factor(mh),  # 중/고등학교 구분
+   happy=6-pr_hd, # 주관적 행복감 인식수준
+ ) %>%
+ select(ses,sch_type,sch_mdhg,happy,
+          cluster,w)
```

A방법과 B방법의 가중치 재척도화 작업은 다음과 같이 진행하였습니다. 먼저 가중치 제곱값을 계산한 후(sqw) 각 군집별로 가중치 제곱값의 합산값(sumsqw), 가중치 합산값(sumw), 군집 규모(nj)를 계산하였습니다. 그런 다음 (위에서 소개한 공식에 맞게) A방법으로 재척도화한 가중치의 경우 aw1이라는 이름의 변수를 생성하고, B방법으로 재척도화한 가중치의 경우 bw1이라는 이름의 변수를 생성하였습니다.

```
> # 제1수준(학생단위) 가중치 재척도화(re-scaling; Carle, 2009)
> mydata <- mydata %>%
+ mutate(sqw=w^2) %>%
+ group_by(cluster) %>%
+ mutate(
+   sumsqw=sum(sqw),
+   sumw=sum(w),
```

```
+   nj=length(w),
+   aw1=w*nj/sumw,
+   bw1=w*(sumw/sumsqw)
+   ) %>% ungroup() %>%
+ select(-sqw,-sumsqw,-sumw,-nj)
```

참고로, 원가중치와 2가지 방법으로 재척도화한 가중치 사이의 상관계수를 계산하면 아래와 같습니다. 결과를 보면 A방법으로 재척도화한 가중치와 B방법으로 재척도화한 가중치는 거의 비슷하지만($r = .945$), 재척도화 가중치의 경우 원가중치와 상당히 달라진 것을 확인할 수 있습니다(A방법 재척도화 가중치와는 $r = .385$, B방법 재척도화 가중치와는 $r = .402$).

```
> cor(mydata %>% select(w,aw1,bw1))
            w         aw1         bw1
w    1.0000000   0.3852898   0.4021987
aw1  0.3852898   1.0000000   0.9454341
bw1  0.4021987   0.9454341   1.0000000
```

다음으로 제2수준(학교단위) 가중치를 생성해보겠습니다. 이를 위해서 예시데이터의 수집시기와 동일한 2020년 기준 전국 중고등학교의 남녀공학, 남녀분리 학교수 데이터를 확보하였습니다. 고등학교의 소재지, 특수목적 고등학교 여부 등 추가적인 정보도 고려하는 것이 좋겠지만, 여기서는 복합설문 다층모형 추정을 실습한다는 점에서 간단하게 ①중고등학교 여부, ②남녀공학–분리 학교유형 2가지 변수만 살펴보았습니다. 먼저 학교의 모집단 데이터를 불러오면 다음과 같습니다.

```
> # 학교수준 가중치(제2수준)
> # 학교 표집의 중고등학교 + 남녀공학-분리
> # 출처: https://gsis.kwdi.re.kr/statHtml/statHtml.do?orgId=338&tblId=DT_1LCB041
> w_sc <- readxl::read_excel("학교급별_남녀공학_및_분리학교수_행정구역별_2020.xlsx")
> w_sc
```

```
# A tibble: 1 x 15
 중학교_공학 중학교_여자 중학교_남자 일반고등학교_공학~ 일반고등학교_여자~ 일반고등학교_남자~
      <dbl>      <dbl>      <dbl>            <dbl>            <dbl>            <dbl>
1      2477        350        387              923              326              307
# ... with 9 more variables: 특수목적고_공학 <dbl>, 특수목적고_여자 <dbl>,
#   특수목적고_남자 <dbl>, 특성화고_공학 <dbl>, 특성화고_여자 <dbl>,
#   특성화고_남자 <dbl>, 자율고_공학 <dbl>, 자율고_여자 <dbl>, 자율고_남자 <dbl>
```

모집단 데이터를 좀 정리해보겠습니다. 현재의 넓은 형태(wide format) 데이터를 긴 형태(long format)로 변환한 후 학교수를 정리하고 학교유형별 비율을 계산하면 다음과 같습니다.

```
> scP <- w_sc %>% pivot_longer(cols=everything()) %>%
+ separate(name,c("sch_mdhg","sch_type"),sep="_") %>%
+ mutate(
+   sch_mdhg=ifelse(str_detect(sch_mdhg,"중학교"),"중학교","고등학교"),
+   sch_type=str_replace(sch_type,"자","학교"),
+   sch_type=str_replace(sch_type,"공학","남녀공학"),
+ ) %>%
+ group_by(sch_mdhg,sch_type) %>%
+ summarise(n=sum(value)) %>% ungroup() %>%
+ mutate(propP=n/sum(n)) %>%
+ select(-n)
`summarise()` regrouping output by 'sch_mdhg' (override with `.groups` argument)
> scP
# A tibble: 6 x 3
  sch_mdhg  sch_type  propP
  <chr>     <chr>     <dbl>
1 고등학교   남녀공학   0.273
2 고등학교   남학교    0.0732
3 고등학교   여학교    0.0770
4 중학교     남녀공학   0.445
5 중학교     남학교    0.0695
6 중학교     여학교    0.0628
```

이제 예시데이터의 군집, 즉 학교를 ①중고등학교 여부, ②남녀공학−분리 학교유형으로 나눈 뒤 각 유형별 비율을 계산하면 다음과 같습니다.

```
> scS <- mydata %>%
+ count(cluster,sch_mdhg,sch_type) %>%
+ ungroup() %>%
+ count(sch_mdhg,sch_type) %>%
+ mutate(propS=n/sum(n)) %>%
+ select(-n)
> scS
# A tibble: 6 x 3
    sch_mdhg    sch_type    propS
    <fct>       <fct>       <dbl>
1   고등학교     남녀공학    0.288
2   고등학교     남학교      0.105
3   고등학교     여학교      0.106
4   중학교       남녀공학    0.373
5   중학교       남학교      0.0656
6   중학교       여학교      0.0631
```

이제 두 데이터를 합친 후 각 유형별 학교에 대해 적용할 가중치를 다음과 같이 계산합니다. 예를 들어, 남자 고등학교는 모집단 기준으로 약 7%가량 존재하지만 표본 기준으로는 약 11%가량 존재합니다. 다시 말해 남자 고등학교가 과표집되었으므로 이를 조정하기 위해 1보다 작은 값의 가중치, 구체적으로 $\frac{.073}{.105}$의 가중치를 부여합니다. 6개 고등학교 유형별 가중치 w2를 계산한 결과는 아래와 같습니다.

```
> sc_weight2 <- full_join(scS,scP,by=c("sch_mdhg","sch_type")) %>%
+ mutate(w2=propP/propS) %>% select(-propS,-propP)
> sc_weight2
# A tibble: 6 x 3
    sch_mdhg    sch_type    w2
    <chr>       <chr>       <dbl>
1   고등학교     남녀공학    0.949
2   고등학교     남학교      0.700
3   고등학교     여학교      0.727
4   중학교       남녀공학    1.19
5   중학교       남학교      1.06
6   중학교       여학교      0.996
```

이렇게 계산한 가중치 데이터를 예시데이터와 합치면 아래와 같습니다.

```
> mydata <- mydata %>%
+  full_join(sc_weight2,by=c("sch_mdhg","sch_type"))
```

이제 복합설문 다층모형 추정을 위한 측정수준별 가중치 생성작업이 끝났습니다. 여기서 저희가 추정하고자 하는 다층모형은 다음 3가지입니다.

- 기저모형(baseline model, M0): 종속변수(happy)를 대상으로 군집변수(cluster)의 랜덤효과만 추정한 모형
- 랜덤절편모형(random intercept model, MI): 기저모형에 독립변수 ses와 sch_mdhg의 고정효과(fixed effect)를 추가한 모형
- 랜덤절편 및 랜덤기울기 모형(random intercept and random slope model, MIS): 랜덤절편 모형에 독립변수 ses가 종속변수 happy에 미치는 회귀계수의 랜덤효과를 추가로 추정한 모형(이때 랜덤절편항과 랜덤기울기항은 서로 독립적인 것으로 가정함)

앞서 언급했듯이 칼(Carle, 2009)은 복합설문 다층모형을 추정할 때 ①복합설문 설계를 고려하지 않은 일반 다층모형 추정결과, ②A방법에 기반한 복합설문 다층모형 추정결과, ③B방법에 기반한 복합설문 다층모형 추정결과 3가지를 모두 보고할 것을 권장했습니다. 이에 본격적으로 복합설문 다층모형을 추정하기에 앞서, 복합설문 설계를 무시하고 가중치를 부여하지 않은 통상적 다층모형을 추정해보겠습니다. lme4 패키지의 lmer() 함수를 이용하여 통상적 다층모형을 추정하면 다음과 같습니다. lmer() 함수를 기반으로 통상적 다층모형을 추정하는 과정에 대한 보다 자세한 설명은 다른 문헌(백영민, 2018a; Finch et al., 2014 등)을 참조하시기 바랍니다.

통상적 다층모형을 추정할 경우 집단평균중심화(group-mean centering) 변환을 적용합니다. 복합설문 설계를 고려하지 않는 경우, 집단평균중심화 변환을 실시하는 것은 그리 어렵지 않습니다. 아래와 같이 group_by() 함수를 사용하면 독립변수에 대해 손쉽게 집단평균중심화 변환을 실시할 수 있습니다. 그러나 복합설문 다층모형의 경우에는 가중치를 부여해야 하기 때문에 아래와 같은 방식으로 집단평균중심화 변환을 실시할 수

없습니다. 이에 별도의 데이터 오브젝트를 생성한 후, 해당 데이터 오브젝트를 대상으로 통상적 다층모형을 추정하였습니다.

```
> # 통상적 다층모형 추정
> library(lme4)
> # 집단평균중심화 변환
> mydata1 <- mydata %>%
+   group_by(cluster) %>%
+   mutate(mc_ses=ses-mean(ses))
> M0_N <- lmer(happy~1+(1|cluster),mydata1)
> MI_N <- lmer(happy~mc_ses+sch_mdhg+(1|cluster),mydata1)
> MIS_N <- lmer(happy~mc_ses+sch_mdhg+(mc_ses||cluster),mydata1) # 랜덤절편, 랜덤기울기 상호독립
```

통상적 다층모형으로 얻은 '기저모형(M0_N)' 추정결과와 랜덤절편모형(MI_N)만 구체적으로 살펴보겠습니다. 랜덤절편모형 및 랜덤기울기모형(MIS_N)의 경우, 복합설문 다층모형 추정결과와 비교하는 [표 8-2]를 통해 설명하겠습니다. 먼저 기저모형에 대한 통상적 다층모형 추정결과입니다.

```
> summary(M0_N)
Linear mixed model fit by REML ['lmerMod']
Formula: happy ~ 1 + (1 | cluster)
   Data: mydata1

REML criterion at convergence: 151541.6

Scaled residuals:
    Min      1Q  Median      3Q     Max
-3.2240 -0.8085  0.1598  1.0609  1.5548

Random effects:
 Groups   Name        Variance Std.Dev.
 cluster  (Intercept) 0.0202   0.1421
 Residual             0.9108   0.9544
Number of obs: 54948, groups: cluster, 793
```

Fixed effects:

	Estimate	Std. Error	t value
(Intercept)	3.812333	0.006514	585.3

기저모형 추정결과 중 Fixed effects: 부분의 절편 추정결과는 "랜덤효과 군집 간 분산을 통제하였을 때 기대할 수 있는 종속변수의 평균값이 3.812이다"라고 해석할 수 있습니다. 다음으로 Random effects: 부분에는 2가지 분산값이 보고되어 있습니다. 우선 Residual이라는 이름의 분산값 0.9108은 제1수준(학생단위)에서 나타난 분산을 의미하며, cluster라는 이름의 분산값 0.0202는 제2수준(학교단위)에서 나타난 분산을 뜻합니다. 즉 총분산 0.931은 학교 간 차이에 따른 분산 0.0202와 학생 개인 간 차이에 따른 분산이 0.9108로 나뉜다는 것이 랜덤효과 추정결과의 의미입니다. 랜덤효과 추정결과를 토대로 '총분산 중 상위수준(제2수준, 학교단위)의 군집 간 차이에 따른 분산비율'을 계산할 수 있는데, 이것이 바로 급내상관계수(ICC, intra-class correlation coefficient) 혹은 군집효과(cluster effect)라고 불리는 것입니다. 즉 예시데이터를 대상으로 통상적 다층모형을 적용했을 때 학생이 배속된 학교 차이가 종속변수 happy의 분산에 미치는 효과는 약 2.17%입니다($0.0217 \approx \dfrac{0.0202}{0.9108 + 0.0202}$).

이번에는 랜덤절편모형에 대한 통상적 다층모형 추정결과를 살펴봅시다.

```
> summary(MI_N)
Linear mixed model fit by REML ['lmerMod']
Formula: happy ~ mc_ses + sch_mdhg + (1 | cluster)
  Data: mydata1

REML criterion at convergence: 149194.3

Scaled residuals:
    Min      1Q  Median      3Q     Max
-3.6047 -0.7631  0.1439  0.8521  2.1200

Random effects:
 Groups   Name        Variance  Std.Dev.
 cluster  (Intercept) 0.01492   0.1221
 Residual             0.87436   0.9351
Number of obs: 54948, groups: cluster, 793
```

```
Fixed effects:
                 Estimate    Std. Error    t value
(Intercept)      3.734454      0.008493     439.71
mc_ses          -0.219805      0.004624     -47.54
sch_mdhg중학교     0.151882      0.011846      12.82

Correlation of Fixed Effects:
                (Intr)    mc_ses
mc_ses           0.000
sch_mdhg중학교     -0.717     0.000
```

먼저 고정효과 추정결과부터 살펴보겠습니다. 여기서 절편 3.734는 학교 간 차이로 인해 발생하는 종속변수의 분산을 통제하고, 각 학교에 배속된 학생들의 사회경제적 수준이 평균수준(mc_ses＝0)인 고등학교에 다니는 학생(sch_mdhg 변수가 고등학교)에게서 나타나는 happy 변수의 기댓값입니다. 또한 mc_ses의 회귀계수는 다른 고정효과와 랜덤효과를 통제할 때 학생의 사회경제적 수준이 1단위 증가하면 happy 변수는 약 0.2198점 감소하며, 이 감소효과는 통계적으로 유의미하다(t＝-47.54)는 것을 의미합니다. 아울러 sch_mdhg중학교의 회귀계수는 다른 고정효과와 랜덤효과를 통제할 때 고등학생에 비해 중학생의 happy 변수의 값이 약 0.1519점 높으며, 이 차이는 통계적으로 유의미하다(t＝12.82)는 것을 뜻합니다.

다음으로 랜덤효과에 보고된 각 수준별 분산값을 살펴봅시다. 기저모형 추정결과에서 개인수준의 분산은 0.9108이었으나 랜덤절편모형에서는 0.87436으로 감소하였고, 학교수준의 분산은 0.0202였지만 랜덤절편모형에서는 0.01492로 감소하였습니다. 이제 기저모형의 분산값을 기준으로 랜덤절편모형의 분산값이 얼마나 감소했는지를 각 수준별로 계산해봅시다.

```
> 1-0.87436/0.9018  # 개인수준 분산감소분
[1] 0.03042803
> 1-0.01492/0.0202  # 학교수준 분산감소분
[1] 0.2613861
```

즉 개인수준의 분산은 약 3%가량, 학교수준의 분산은 약 26%가량 감소한 것을 발견할 수 있습니다. 수준별 분산감소분은 흔히 '오차감소비율(PRE, proportional reduction in error)'이라고 부르며, 개념적으로 측정수준별 R^2 값이라고 생각할 수 있습니다.

고정효과, 랜덤효과, PRE 등과 관련된 통상적 다층모형 추정결과에 대한 해석방식은 복합설문 다층모형 추정결과를 해석할 때도 그대로 적용됩니다.

이제 복합설문 다층모형을 추정해봅시다. 먼저 WeMix 패키지를 구동합니다. 구체적으로 모형을 추정하기 전에 복합설문 다층모형 추정방법에 대해 간단하게 언급하겠습니다. WeMix 패키지에서는 준(準)-최대우도추정방법(PML, pseudo-maximum likelihood, estimation)을 사용합니다.[1] PML에서 '준(準, pseudo)'이라는 말이 붙은 이유는 앞서 복합설문 로지스틱 회귀모형이나 복합설문 포아송 회귀모형을 추정할 때 family 옵션에 quasibinomial 혹은 quasipoisson을 적용했던 이유와 동일합니다. 일반적으로 군집 규모가 너무 작은 경우[2]라면 PML 추정방법으로 얻은 모형추정결과의 편향이 클 수 있다고 알려져 있습니다(Carle, 2009; Kovačević & Rai, 2003; Rabe-Hesketh & Skrondal, 2006). 그러나 현재의 예시데이터에서는 군집 규모가 평균 70($SD = 13$, 범위 28~106)으로 충분하게 확보되어 있다는 점에서 PML으로 복합설문 다층모형을 추정해도 큰 문제가 없습니다.

먼저 A방법에 근거해 재척도화한 제1수준(학생단위) 가중치를 사용하여 추정한 복합설문 다층모형은 다음과 같습니다. mix() 함수에 공식과 데이터를 지정한 후, 다층모형의 수준별 가중치를 weights 옵션에 순서대로 지정·투입합니다(이때 가중치변수의 부여 순서에 주의해야 합니다). 아울러 해당 데이터의 경우 원가중치를 중심으로 가중치 재척도

---

1 이는 대부분의 복합설문 다층모형 추정 패키지들도 동일하지만, 유일한 방법은 아닙니다. 카이(Cai, 2013)에서는 본서에서 소개한 통상적 다층모형, A방법과 B방법으로 재척도화한 가중치를 활용한 PML기법과 아울러 확률가 중 반복 일반화최소자승(PWIGLS, probability-weighted iterative generalized least squares; Pfefferman et al., 1998), 지수모형 기반 표본분포 기법(SDMEXP, sample distribution method using exponential model; Krieger & Pfeffermann, 1997), 로지스틱 모형 기반 표본분포 기법(SDMLGT, sample distribution method using logistic model; Krieger & Pfeffermann, 1997) 등을 추가로 추정한 후 모형추정결과를 비교하기도 했습니다. 카이에 따르면, 본서에서 예시로 소개한 PML 기반 복합설문 다층모형 추정결과는 다른 복합설문 다층모형 추정결과와 비교하여 크게 다르지 않습니다.

2 '얼마나 작아야 작다고 할 수 있는가'에 대한 논란이 있을 수 있습니다. 칼(Carle, 2009)에 따르면 20 정도면 군집 규모가 충분하다고 볼 수 있다고 합니다.

화 작업을 실시하였기 때문에 weights=TRUE 옵션을 추가해주었으며, 집단평균중심화 (group-mean centering) 변환을 적용하기 위하여 center_group 옵션을 이용하여 ses 변수를 변환한 후 복합설문 다층모형을 추정하였습니다. 다층모형 공식을 지정하는 방법은 lme4 패키지의 lmer() 함수를 지정하는 방법과 동일합니다. 순서대로 '기저모형', '랜덤절편모형', '랜덤절편 및 랜덤기울기 모형'을 추정한 결과는 아래와 같습니다.

```
> # A방법 적용
> M0_A <- mix(happy~1+(1|cluster),mydata,
+          weights=c("aw1","w2"),
+          cWeights=TRUE) # 재척도화했기 때문
> MI_A <- mix(happy~ses+sch_mdhg+(1|cluster),mydata,
+          weights=c("aw1","w2"),
+          cWeights=TRUE,
+          #집단평균중심화 변환(group-mean centering)
+          center_group=list("cluster"=~ses))
> MIS_A <- mix(happy~ses+sch_mdhg+(ses||cluster),mydata, #랜덤절편, 랜덤기울기 상호독립
+          weights=c("aw1","w2"),
+          cWeights=TRUE,
+          center_group=list("cluster"=~ses))
```

A방법을 활용한 복합설문 다층모형 추정결과에서 기저모형(M0_A)과 랜덤절편모형 (MI_A)만 구체적으로 살펴보겠습니다. 랜덤절편모형과 랜덤기울기모형(MIS_A)의 경우, 통상적 다층모형 및 B방법 활용 복합설문 다층모형 추정결과와 비교하는 [표 8-2]를 통해 설명하겠습니다. 먼저 기저모형에 대한 A방법 활용 복합설문 다층모형의 추정결과입니다.

```
> summary(M0_A)
Call:
mix(formula = happy ~ 1 + (1 | cluster), data = mydata, weights = c("aw1",
    "w2"), cWeights = TRUE)

Variance terms:
Level    Group       Name  Variance  Std. Error  Std.Dev.
   2  cluster  (Intercept)   0.02041    0.001562    0.1429
   1  Residual               0.90933    0.005865    0.9536
```

```
Groups:
Level      Group    n size    mean wgt    sum wgt
    2    cluster       793       1.000        793
    1       Obs     54948       1.007      55355

Fixed Effects:
              Estimate    Std. Error    t value
(Intercept)   3.823907      0.006569      582.1

lnl= -76285.27
Intraclass Correlation= 0.02195
```

　　모형추정결과가 제시되는 방식은 통상적 다층모형 추정결과의 제시방식과 크게 다르지 않습니다. 먼저 기저모형 추정결과 맨 마지막의 Intraclass Correlation = 0.02195는 복합설문 다층모형으로 추정한 ICC입니다. 통상적 다층모형으로 추정한 ICC = 0.0217과 크게 다르지 않은 것을 확인할 수 있습니다. 일반적으로 ICC가 작을 경우 통상적 다층모형 추정결과와 복합설문 다층모형 추정결과가 크게 다르지 않은 것으로 알려져 있습니다(Kovačević & Rai, 2003). 복합설문 다층모형 추정결과로 얻은 ICC = 0.02195에 대한 해석방법 역시 통상적 다층모형 추정결과와 동일합니다. 또한 고정효과 추정결과 (Fixed Effects: 부분)에 대한 해석방법도 마찬가지입니다. 아울러 랜덤효과 추정결과는 Variance terms: 부분에서 확인할 수 있습니다.

　　다음으로 랜덤절편모형 추정결과도 살펴봅시다.

```
> summary(MI_A)
Call:
mix(formula = happy ~ ses + sch_mdhg + (1 | cluster), data = mydata,
  weights = c("aw1", "w2"), cWeights = TRUE, center_group = list(cluster = ~ses))

Variance terms:
Level      Group        Name    Variance    Std. Error    Std.Dev.
    2    cluster  (Intercept)     0.01491      0.001364      0.1221
    1   Residual                  0.87200      0.005674      0.9338
Groups:
Level      Group    n size    mean wgt    sum wgt
    2    cluster       793       1.000        793
    1       Obs     54948       1.007      55355
```

```
Fixed Effects:
                 Estimate    Std. Error   t value
(Intercept)      3.731581      0.008486    439.75
ses             -0.222120      0.005170    -42.97
sch_mdhg중학교     0.157137      0.011796     13.32

lnl= -75063.40
Intraclass Correlation= 0.01681
```

랜덤절편모형 추정결과에서 고정효과에 대한 해석방식 역시 앞서 소개한 통상적 다층모형 추정결과의 해석방식과 동일합니다. 오차감소비율(PRE) 역시 비슷한 방식으로 계산할 수 있고 동일하게 해석하면 됩니다.

끝으로 B방법 활용 복합설문 다층모형 추정결과를 살펴보겠습니다. 재척도화한 제1수준(학생단위) 가중치변수만 aw1에서 bw1로 바꾸면 됩니다.

```
> # B방법 적용
> M0_B <- mix(happy~1+(1|cluster),mydata,
+         weights=c("bw1","w2"),
+         cWeights=TRUE) # 재척도화했기 때문
> MI_B <- mix(happy~ses+sch_mdhg+(1|cluster),mydata,
+         weights=c("bw1","w2"),
+         cWeights=TRUE,
+         center_group=list("cluster"=~ses))
> MIS_B <- mix(happy~ses+sch_mdhg+(ses||cluster),mydata, #랜덤절편, 랜덤기울기 상호독립
+         weights=c("bw1","w2"),
+         cWeights=TRUE,
+         center_group=list("cluster"=~ses))
```

B방법을 활용한 복합설문 다층모형 추정결과를 확인하고 해석하는 방법은 A방법 기반 복합설문 다층모형 예시와 동일하므로 summary() 함수로 별도 확인하지 않겠습니다.

이제 통상적 다층모형, A방법과 B방법을 각각 활용한 복합설문 다층모형 추정결과를 정리하면 [표 8-2]와 같습니다. 결과 정리를 위해 broom.mixed 패키지의 tidy() 함수를 이용하였고, WeMix 함수 추정결과의 경우 해당 함수가 작동하지 않기 때문에 직접 개

인함수를 정의하였습니다. 이는 앞서 소개한 일반선형모형의 과정과 다르지 않기 때문에 어렵지 않게 이해할 수 있을 것입니다.

```
> # 추정결과 정리
> # 통상적 다층모형: broom.mixed 패키지 이용
> tidy(M0_N) %>% mutate(rid=row_number()) # row id 생성
                        [출력내용은 제시된 표에 정리하였음]
> summ_N <- list("M0"=M0_N,"MI"=MI_N,"MIS"=MIS_N) %>%
+ map_df(~tidy(.) %>% mutate(rid=row_number()),
+        .id="model")
> # 복합설문 다층모형: 별도의 tidy 함수를 정의
> tidy_mix_function <- function(object_mix){
+ # 고정효과
+ FE <- summary(object_mix)$coef %>% data.frame()
+ names(FE) <- c("estimate","std.error","statistic")
+ # 랜덤효과
+ RE <- object_mix$vars %>% data.frame() %>% rename(estimate=".")
+ # 고정효과, 랜덤효과 결합
+ bind_rows(FE %>% mutate(effect="fixed"),
+           RE %>% mutate(effect="ran_pars")) %>%
+   as_tibble(rownames="group_term") %>%
+   select(effect,group_term,everything())
+
+ }
> tidy_mix_function(M0_A) %>% mutate(rid=row_number())
                        [출력내용은 제시된 표에 정리하였음]
> summ_A <- list("M0"=M0_A,"MI"=MI_A,"MIS"=MIS_A) %>%
+ map_df(~tidy_mix_function(.) %>% mutate(rid=row_number()),
+        .id="model")
> summ_B <- list("M0"=M0_B,"MI"=MI_B,"MIS"=MIS_B) %>%
+ map_df(~tidy_mix_function(.) %>% mutate(rid=row_number()),
+        .id="model")
> bind_rows(summ_N %>% mutate(method="N"),
+           summ_A %>% mutate(method="A"),
+           summ_B %>% mutate(method="B")) %>%
+ select(-group,-term,-group_term) %>%
+ mutate(statistic=ifelse(is.na(statistic),
+                         yes="",
+                         no=str_c("\n(",
```

```
+                                    format(round(statistic,4),nsmall=4),
+                                    ")")),
+           myreport=str_c(format(round(estimate,4),nsmall=4),statistic),
+           name=str_c(model,"-",method)) %>%
+ left_join(summ_N %>% select(model,rid,term)) %>%
+ arrange(model) %>%
+ select(name,effect,term,myreport) %>%
+ pivot_wider(names_from=name,values_from=myreport) %>%
+ arrange(effect,term) %>%
+ mutate(across(
+   .cols=everything(),
+   .fns=function(x){ifelse(is.na(x)," ",x)}
+ )) %>%
+ write_excel_csv("Table_Part4_Ch8_2_compare_MLM.csv")
```

[표 8-2]를 보면 3가지 다층모형 추정결과가 거의 유사합니다. 이러한 결과가 나타난 결정적 이유는 ICC가 작기 때문입니다. 즉 학생 개개인의 주관적 행복(happy 변수)의 분산은 학교 간 차이에 의해 별로 큰 영향을 받지 않으며, 이는 예시데이터의 경우 군집표집에 따른 대표성 문제가 최소한 happy 변수에서는 심하게 나타나지 않았다는 것을 의미합니다.

끝으로 mix() 함수로 얻은 복합설문 다층모형 추정결과를 대상으로 왈드(Wald) 테스트를 실시하는 방법을 간단하게 살펴보겠습니다. '제한적 최대우도(REML, restricted maximum likelihood)'를 사용하는 통상적 다층모형이나 '준-최대우도(PML)'를 사용하는 복합설문 다층모형의 경우, 최대우도(ML)를 기반으로 하는 로그우도비 테스트(log-likelihood ratio test)를 수행할 수 없습니다. WeMix 패키지의 waldTest() 함수를 활용하면 특정하게 가정된 모수(들)와 다층모형 추정결과로 얻은 모수(들)가 통계적으로 유의미한 차이를 보이는지 테스트할 수 있습니다.

waldTest() 함수에는 복합설문 다층모형 추정결과 오브젝트, type 옵션, coefs 옵션, hypothesis 옵션 등에 연구자가 원하는 조건을 지정하면 됩니다. 여기서는 A방법으로 추정한 복합설문 다층모형 추정결과 오브젝트인 MIS_A를 대상으로 왈드 테스트를 실시해보겠습니다. 먼저 MIS_A 오브젝트만 투입하면, 해당 모형의 고정효과들을 모두 0이라고 볼 수 있는지 여부에 대한 왈드 테스트 결과가 출력됩니다. 다음 출력결과를 통해 절

[표 8-2] 통상적 다층모형 추정결과와 A방법과 B방법에 기반한 복합설문 다층모형 추정결과 비교

	기저모형			랜덤절편모형			랜덤절편 및 랜덤기울기 모형		
	통상적	A방법	B방법	통상적	A방법	B방법	통상적	A방법	B방법
절편	3.8123 (585.2523)	3.8229 (582.1200)	3.8242 (583.5938)	3.7345 (439.7103)	3.7316 (439.7531)	3.7717 (441.1351)	3.7345 (439.7090)	3.7316 (439.7311)	3.7708 (441.1483)
사회경제적 지위(SES)				-0.2198 (-47.5361)	-0.2221 (-42.9666)	-0.2204 (-43.0607)	-0.2195 (-43.7707)	-0.2217 (-42.8282)	-0.2201 (-42.9787)
학교(고등학교=0/ 중학교=1)				0.1519 (12.8210)	0.1571 (13.3208)	0.1495 (12.5846)	0.1519 (12.8207)	0.1571 (13.3203)	0.1506 (12.6887)
랜덤절편	0.1421	0.0204	0.0198	0.1221	0.0149	0.0148	0.1223	0.0149	0.0147
랜덤기울기							0.0535	0.0036	0.0029
제1수준 분산	0.9544	0.9093	0.9098	0.9351	0.8720	0.8724	0.9339	0.8693	0.8702

알림: 모수추정치를 제시하고, 괄호 속에는 테스트 통계치(t-statistic)를 제시하였음. 통상적 다층모형은 lme4 패키지(version 1.1-29)의 lmer() 함수를, 복합설문 다층모형은 WeMix 패키지(version 3.2.1)의 mix() 함수를 이용하여 추정하였음. A방법과 B방법의 가중치 재척도화 방법에 대한 구체적인 설명은 본문이나 칼(Carle, 2009)을 참조.

편, ses의 회귀계수, sch_mdhg의 회귀계수가 모두 0인 경우를 대안가설로 설정한 것을 알 수 있습니다.

```
> waldTest(MIS_A)
Wald Test Statistic
423904.6

p-value
0

Degrees of Freedom
3

Null Hypothesis
  (Intercept)       ses    sch_mdhg중학교
      3.7316   -0.2217          0.1571


Alternative Hypothesis
  (Intercept)       ses    sch_mdhg중학교
            0         0               0
```

위의 출력결과에서 절편, ses의 회귀계수, sch_mdhg의 회귀계수는 모두 0이라고 보기 어렵습니다[$\chi^2_{Wald}(3) = 423904.6$, $p < .001$].

이제 절편은 빼고 ses의 회귀계수, sch_mdhg의 회귀계수가 모두 0인지 여부에 대하여 왈드 테스트를 진행해봅시다. 이를 위해서는 왈드 테스트에 고정효과항을 고려한다는 것을 type 옵션으로 지정하고, coefs 옵션으로 어떤 모수추정치를 테스트하고 싶은지 설정해야 합니다. waldTest() 함수에서는 고정효과인 경우 type="beta"를 지정하고, 랜덤효과인 경우 type="Lambda"를 지정합니다.

```
> # 고정효과(Fixed effect)
> waldTest(MIS_A,type="beta",
+     coefs=c("ses","sch_mdhg중학교"))
Wald Test Statistic
2087.747
```

p-value
0

Degrees of Freedom
2

Null Hypothesis
    ses   sch_mdhg중학교
 -0.2217   0.1571

Alternative Hypothesis
    ses   sch_mdhg중학교
      0   0

여기에 hypothesis 옵션을 추가하면 보다 구체적인 통계적 유의도 테스트를 실행할 수 있습니다. 예를 들어 ses 회귀계수가 0인지 아닌지를 테스트하지 말고 −0.22와 동일한지 여부를 테스트해보겠습니다. 즉 모형추정결과로 얻은 −0.2217과 −0.22가 서로 동일한 모수추정값인지 여부에 대해 왈드 테스트를 진행하면 다음과 같습니다.

```
> waldTest(MIS_A,type="beta",
+          coefs="ses",
+          hypothesis=c(-0.22))
Wald Test Statistic
0.1107535

p-value
0.7393

Degrees of Freedom
1

Null Hypothesis
   ses
-0.2217

Alternative Hypothesis
  ses
-0.22
```

앞의 결과에서 복합설문 다층모형 추정결과로 얻은 ses 회귀계수 −0.2217은 −0.22
와 비교할 때 통계적으로 유의미하게 다르다고 보기 어렵습니다($\chi^2_{Wald}(1) = 0.11, p = .74$).

다음으로 랜덤효과항에 대한 왈드 테스트를 실시해보겠습니다. MIS_A 오브젝트에
추정된 랜덤효과항은 랜덤절편항(cluster.(Intercept))과 랜덤기울기항(cluster.ses)
2가지가 있습니다. 아래와 같이 하면 2가지 랜덤효과항에 대한 왈드 테스트 결과를 얻을
수 있습니다.

```
> # 랜덤효과(Random effect)
> waldTest(MIS_A,type="Lambda")
Wald Test Statistic
13013.58

p-value
0

Degrees of Freedom
2

Null Hypothesis
                      cluster.(Intercept)    cluster.ses
cluster.(Intercept)                    0              0
cluster.ses                            0              0

Alternative Hypothesis
                      cluster.(Intercept)    cluster.ses
cluster.(Intercept)               0.1311          0.000
cluster.ses                       0.0000          0.064
```

만약 특정 랜덤효과항을 선별한 후 특정한 모수추정치와 비교하고 싶다면, 고정효과
항에서 소개했던 coefs 옵션과 hypothesis 옵션을 활용하면 됩니다. 예를 들어 랜덤
기울기항이 0.06과 동일한지 여부에 대해 왈드 테스트를 실시한 결과는 다음과 같습니
다. 즉 MIS_A 오브젝트에서 나타난 추정된 랜덤기울기항 0.064는 0.06보다 통계적으로
유의미하게 다르다고 볼 수 있습니다($\chi^2_{Wald}(1) = 15.76, p = .0001$).

```
> waldTest(MIS_A,type="Lambda",
+          coefs=c("cluster.ses"),
+          hypothesis=c(0.06))
Wald Test Statistic
15.75534

p-value
1e-04

Degrees of Freedom
1

Null Hypothesis
                   cluster.(Intercept)   cluster.ses
cluster.(Intercept)                  0          0.00
cluster.ses                          0          0.06

Alternative Hypothesis
                   cluster.(Intercept)   cluster.ses
cluster.(Intercept)                  0         0.000
cluster.ses                          0         0.064
```

위의 과정들에서 짐작할 수 있듯이 왈드 테스트 결과는 카이제곱 통계치를 기반으로 합니다. 따라서 예시데이터처럼 표본크기가 클 경우 귀무가설을 기각할 가능성이 매우 높게 나타납니다. 이 점만 유의한다면, 왈드 테스트는 추정된 모수에 대해 유용한 정보를 제공한다고 볼 수 있습니다.

복합설문 성향점수분석

설문조사 데이터의 방법론적 한계점 중 하나는 변수들의 인과성을 확립하기 어렵다는 점입니다. 이는 복합설문 설계로 수집된 데이터에서도 마찬가지입니다. 복합설문 설계는 표본의 대표성 확보에 중점을 둘 뿐이며, 수집된 복합설문 데이터에서 나타나는 변수와 변수의 관계는 현상에 대한 과학적 이론을 통해 정당화될 수 있는 영역이기 때문입니다. 그러나 변수와 변수의 관계가 현상에 대한 과학적 이론을 통해 정당화될 수 있다고 하더라도, 방법론적 관점에서의 자기선택(self-selection) 편향은 통계 모형을 통해서 해결되어야 합니다.

설문조사 데이터와 같은 관측연구(observational study) 데이터를 대상으로 처치효과 (treatment effect)를 추정할 때 가장 널리 사용되는 데이터 분석기법 중 하나는 성향점수분석(PSA, propensity score analysis: Rosenbaum & Rubin, 1983)입니다. 그러나 현재 활용되고 있는 대부분의 PSA 기법은 복합설문 설계를 고려한 상황에서 개발된 것이 아닙니다. 다시 말해 성향점수가중(propensity score weighting), 1:k 성향점수매칭(propensity score matching), 성향점수층화(propensity score subclassification) 등의 PSA 기법은 층화표집(stratified sampling)과 군집표집(cluster sampling)이 아닌 대체가능 단순 무작위 표집 (SRSWR)으로 수집된 데이터를 가정하고 있습니다.

그러나 상당수 사회과학 및 공중보건 연구는 공개된 복합설문 데이터를 기반으로 하는 2차 분석 연구입니다. 그렇다면 이렇게 공개된 복합설문 데이터를 대상으로 PSA 기법을 적용하는 것이 과연 타당할까요? 이 질문에 대한 대답은 연구자들마다 조금씩 다르지만, 적어도 최근 연구들(Austin et al., 2018; Lenis et al., 2019; Ridgeway et al., 2015)에서는 권장되지 않습니다. 이와 관련하여 듀고프 등(DuGoff et al., 2014)은 공중보건과 관련된 공개 복합설문 데이터[1]를 대상으로 PSA 기법을 시도했던 연구들 중 57%의 연구에서 복합설문 설계변수를 고려하지 않았다고 보고하고 있습니다.

그런데 복합설문 데이터를 대상으로 PSA를 실시하는 것은 생각보다 매우 까다롭고 복잡합니다. '모름(DK, don't know)'이나 '응답거부(RF, refusal)'와 같은 문항 무응답(item nonresponse)으로 인한 결측데이터 문제가 전혀 없다고 가정하더라도, 복합설문 데이터 대상 PSA 기법을 어떻게 실시해야 하는가에 대해서는 아직까지 확립된 절차가 없습니다. 이번 장에서는 복합설문 데이터 대상 PSA 기법과 관련된 주요 이슈를 먼저 간단하게 살펴본 후, 예시데이터를 대상으로 PSA 기법 중 널리 사용되는 '성향점수기반 1:1 그리디 매칭(1:1 greedy matching with propensity score)'으로 '처치집단대상 처치효과(ATT, average treatment effect for the treated)'를 실습해보겠습니다. 그리고 성향점수가중(propensity score weighting) 기법을 이용하여 '전체집단대상 처치효과(ATE, average treatment effect)'를 간략하게 실습해보겠습니다.[2] 한편, PSA 기법 적용 과정에서 처치효과를 추정하기 전에 실시하는 공변량 균형성 점검(assessing covariate balance)과 처치효과 추정 후 실시하는 민감도 분석(sensitivity analysis; Rosenbaum, 2015)의 경우에는 복합설문 데이터 상황에서 어떻게 실시해야 하는가에 대한 선행연구를 전혀 찾을 수 없었습니다. 이에 공변량 균형성 점검[3]과 민감도 분석에 대해서는 안타깝게도 본서에서 별도로 소개하지 못했습니다.

---

1 National Longitudinal Study of Adolescent Health, Youth Risk Behavior Surveillance System 등이 여기에 속합니다.

2 PSA 문헌에서는 ATT, ATE와 함께 '통제집단대상 처치효과(ATC, average treatment effect for the control)'를 계산하기도 합니다. 그러나 활용빈도가 높지 않으며, ATT 계산방식을 활용하여, 다시 말해 원인변수의 처치집단과 통제집단을 역코딩해주는 방식으로 간단하게 ATC를 계산할 수 있다는 점에서 본서에서는 구체적으로 소개하지 않았습니다.

3 공변량 균형성 점검에 가장 널리 활용되는 R 패키지인 cobalt 패키지(version 4.3.1)의 경우, 군집형 데이터(clustered data)에 대해서도 공변량 균형성 점검을 실시할 수 있습니다. 즉 cobalt 패키지의 bal.tab() 함수에 cluster 옵션을 사용하면 지정된 군집의 수준별 공변량 균형성 점검결과가 제시됩니다(2022년 4월 기준). 만약 군집의 개수가 적은 반면 군집 내 사례수가 많다면, bal.tab() 함수의 cluster 옵션을 활용하여 복합설문 데이터 내 처치집단과 통제집단의 공변량 균형성을 개별 군집별로 살펴볼 수도 있을 것입니다. 그러나 군집 개수가 많은 반면 군집 내 사례수가 적을 경우, 이러한 방법의 활용 가능성은 그다지 높지 않을 것입니다. 참고로 bal.tab() 함수의 cluster 옵션 사용방법에 대해 보다 구체적으로 살펴보기 원한다면 cobalt 패키지 도움말 파일(help file) 중 "Appendix 2: Using cobalt with Clustered, Multiply Imputed, and Other Segmented Data"를 참조하시기 바랍니다.

다시 반복합니다만, 복합설문 데이터 대상 PSA 기법은 아직 완전하게 확립된 절차가 없는 것으로 알고 있습니다. 즉 본서에서 소개하는 방법은 저희가 선택한 하나의 방법일 뿐이며, 본서 출간 이후 새로운 연구방법이 제안되어 확립될 수도 있습니다. 무엇보다 독자들께서 활동하는 학문분과에 따라 선호되는 방법이 매우 다를 수도 있다는 점을 반드시 염두에 두시기 바랍니다.

1 성향점수분석 과정

복합설문 데이터 대상 PSA 기법을 이해하기 위해서는 먼저 PSA 기법을 이해해야 합니다. PSA 기법이 낯선 독자께서는 우선 PSA 기법이 무엇이며 어떻게 진행되는지에 대해 학습하시길 권합니다.[4] 보통 PSA 분석 과정은 다음의 다섯 단계로 진행됩니다.

• 1단계 : 원인변수를 종속변수로 하고 원인–결과 관계에 영향을 미치는 공변량을 독립변수로 하는 이항 로지스틱 회귀모형(binary logistic regression)을 실시하여 표본을 구성하는 개별 사례의 성향점수(즉, 특정 개체가 원인처치를 받을 확률)를 계산합니다. 물론 이 과정에서 반드시 이항 로지스틱 회귀모형을 쓸 필요는 없습니다. 상황에 따라 이항 프로빗 회귀모형(probit regression)을 쓰거나 랜덤포레스트(RF, random forest) 알고리즘과 같은 기계학습 알고리즘을 사용할 수도 있습니다. 요컨대 특정 개체가 원인처치를 받을 확률을 타당한 방식으로 추정할 수만 있다면, 연구분과의 관례나 연구자의 이론적 판단에 따라 모형이나 알고리즘을 선택하면 됩니다.

• 2단계 : 성향점수 계산이 끝나면 PSA 기법을 적용합니다. 일반적으로 PSA는 ① 성향점수매칭(propensity score matching), ② 성향점수층화(propensity score subclassification), ③ 성향점수가중(propensity score weighting) 3가지로 나눕니다.

---

4 PSA 기법에 대해서는 궈와 프레이저(Guo & Fraser, 2014), 모건과 윈십(Morgan & Winship, 2015), 로젠바움(Rosenbaum, 2017)과 함께 《R 기반 성향점수분석: 루빈 인과모형 기반 인과추론》(백영민·박인서, 2021a) 등을 살펴보시길 권합니다.

먼저 '성향점수매칭기법'의 경우, 처치집단의 성향점수와 가장 비슷한 성향점수를 갖는 통제집단의 사례를 찾아 매칭(matching, 짝짓기)하는 방법입니다. 물론 매칭 알고리즘에 따라 그리디 매칭(greedy matching), 최적 매칭(optimal matching), 전체 매칭(full matching), 유전 매칭(genetic matching) 등 다양한 방법이 존재하며, 성향점수가 비슷하다고 볼 수 있는 허용반경(caliper), 동일 사례 반복매칭 여부, 처치집단 사례 하나당 몇 개의 통제집단 사례를 매칭시킬지 등의 조건을 어떻게 설정하는가에 따라 성향점수매칭 기법으로 얻은 추정치는 달라집니다.

다음으로 '성향점수층화 기법'의 경우, 성향점수 범위에 따라 전체 데이터를 k개의 하위 집단(subclass)으로 나눈 후 각 집단별로 처치효과를 계산하고, 각각의 처치효과를 집단크기에 맞게끔 조정하여 합산하는 방식으로 전체 데이터의 처치효과를 계산합니다. 끝으로 '성향점수가중 기법'에서는 추정된 성향점수를 바탕으로 처치역확률가중치(IPTW, inverse probability of treatment weight)를 계산한 후, 이 가중치를 적용하여 처치효과를 계산해주는 방법을 취합니다. 본서에서는 복합설문 데이터 분석 맥락에서 ATT를 계산하기 위해 성향점수매칭 기법을 사용하였으며, ATE 계산을 위해서는 성향점수가중 기법을 사용하였습니다.

- 3단계: PSA 기법을 적용한 후 처치집단과 통제집단의 공변량 균형성을 점검합니다. 연속형 변수 형태의 공변량의 경우 표준화된 점수를 기준으로 두 집단 간 평균차이의 절댓값이 0.10을 넘지 않아야 하며, 두 집단의 분산비율은 0.5보다 크지만 2보다 작아야 한다고 일반적으로 권장됩니다. 안타깝게도 저희는 복합설문 데이터 대상 PSA 기법의 경우 확립된 형태의 공변량 균형성(covariate balance) 점검방법을 발견하지 못하였습니다. 따라서 본서에서는 공변량 균형성 점검방법에 대해 별도로 살펴보지 않았습니다.

- 4단계: 처치효과를 추정합니다. 일반적으로 ATT를 추정하는 것이 보통이지만, 연구목적에 따라 ATE(혹은 ATC)를 추정하기도 합니다. 복합설문 데이터 대상 PSA의 경우 ATT와 ATE를 '표본 ATT(SATT, sample ATT)', '표본 ATE(SATE, sample ATE)'와 '모집단 ATT(PATT, population ATT)', '모집단 ATE(PATE, population ATE)'로 구분합니다. 이름에서 어느 정도 드러나듯이 SATT/SATE와 PATT/PATE는 분석결과 해석 시 해석대상이 서로 다릅니다. 듀고프 등(DuGoff et al., 2014)에 따르면, SATT/SATE의 경우 복합설문 가중치를 부여하지 않으며 PATT/PATE의 경우 복합설문 가중치를

반드시 부여해야 합니다. 그러나 후속 연구들(Austin et al., 2018; Lenis et al., 2019)은 SATT/SATE 추정 시 가중치를 고려하지 않는 듀고프 등의 방식에 동의하지 않습니다. 이러한 이유로 본서에서는 처치효과를 추정할 때 복합설문 가중치를 반영하였습니다 (즉 듀고프 등의 용어를 빌자면 PATT/PATE를 계산하였습니다).

• 5단계 : PSA 기법으로 추정한 처치효과가 '누락변수 편향(omitted variable bias)'에 얼마나 취약할 수 있는지를 살펴보기 위해 민감도 분석을 실시합니다. 그러나 아쉽게도, 저희가 아는 한 복합설문 데이터 대상 PSA 기법 이후 민감도 분석을 어떻게 적용할 수 있는지에 대해서는 확립된 방법이 제시된 적이 없습니다. 이에 따라 본서에서는 복합설문 데이터 분석 상황에서 카네기·하라다·힐(Carnegie, Harada, & Hill, 2016)의 민감도 분석이나 로젠바움(Rosenbaum, 2015)의 민감도 분석 등을 시도하지 않았습니다.

2 복합설문 데이터 대상 성향점수분석 적용 시 논란사항

여기서는 PSA 기법을 복합설문 데이터에 적용하는 과정에서 학자들이 합의를 보지 못하는 사항들을 살펴보겠습니다. 복합설문 데이터 대상 PSA 기법 관련 문헌들에서는 앞서 소개한 성향점수를 추정하는 1단계와 처치효과를 추정하는 4단계에서 복합설문 가중치변수를 어떻게 사용해야 하는가를 둘러싸고 연구자 간 의견이 분분합니다. 선행연구들의 용어사용방법을 따라 본서에서는 1단계의 모형을 '성향점수 모형(propensity score model)'으로, 4단계의 모형을 '결과변수 모형(outcome model)'으로 통칭하겠습니다. 또한 본서에서는 어떤 학자의 제안이 옳은지에 대한 저희의 생각을 제시하지 않고, 논란이 되는 쟁점이 무엇이며 각각의 논리와 근거가 무엇인지 간단히 소개하겠습니다.

　　쟁점들을 소개하기에 앞서, 한 가지 확실하게 논란이 없는 점부터 다시금 강조하겠습니다. 복합설문 데이터에 PSA 기법을 적용하는 방법에 대하여 모든 학자들은 "복합설문 설계를 고려하지 않고 PSA 기법을 적용해서 얻은 처치효과는 편향된 추정결과일 가능성을 부정할 수 없다"는 점에 동의하고 있습니다. 즉 복합설문 데이터 대상 PSA를 어떻게 실시해야 하는가에 대한 논란이 있다고 해서 '복합설문 데이터에 통상적 PSA를 실시하는 것도 정당한 한 가지 방법이다'라고 오해하지 않아야 합니다.

첫 번째 쟁점은 '성향점수 모형을 추정할 때 복합설문 가중치(complex survey weight)를 어떻게 처리해야 하는가'를 둘러싼 문제입니다. 먼저 자누토(Zanutto, 2006)는 "성향점수 모형을 추정할 때 복합설문 가중치를 전혀 고려하지 않아도 된다"고 주장했습니다. 왜냐하면 성향점수를 추정하는 목적은 처치집단과 통제집단의 공변량 균형성을 달성하기 위한 것이지만, 복합설문 가중치의 목적은 통계치 혹은 모수의 대표성을 확보하기 위한 것이기 때문입니다. 반면 듀고프 등(DuGoff et al., 2014)은 성향점수 모형을 추정할 때 복합설문 가중치를 반영할 필요가 없다는 자누토의 주장에 동의하면서도, "복합설문 가중치를 공변량으로 간주하여 성향점수 모형에 예측변수로 투입해야 한다"고 주장합니다. 왜냐하면 복합설문 가중치는 층화표집 시 고려한 인구통계학적 변수들을 기반으로 생성된 변수이기 때문입니다. 이에 대해 리지웨이 등(Ridgeway et al., 2015)은 시뮬레이션 연구결과를 기반으로 "복합설문 가중치를 성향점수 모형에 예측변수로 투입하는 것보다 가중치 그 자체로 부여하는 것이 더 타당하다"고 주장하였습니다. 끝으로 레니스 등(Lenis et al., 2019)은 성향점수 모형 추정과정에서 복합설문 가중치를 어떻게 사용하는가에 대한 논란들을 종합하면서 "복합설문 가중치를 성향점수 추정과정에서의 예측변수로 고려하든지 가중치로 반영하든지 별 차이가 없으며, 중요한 것은 복합설문 가중치를 성향점수 추정과정에서 고려하는 것이다"라고 주장했습니다.

두 번째 쟁점은 '처치효과 추정을 위한 결과변수 모형을 추정할 때 복합설문 가중치를 어떻게 사용해야 하는가'의 문제입니다. 먼저 자누토(Zanutto, 2006)와 듀고프(DuGoff et al., 2014)는 "연구목적에 따라 결과변수 모형추정 시 복합설문 가중치를 부여할지 아니면 부여하지 않을지가 달라진다"라고 주장합니다. 자누토와 듀고프는 "만약 처치효과 추정결과를 모집단 전체로 확대·적용하고자 한다면, 다시 말해 PATT나 PATE를 추정하는 것이 목표라면, 결과변수 모형을 추정할 때도 복합설문 가중치를 반드시 부여해야 한다"고 주장합니다. 그리고 "만약 처치효과 추정이 표본으로 한정된다면, 다시 말해 SATT나 SATE를 추정하는 것이 목표라면, 결과변수 모형을 추정할 때 복합설문 가중치를 부여할 필요가 없다"고 주장합니다. 반면 리지웨이 등(Ridgeway et al., 2015)과 레니스 등(Lenis et al., 2019)은 "결과변수 모형을 추정할 때 반드시 복합설문 가중치를 부여해야 한다"고 주장하면서, 그 이유로 "복합설문 데이터는 군집표집이 적용되어 있기 때문에 연구목적이 SATT나 SATE라고 하더라도 군집 내부 사례들의 공유분산 문제를 반드시 조정해주어야 한다"고 말합니다.

　세 번째 쟁점은 '성향점수매칭 기법을 적용할 때 어떤 가중치를 사용해야 하는가'를 둘러싼 문제입니다. 먼저 자누토(Zanutto, 2006), 듀고프 등(DuGoff et al., 2014)은 성향점수매칭 기법을 적용할 때 어떤 가중치를 사용해야 하는가에 대한 뚜렷한 주장을 제시하지 않은 채, 복합설문 데이터의 개별 사례가 갖고 있는 복합설문 가중치를 그대로 사용하였습니다. 그러나 이후 오스틴 등(Austin et al., 2018)은 성향점수매칭 기법을 적용할 때 처치집단 사례와 매칭되는 통제집단 사례의 복합설문 가중치를 2가지 종류로 구분했습니다. 성향점수매칭을 실시하기 이전의 통제집단 사례에 원래 부여된 복합설문 가중치를 '자연적 가중치(natural weight)'로 구분하고, 성향점수매칭 실시 이후 처치집단 사례에 부여되었던 복합설문 가중치를 '계승된 가중치(inherited weight)'로 구분했습니다. 이들의 시뮬레이션 결과에서는 계승된 가중치를 사용하는 것보다 자연적 가중치를 사용하는 것이 추정결과 편향이 더 작은 것으로 드러났습니다. 그러나 레니스 등(Lenis et al., 2019)은 오스틴 등의 시뮬레이션 결과를 일반화하기 어려우며, "항목 무응답(item nonresponse) 등으로 인한 결측데이터 문제가 발생할 경우 자연적 가중치보다는 계승된 가중치를 사용하는 것이 더 낫다"고 주장하였습니다.

　끝으로 네 번째 쟁점은 '최종 가중치를 어떻게 적용해야 하는가'의 문제입니다. 우선 듀고프 등(DuGoff et al., 2014)은 성향점수매칭 기법을 사용할 경우에는 결과변수 모형을 추정할 때 복합설문 가중치만 적용하면 되고, 성향점수가중 기법을 사용할 경우에는 IPTW와 복합설문 가중치를 곱한 새로운 가중치를 생성하여 결과변수 모형 추정에 사용할 것을 제안하였습니다. 그러나 리지웨이 등(Ridgeway et al., 2015)은 성향점수가중 기법을 사용할 때 복합설문 가중치를 적용하여 IPTW를 계산하고, 이렇게 도출된 IPTW에 다시 복합설문 가중치를 곱하여 새로운 가중치를 생성한 후에 결과변수 모형추정에 사용할 것을 제안하였습니다.

　복합설문 데이터의 경우 어떤 방식의 PSA를 사용할 것인지에 대한 최종 판단은 독자께서 직접 내리시기 바랍니다. 여기서는 잠정적으로 다음의 2가지를 간단하게 실습할 예정입니다. 첫째, 듀고프 등(DuGoff et al., 2014)의 제안을 따라 성향점수 모형 추정 시 가중치를 예측변수로 투입한 후 성향점수매칭을 실시하고, 매칭된 복합설문 데이터를 대상으로 결과변수 모형을 추정할 때 복합설문 데이터 분석을 실시하는 방식으로 ATT를 계산하였습니다. 아울러 결과변수 모형을 추정할 때는 오스틴 등(Austin et al., 2018)의 제안을 따라 계승된 가중치를 사용하지 않고, 자연적 가중치를 적용하였습니다. 둘째, 리지웨이 등(Ridgeway et al., 2015)의 제안을 따라 성향점수 모형을 추정할 때 복합설문 가중치를 적용하여 IPTW를 추정한 후, IPTW와 복합설문 가중치의 곱을 최종 가중치로 생성하여 결과변수 모형 추정과정에 사용하는 방식으로 ATE를 계산하였습니다.

3 복합설문 성향점수매칭 기법

위에서 소개한 방식으로 예시데이터를 대상으로 ATT와 ATE를 추정해봅시다. 여기서 저희가 선택한 원인변수, 결과변수, 공변량은 다음과 같습니다(군집변수, 유층변수, 복합설문 가중치, 유한모집단수정지수 등의 경우 앞서 살펴본 복합설문 데이터 분석 과정과 동일합니다).

- **원인변수**: 고등학생이 배치된 학교가 남녀분리인지 아니면 남녀공학인지 여부(sch_sep)입니다. 남녀공학인 경우를 통제집단으로, 남녀분리인 경우를 처치집단으로 가정하였습니다.
- **결과변수**: 학생의 학업성취도(achieve)입니다.
- **공변량**: 성별(female), 학생의 사회경제적 지위(ses), 중고등학교 여부(sch_mdhg), 범불안장애(GAD, scale_gad), 운동횟수(exercise)를 공변량으로 설정하였습니다.

이제 예시데이터를 불러옵시다.

```
> # 패키지 구동
> library(tidyverse)  # 데이터 관리
> library(survey)      # 전통적 접근을 이용한 복합설문 분석
> library(srvyr)       # tidyverse 접근을 이용한 복합설문 분석
> library(MatchIt)     # 성향점수매칭
> # 데이터 불러오기
> dat <- haven::read_spss("kyrbs2020.sav")
> # 프로그래밍 편의를 위해 소문자로 전환
> names(dat) <- tolower(names(dat))
> # 분석대상 변수 사전처리 및 복합설문 설계 투입 변수 선별
```

```
> mydata <- dat %>%
+ mutate(
+   achieve=e_s_rcrd, #결과변수
+   sch_sep=ifelse(stype=="남녀공학",0,1), #원인변수: 남녀분리(T)/남녀공학(C)
+   female=ifelse(sex==1,0,1) %>% as.factor(), #성별
+   ses=e_ses,
+   sch_mdhg=as.factor(mh),
+   use_smart=ifelse(int_spwd==1&int_spwk==1,1,0) %>% as.factor(),
+   scale_gad=rowMeans(dat %>% select(starts_with("m_gad"))),
+   exercise=pa_tot-1
+ ) %>%
+ select(female:exercise,
+     cluster,strata,w,fpc)
```

PSA를 실시한 처치효과 추정결과와 비교하기 위해 공변량을 고려하지 않았을 경우의 일반적 데이터 분석 및 복합설문 데이터 분석을 실시해보겠습니다. 2가지 방식으로 추정한 처치효과는 다음과 같이 추정됩니다.

```
> #비교: 복합설문 설계 고려안함
> lm_naive <- lm(achieve~sch_sep,
+                mydata)
> confint(lm_naive)
                 2.5 %      97.5 %
(Intercept) 2.91233368  2.93628804
sch_sep     0.03507378  0.07645002
> #비교: 복합설문 설계 반영
> cs_design <- mydata %>%
+ as_survey_design(ids=cluster,
+                  strata=strata,
+                  weights=w,
+                  fpc=fpc)
> lm_cs <- svyglm(achieve~sch_sep,
+                 design=cs_design)
> confint(lm_cs)
                 2.5 %      97.5 %
(Intercept) 2.88821518  2.9350504
sch_sep     0.04302395  0.1230997
```

2가지 방식으로 추정한 처치효과의 95% 신뢰구간(CI)을 보면, 통상적인 통계적 유의도 수준에서 2가지 처치효과 모두 유의미한 결과임을 확인할 수 있습니다. 즉 남녀공학 학교에 다니는 학생에 비해 남녀분리 학교에 다니는 학생의 학업성취도가 통계적으로 유의미하게 높습니다.

이제 복합설문 데이터 대상 성향점수매칭 기법을 적용하여 ATT를 추정해봅시다. PSA에 가장 널리 사용되는 MatchIt 패키지의 matchit() 함수를 이용하여 1:1 최인접 사례(nearest neighbor) 그리디 매칭을 실시하였습니다. 이항 로지스틱 회귀모형을 사용하여 성향점수 모형을 추정하였으며, 성향점수는 확률값이 아닌 로짓값을 사용하였습니다. 또한 통제집단 사례가 중복되어 매칭되지 않도록 replace=FALSE를 적용하였습니다. MatchIt 패키지의 matchit() 함수에 대한 보다 자세한 설명은 졸저(백영민·박인서, 2021a)를 참조하시기 바랍니다. 여기까지 성향점수 모형을 추정하는 과정은 듀고프 등(DuGoff et al., 2014)의 제안을 따랐습니다.

```
> # ATT 추정: DuGoff et al. (2014)
> # ATT: 성향점수매칭 + 복합설문 데이터 분석
> library(MatchIt)
> set.seed(1234)
> m_out <- matchit(sch_sep~female+ses+sch_mdhg+scale_gad+exercise+w, #가중치를 예측변수로
+                  data=mydata,
+                  method="nearest",
+                  link="logit",
+                  replace=FALSE)
```

성향점수매칭 작업이 완료된 데이터를 match.data() 함수를 이용해 도출하면 다음과 같습니다.

```
> # 매칭된 데이터
> m_data <- match.data(m_out)
```

이제 결과변수 모형을 추정해봅시다. 위에서 얻은 매칭된 데이터를 대상으로 복합설문 설계변수들을 as_survey_design() 함수에 설정한 후 처치효과를 추정하는 과정은 다음과 같습니다.

```
> # 복합설문 설계 적용
> match_design_att <- m_data %>%
+   as_survey_design(ids=cluster,
+                     strata=strata,
+                     weights=w,
+                     fpc=fpc)
> # 처치효과 추정
> matchATT <- svyglm(achieve~sch_sep,
+                     design=match_design_att)
> confint(matchATT)
                   2.5 %        97.5 %
(Intercept)   2.98971720    3.04212772
sch_sep      -0.06278017    0.02032443
```

ATT 추정결과에서 알 수 있듯이 처치효과는 통계적으로 유의미하지 않습니다. 즉 복합설문 데이터 대상 성향점수매칭 기법을 적용하여 얻은 ATT 추정결과, 남녀분리 학교에 다니는 학생이 만약 남녀공학 학교에 다녔다고 하더라도 학업성취도에는 별다른 차이가 없을 것임을 알 수 있습니다.

4 복합설문 성향점수가중 기법

다음으로 성향점수가중 기법을 적용하여 ATE를 추정해봅시다. 앞서 밝혔듯 본서에서는 리지웨이 등(Ridgeway et al., 2015)의 제안을 따라 성향점수 모형을 추정할 때도 복합설문 설계를 반영하였으며, 이렇게 추정한 IPTW와 복합설문 가중치를 곱하여 새로운 가중치를 도출한 후 복합설문 설계를 반영한 ATE를 추정하였습니다. 먼저 성향점수 모형을 추정하는 과정은 다음과 같습니다.

```
> # ATE 추정: Ridgeway et al., (2015)
> # 성향점수가중 + 복합설문 데이터 분석
> # 성향점수 모형 추정
> psmodel <- svyglm(sch_sep~female+ses+sch_mdhg+scale_gad+exercise,
+                    design=cs_design,family=quasibinomial)
```

이제 성향점수를 추정한 후 그것을 이용해 IPTW를 계산하고, 이어서 IPTW와 복합설문 가중치를 곱해 ATE 추정을 위한 가중치를 계산해봅시다. 위에서 얻은 성향점수 모형을 기반으로 성향점수(psc), IPTW(iptw), ATE 추정을 위한 가중치(atewt)를 계산하는 과정은 다음과 같습니다.

```
> # IPTW, 최종 가중치 계산
> cs_design2 <- cs_design %>%
+  mutate(
+   psc=predict(psmodel, cs_design, type="response"),
+   iptw=ifelse(sch_sep==1,1/psc,1/(1-psc)), # IPTW
+   atewt=iptw*w # IPTW와 설문 가중치 통합
+  )
```

이렇게 해서 얻은 atewt를 다시 반영하여 복합설문 오브젝트를 생성한 후 처치효과를 추정한 결과는 다음과 같습니다.

```
> # 처치효과 추정
> cs_design_ate <- cs_design2$variables %>%
+  as_survey_design(ids=cluster,
+                   strata=strata,
+                   weights=atewt,
+                   fpc=fpc)
> PSW_ATE <- svyglm(achieve~sch_sep,
+                   design=cs_design_ate)
> confint(PSW_ATE)
                  2.5 %      97.5 %
(Intercept)   2.9210339   2.9688405
sch_sep      -0.0528965   0.0315017
```

ATE 추정결과에서 알 수 있듯이 처치효과는 통계적으로 유의미하지 않습니다. 즉 복합설문 데이터 대상 성향점수매칭 기법을 적용하여 얻은 ATE 추정결과, 대한민국의 학생이라면 남녀분리 학교에 배치되든 남녀공학 학교에 배치되든 학업성취도에 별 영향이 없을 것임을 알 수 있습니다.

이상의 4가지 방법으로 추정한 처치효과를 시각적으로 비교하면 다음과 같습니다. PSA 기법을 적용하여 얻은 ATT, ATE의 경우 처치효과가 나타나지 않으나, 공변량을 고려하지 않을 경우 복합설문 설계 고려 여부와 상관없이 처치효과가 통계적으로 유의미하게 나타나는 것을 확인할 수 있습니다.

```
> # 처치효과 비교
> myfig <- list("일반적 데이터 분석"=lm_naive,
+               "복합설문 데이터 분석"=lm_cs,
+               "복합설문 설계기반\n성향점수매칭"=matchATT,
+               "복합설문 설계기반\n성향점수가중"=PSW_ATE) %>%
+ map_df(~c(coef(.)[2],confint(.)[2,]),.id="method") %>%
+ mutate(method=fct_reorder(method,row_number()),
+        CS=ifelse(str_detect(method,"복합"),"고려함","고려안함"),
+        PS=ifelse(str_detect(method,"성향점수"),"실시함","실시안함"))
> myfig %>%
+ ggplot(aes(x=method,y=sch_sep,lty=PS,shape=CS))+
+ geom_point(size=4)+
+ geom_errorbar(aes(ymin=`2.5 %`,ymax=`97.5 %`),size=0.5,width=0.2)+
+ geom_hline(yintercept=0,lty=3)+
+ scale_linetype_manual(values=c(2,1))+
+ theme_classic()+
+ labs(x="\n분석방식",y="처치효과 평균 및 95% CI",
+      lty="성향점수분석",shape="복합설문 설계")
> ggsave("Figure_Part4_Ch9_1_compare_PSA_CS.png",width=15,height=13,units='cm')
```

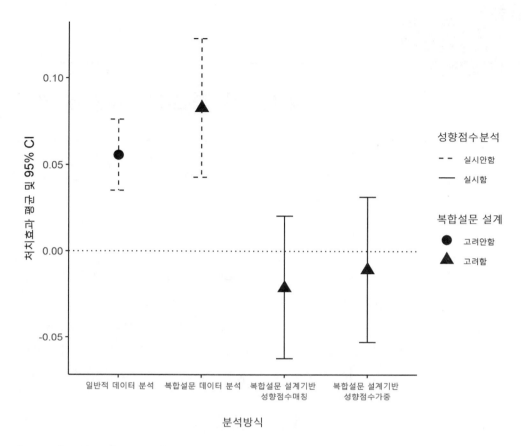

[그림 9-1] 복합설문 설계 및 성향점수 고려 여부에 따른 처치효과 추정치

9장에서는 복합설문 데이터를 대상으로 PSA 기법을 적용하는 방법을 간략하게 살펴보았습니다. 앞에서 언급했듯이 '복합설문 데이터에 대해 PSA를 실시하는 방법'에 대해서는 보편적으로 확립된 방법이 아직 없는 것으로 알고 있습니다. 아울러 PSA 진행과정에서 중요하게 여겨지는 공변량 균형성 점검이나 민감도 분석 방법 역시 아직은 없는 것으로 알고 있습니다. 독자들께서 이런 점에 유념하시길 다시금 강조하면서 이번 장을 마무리하겠습니다.

복합설문 결측데이터 분석

설문조사 연구자에게 문항 무응답(item nonresponse)으로 인한 결측데이터 문제는 일종의 숙명과도 같습니다. 사회적으로 민감한 이슈 혹은 응답자의 프라이버시 등과 같이 민감한 주제를 다루는 문항에 대해 적지 않은 응답자들이 '모르겠다(DK, don't know)' 혹은 '응답하고 싶지 않다(RF, refusal)'를 택합니다. 이외에도 설문조사 과정에서 피치 못할 사정(이를테면 기계적 문제로 인한 데이터 유실)이나 연구자와 연구보조원들의 실수로 인해 데이터의 일부가 결측되기도 합니다.

결측데이터 문제는 복합설문 데이터에서도 동일하게 나타납니다. 그러나 복합설문 결측데이터의 경우 대처하기가 매우 까다롭습니다. 본서를 준비하면서 일반 이용자 입장에서 복합설문 결측데이터 분석을 어떻게 진행하는 것이 좋을지 여러 가지로 조사하고 고민하였지만, 현단계에서 일반 이용자가 택할 수 있는 적절한 방법이 딱히 없을 것 같다는 결론을 조심스럽게 내릴 수밖에 없었습니다. 물론 복합설문 결측데이터 분석이 불가능한 것은 결코 아닙니다. 적지 않은 연구자들이 이미 복합설문 결측데이터 분석을 실시하는 기법들을 제안한 바 있으며, 이 중에는 일반 이용자가 선택할 수 있는 기법도 있습니다. 그러나 이렇게 제안된 다양한 기법들의 잠재적 문제점에 대한 반론들이 적지 않다는 점을 고려할 때, 일반 이용자가 이용할 수 있는 복합설문 결측데이터 분석기법을 실습을 통해 예시하기가 주저되었습니다.

독자께서는 이런 점을 염두에 두고 이번 장을 살펴보기 전에 다음 사항들을 확인해 주시길 바랍니다. 첫째, 다른 복합설문 데이터 분석기법들과 마찬가지로 복합설문 결측데이터 분석기법을 이해하기 위해서는 복합설문 설계를 고려하지 않은 통상적인 결측데이터 분석기법에 대한 사전지식이 필요합니다. 통상적인 결측데이터 분석기법에 대해서는 관련 교재들을 참고하시기 바랍니다(백영민·박인서, 2021b; Allison, 2002; Enders, 2010; Little & Rubin, 2020). 둘째, 어쩌면 일반 이용자가 비교적 쉽게 사용할 수 있는, 복합설문 결측데이터 분석기법 중 저희가 놓친 방법이 존재할지도 모릅니다. 특히 독자께서 본서를 접하는 시점은 저희가 본서를 집필하는 시점과 반년가량(혹은 그 이상) 시차가 존재할 텐데, 그동안 학계 전문가들이 인정하고 일반 이용자도 쉽게 활용할 수 있는 복합설문 결측데이터 분석기법이 제시되었을 수도 있습니다. 따라서 이번 장을 살펴보신 후 복합설문 결측데이터 분석기법을 소개한 다른 문헌이나 자료가 있는지 다시 한 번 스스로 찾아보시길 권합니다.

이번 장에서는 통상적 결측데이터 분석기법을 간략하게 설명한 후, 복합설문 결측데이터 분석과 관련된 선행연구들을 소개합니다. 그리고 복합설문 데이터 상황에서의 결측데이터 문제에 어떤 방식으로 대처하는 것이 좋을지 저희들의 의견을 간략히 밝혔습니다.

1 통상적 결측데이터 분석기법과 복합설문 설계

결측데이터에 대처하는 방법에는 여러 가지가 있습니다. 결측데이터 분석기법을 소개하는 모든 문헌들은 결측데이터가 왜 발생하는지, 즉 결측데이터 발생 메커니즘(missing data mechanism)을 MCAR, MAR, MNAR 3가지로 나누어 설명합니다. 먼저 MCAR은 '완전 무작위 결측발생(missing completely at random)'의 약칭으로, 결측값이 완전히 무작위로 생성된다고 가정합니다. 반면 MAR, 즉 '확률적 결측발생(missing at random)'에서는 관측된 다른 변수들의 수준에 따라 결측값 발생수준이 달라지며, 다른 변수들을 통제하면 특정 변수의 결측값 발생을 MCAR로 취급할 수 있다고 가정합니다. 끝으로 MNAR은 '비확률적 결측발생(missing not at random)'의 약칭으로, 특정 변수의 결측값 발생이 완전히 무작위로 발생하는 것은 아니며 다른 변수들의 수준과도 상관없다고 가정합니다. 각 가정에 대한 보다 자세한 설명은 결측데이터 분석기법을 소개하는 다른 문헌들을 참고하시기 바랍니다(백영민·박인서, 2021b; Allison, 2002; Enders, 2010; Little & Rubin, 2020).

일반적으로 가장 많이 사용되는 결측데이터 분석기법은 '리스트단위 결측제거(LWD, listwise deletion)'입니다. 쉽게 말해 모형을 구성하는 모든 변수에서 최소 하나 이상의 결측값이 발견되는 사례를 제거하는 결측데이터 분석기법입니다. 거의 대부분의 R 패키지 함수(상업용 통계 패키지들도 마찬가지입니다)에서는 LWD를 디폴트로 설정하고 있으며, 이는 survey 패키지나 srvyr 패키지의 복합설문 데이터 분석 함수[이를테면 svyglm() 함수]에서도 마찬가지입니다. 그러나 MAR 가정을 따르는 결측데이터에 대해 LWD를 적용하면 모수추정결과의 불편향성(unbiasedness)과 효율성(efficiency)이 감소하고, MCAR 가정을 따르는 결측데이터의 경우 모수추정결과의 불편향성에는 큰 차이가 없더라도 효율성이 감소하는 것으로 알려져 있습니다. 다른 통상적 결측데이터 기법들, 이를테면 '쌍별 결측제거(pairwise deletion)', '평균대체(mean substitution)', '회귀투입(regression imputation)', '확률적 회귀투입(stochastic regression imputation)' 등 역시 타당한 결측데이터 분석기법이라고 보기는 어렵습니다.

만약 복합설문 설계를 고려하지 않는다면, 현재까지 가장 널리 받아들여지는 결측데이터 분석기법은 최대우도(ML, maximum likelihood) 기법과 다중투입(MI, multiple imputation) 기법입니다. ML 기법은 결측데이터에 대해 '다변량 정규분포(multivariate normal distribution)'를 가정할 수 있을 때 '완전정보 최대우도(FIML, full information maximum likelihood)' 기법을 기반으로, 관측데이터 정보를 이용해 결측데이터를 추정합니다. 사회과학 분과에서 비교적 널리 사용되는 '구조방정식 모형(SEM)'을 추정할 수 있는 데이터 분석 패키지를 활용하면 ML 기법을 비교적 쉽게 사용할 수 있다는 장점이 있습니다. 하지만 결측데이터가 다변량 정규분포 가정에 부합하지 않을 경우(이를테면 범주형 변수)에는 ML 기법을 사용할 수 없습니다.

MI 기법은 관측데이터의 정보를 바탕으로 결측값을 다중투입한 후 이를 통합하는 방식으로 결측데이터에 대처합니다. 결측값을 다중투입하는 방법으로 가장 널리 활용되는 방법은 연쇄방정식 기반 다중투입(MICE, multivariate imputation by chained equations) 알고리즘을 활용하는 것이며, R의 경우 mice 패키지의 mice() 함수를 사용합니다. MICE 알고리즘을 적용할 때 결측데이터를 투입하는 방법으로는 예측평균매칭(PMM, predictive mean matching) 알고리즘을 활용하는데, PMM 알고리즘의 기본 아이디어는 '핫덱(hot deck)', 즉 결측값 사례와 유사한 실측값을 찾아 매칭(짝짓기)하는 것입니다. MI 기법은 다변량 정규분포를 가정하는 ML 기법과 달리, 다양한 분포를 갖는 데이터에 적용할 수 있다는 장점이 있습니다. 하지만 분석할 때마다 결측데이터 분석기법 결과가 달라지며 적정한 다중투입 횟수에 대한 판단이 연구자 혹은 데이터에 따라 제각 각일 수 있다는 점, 결측값을 추정·대체하는 투입모형과 연구자의 연구모형 간에 상동성 (congeniality)이 존재하지 않을 수 있다는 점, 그리고 무엇보다 분석에 소요되는 시간이 매우 길다는 단점이 있습니다.

이처럼 ML 기법과 MI 기법은 각각의 장단점이 있지만, 적어도 복합설문 설계가 적용 되지 않았다고 가정할 수 있다면 매우 적절한 결측데이터 분석방법이라는 점에 대해서는 별 논란이 없습니다. 그렇다면 ML 기법과 MI 기법을 복합설문 결측데이터 분석에 적용 할 수 있을까요?

결론부터 이야기하면, 두 기법 모두 복합설문 결측데이터 분석기법으로 사용하기 어 려운 지점들이 존재합니다. 앞서 말씀드렸듯이 ML 기법으로 결측데이터 분석을 실시하 기 위해서는 결측데이터 추정을 위해 FIML 추정치를 사용해야 합니다. 그런데 문제는 현 재 `lavaan.survey` 패키지(version 1.1.3.1)의 `lavaan.survey()` 함수는 FIML 추정치 를 지원하지 않는다는 점입니다. 이에 복합설문 결측데이터의 경우 ML 기법을 적용하기 가 어렵습니다.

MI 기법의 경우 결측데이터를 대체투입하기 위한 투입모형 추정과정에서 복합설문 설계변수, 특히 가중치변수를 고려해야 하는데, 이 과정이 일반 이용자에게는 쉽지 않다 고 생각합니다. 만약 연구자가 공개된 데이터에 대한 2차 분석을 시도하는데 공개된 데이 터의 결측데이터가 MI 기법으로 m회만큼 대체투입되어 추가로 공개되었다면, `survey` 패키지의 `with.svyimputationList()` 함수를 이용하여 어렵지 않게 복합설문 결측 데이터 분석을 할 수는 있습니다. MI 기법에 익숙하고 mice 패키지와 함께 `miceadds`, `mitools` 패키지들을 사용해보았다면 survey 패키지의 `with.svyimputationList()` 함수의 작동방식을 어렵지 않게 이해할 수 있을 것입니다. 그러나 공개된 데이터의 결측데 이터를 대상으로 일반 이용자가 MI 기법을 시도하기란 쉽지 않으며, 복합설문 설계와 복 합설문 결측데이터 분석 관련 지식이 부족해서 잘못할 가능성도 매우 높습니다. 이러한 점에서 김재광 등은 "공개된 데이터를 대상으로 다중투입(MI) 기법을 사용하는 것은 전 반적으로 권장하기 어렵다(MI is not generally recommended for public use data files)"라 는 결론을 내리기도 했습니다(Kim et al., 2006, p. 519).

그렇다면 복합설문 결측데이터에 대해 MI 기법을 적용하는 것은 왜 문제가 되며, 만약 발생하는 경우에는 어떻게 대처해야 할까요? 이를 알기 위해서는 복합설문 데이터에서 나타나는 결측데이터의 특성을 먼저 이해해야 합니다. 방금 설명한 MI 기법에서 가장 널리 활용되는 MICE 알고리즘의 PMM 알고리즘을 다시 한 번 떠올려봅시다. PMM 알고리즘에서는 결측값을 추정할 때 결측값 사례와 비슷한 조건들을 갖는 사례들의 실측값을 활용합니다. 흔히 결측값이 나타난 사례를 수혜사례(recipient)라고 부르고, 결측값에 대한 투입값을 제공할 수 있는 실측값 사례를 제공사례(donor)라고 부릅니다. 만약 복합설문 설계를 고려하지 않는다면, 그리고 결측값이 MAR 가정을 충분히 충족한다면, 제공사례의 실측값을 이용하여 수혜사례의 결측값을 대체할 것이라고 이론적으로 기대할 수 있습니다. 그러나 복합설문 설계를 고려할 경우에는 문제가 달라집니다. 왜냐하면 결측값이 MAR 가정을 충족한다고 하더라도, 군집표집을 적용하면서 발생하는 설계효과가 존재하기 때문입니다.

설명이 너무 추상적일 수 있으니 보다 구체적으로 예를 들어보겠습니다. 군집이 딱 하나만 존재하는 경우를 생각해봅시다. A학교에 다니는 학생인 '철수'에게서 나타난 결측값의 경우, A학교에 다니는 학생들 중 '철수'와 비슷한 조건을 갖는 학생에게서 관측된 실측값으로 어느 정도는 추정할 수 있습니다(이를테면 $m = 5$라면 '철수'와 비슷한 조건을 갖는 '영수', '민수', '경수', '동수', '희수'의 실측값으로 대체투입할 수 있습니다). 그러나 군집이 2개 존재하는 경우, 즉 첫 단계에서는 학교를 표집하고 두 번째 단계에서는 학생을 표집하는 군집표집을 적용했다고 가정해보죠. 만약 A학교에 다니는 학생인 '철수'에게서 나타난 결측값을 B학교에 다니는 철수와 비슷한 학생에게서 나타난 실측값으로 대체할 수 있을까요? 여기에 대한 판단은 A학교와 B학교의 차이를 어떻게 바라보는가, 다시 말해 연구자의 이론적 판단에 따라 달라질 수 있습니다. 만약 A학교와 B학교가 전혀 차이가 없다고 가정하고, 이러한 가정이 타당하다면 MI 기법을 사용해도 별문제가 없을지 모릅니다. 그러나 A학교와 B학교가 서로 다른 학교였다고 가정한다면(이를테면 A학교는 특수목적 고등학교인데 B학교는 일반 고등학교라고 가정함), A학교의 결측값을 B학교의 실측값으로 대체하는 것은 상당히 부적절할 가능성이 높습니다. 다시 말해 학생 개인 수준에서 MAR 가정이 타당하다고 하더라도, 학교별 고유한 특성을 고려하지 않을 경우 MI 기법에 기반한 결측데이터 분석결과는 편향에서 자유롭기 어렵습니다.

군집표집에서 나타나는 군집효과의 문제만 존재한다면 어쩌면 그다지 큰 문제가 아닐 수도 있습니다. 왜냐하면 이미 다층모형 기반 MI 기법이나 결합모형(JM, joint modeling)이 충분히 개발되어 있기 때문입니다. R의 경우 다층모형 기반 MI 기법으로는 pan 패키지(version 1.6)를, 다층모형 기반 결합모형 결측데이터 분석기법으로는 jomo 패키지(version 2.7-2)를 참고할 수 있습니다.[1] 만약 군집효과만 추가로 통제한 후 다층모형 기반 결측데이터 분석을 진행해도 충분한 독자께서는 pan 패키지나 jomo 패키지를 사용해보시기 바랍니다.

그러나 복합설문 데이터에는 군집변수 외에도 '가중치변수'를 반드시 고려해야 합니다. 군집효과에 복합설문 가중치를 추가로 고려하는 순간 문제는 매우 복잡해집니다. 예를 들어 군집효과를 통제하는 데 성공했다고 가정해봅시다. 앞의 사례에서 언급한 A학교의 '철수' 학생의 결측값을 B학교에 다니지만 '철수'와 비슷한 조건을 갖는 '영수'라는 학생의 실측값으로 대체할 수 있다고 하더라도, 두 학생의 복합설문 가중치는 다를 수 있습니다. 또한 복합설문 데이터를 대상으로 MI 기법을 적용할 때 복합설문 설계변수를 고려해야 하는지, 고려한다면 결측값에 대해 대체투입되는 실측값은 어떻게 조정해야 하는지 등 매우 복잡한 이슈들이 동시에 발생합니다.

⌐2 복합설문 결측데이터 분석기법들

끝으로 저희의 지식 범위에서 최근까지(2022년 4월 기준) 개발된 복합설문 결측데이터 분석기법에 대해 간략하게 소개하겠습니다.

---

[1] 이에 대해서는 그룬드 등(Grund et al., 2018)을 참조하시기 바랍니다. 그룬드 등은 결측데이터가 포함된 다층모형을 어떻게 추정할 것인지에 대해 시뮬레이션 결과를 기반으로 사회과학자, 보다 구체적으로 조직연구자(researchers for organizational study)들이 어떻게 다층모형 맥락에서 결측데이터 분석을 실시할 수 있는지 제시한 바 있습니다. 본문에 언급하였듯 그룬드 등은 pan 패키지와 jomo 패키지를 mice, miceadd, mitml 패키지들과 같이 사용하였습니다. 그러나 그룬드 등은 '조직에 배속된 개인'과 같은 형태의 다층모형 데이터 구조에서 나타나는 결측데이터를 설명할 뿐, 복합설문 설계를 고려하지 않았습니다. 즉 복합설문 데이터 분석의 가중치는 물론 표집단계별 가중치 역시 고려하지 않았다는 점에서 복합설문 데이터 분석과는 다소 거리가 멉니다.

1) 복합설문 설계변수를 추가 투입하는 통상적 MI 기법

일반 R 이용자도 사용할 수 있는 방법이기는 하지만, 잠재적 문제점들이 많은 방법으로 라이터 등(Reiter et al., 2006)이 제안한 MI 기법이 있습니다. 라이터 등은 시뮬레이션 연구를 기반으로 다음과 같은 3가지를 발견하였습니다.

- 첫째, 복합설문 설계변수와 연구자의 연구모형(substantive model)을 구성하는 변수 사이의 상관관계가 높을수록, 모수추정결과의 편향 가능성은 높아진다.
- 둘째, 복합설문 설계변수(군집변수, 층화변수, 가중치변수)를 투입모형(imputation model)에 투입하면 모수추정결과 편향의 가능성이 감소한다.
- 셋째, 복합설문 설계변수가 연구자의 연구모형을 구성하는 변수와 상관관계가 없는 경우, 모수의 테스트 통계치는 보다 보수적으로 추정된다. 즉 복합설문 설계변수가 연구모형과 별 관계가 없다고 하더라도, 제1종 오류의 가능성이 줄어든 통계치가 산출된다는 점에서 투입모형에 복합설문 설계변수를 고려하는 것은 적절하다.

라이터 등이 제안하는 복합설문 결측데이터 분석기법의 핵심은 두 번째와 관련된 내용입니다. 라이터 등은 2가지 방법으로 투입모형을 구성했습니다. 첫 번째는 복합설문 가중치변수와 함께 군집변수와 층화변수를 더미변수로 투입하는 고정효과 투입모형을 추정하는 방법입니다. 두 번째는 가중치변수를 고려하고 군집변수를 랜덤 효과항으로 투입한 다층모형을 투입모형으로 활용하는 방법입니다.

시뮬레이션 결과에 따르면 두 번째 다층모형으로 투입모형을 추정하는 것이 더 타당하지만, 첫 번째 고정효과 모형을 기반으로 투입모형을 추정해도 모수추정의 편향성 감소가 비슷하게 나타났습니다. 이에 라이터 등은 현실의 복합설문 데이터에서 나타난 결측값에 대하여 투입모형을 추정할 때 다층모형을 타당하게 구성하였는지 여부(model specification)를 확신하기 어렵다는 점, 공개된 복합설문 데이터에서는 응답자의 개인정보 보호와 같은 연구윤리 준수를 위해 복합설문 설계과정의 세부적 사항을 완전하게 공개하지 않는다는 점, 복합설문 다층모형을 추정하는 과정이 쉽지 않다는 점(8장 참조) 등을 고려한다면, 복합설문 설계변수들을 고정효과로 투입한 투입모형으로 다중투입을 실시해도 큰 무리가 없다고 제안하였습니다.

라이터 등이 제안한 첫 번째 방법(즉, 복합설문 설계변수를 투입모형에 고정효과로 반영한 투입모형)은 R mice 패키지에 익숙한 일반 이용자들이라면 그리 어렵지 않게 실행할 수 있다는 장점이 있습니다. 그러나 이 방법에는 잠재적 문제점들이 존재합니다. 우선 복합설문 설계변수와 투입모형에 사용되는 공변량이 서로 독립적이지 않을 가능성이 높습니다. 실제로 후속 연구들에 따르면 설계변수들을 투입모형에 투입하는 방식의 MI 기법으로는 편향제거가 어렵다고 합니다(Andridge & Little, 2009; Carpenter & Kenward, 2013). 이런 이유로 저희는 라이터 등이 제안한 복합설문 결측데이터 분석기법에 대한 별도의 실습사례를 제시하지 않았습니다.

2) 복합설문 다층모형 기반 다중투입 기법

두 번째로 생각해볼 수 있는 복합설문 결측데이터 분석기법은 카펜터와 켄워드(Carpenter & Kenward, 2013)가 제안한 방법으로, 복합설문 다층모형(MLM)을 기반으로 다중투입 (MI)을 실시하는 것입니다. 이때 군집표집이 진행되는 각 단계별 가중치를 활용하여 추정된 복합설문 다층모형을 기반으로 투입모형을 추정합니다. 복합설문 다층모형 추정방법에 대한 설명은 8장에서 제시한 바 있습니다.

복합설문 다층모형 기반 다중투입 기법은 그 자체로는 아무런 문제가 없습니다. 실제로 시뮬레이션 데이터와 실제 데이터를 대상으로 실시한 카펜터와 켄워드의 연구에 따르면, 복합설문 다층모형 기반 다중투입 기법이 LWD를 기반으로 실시한 복합설문 데이터 분석결과는 물론 앞서 소개한 라이터 등(Reiter et al., 2006)의 방법에 비해 훨씬 더 타당한 모형추정결과를 보여주었습니다.

그러나 이 방법에도 잠재적 문제점이 없는 것은 아닙니다. 우선 공개된 데이터의 경우 응답자의 프라이버시 보호를 위해 복합설문 설계과정이 완전하게 공개되지 않는다는 점에서 이론적으로 일정 정도의 편향이 발생한다는 점을 부정하기 어렵습니다. 또한 일반 이용자 관점에서 사용이 매우 불편하다는 점이 더 큰 문제입니다. 앞서 8장에서 언급했듯이 복합설문 다층모형 추정과정은 매우 복잡하며 더 많은 컴퓨팅 자원을 필요로 합니다. 무엇보다 표집단계별 가중치를 (재)계산하는 것이 결코 쉬운 일이 아닙니다. 게다가 일반 이용자 입장에서는 복합설문 다층모형 기반 MI 기법을 상대적으로 용이하게 적용할 수 있는 mice 패키지와 같은 패키지도 아직 개발되지 않은 상황입니다. 이런 점들을 고려할 때, 복합설문 다층모형 기반 MI 기법은 적어도 현시점에서는 일반 이용자가 사용하기 적합한 기법이라고 보기 어렵습니다.[2]

3) 응답성향 추정 후 새로운 층화변수 생성, 가중치 조정

세 번째로 생각해볼 수 있는 복합설문 결측데이터 분석기법은 응답자의 응답성향(propensity to respond)을 추정한 후 복합설문 설계변수와 추정된 응답성향 변수를 기반으로 무응답 편향조정을 위한 조정칸(adjustment cell)을 새로 설정하고, 가중치를 새롭게 도출하는 방식입니다. 앞서 복합설문 데이터를 설명하면서 층화변수를 토대로 어떻게 유층을 나누고 모집단의 하위집단과 유층의 비율을 기반으로 사후층화 가중치변수를 도출하는지를 이야기한 바 있습니다. 세 번째 방법은 여기에 복합설문 설계에 응답자의 응답성향을 바탕으로 추정한 변수를 추정한 후 이를 '새로운 설계변수로 추가'하는 방식입니다. 즉 응답자의 응답성향이 반영된 설계변수를 이용해 이 가중치를 활용하여 복합설문 결측데이터 분석을 실시합니다.

리틀과 바티바리안(Little & Vartivarian, 2003), 안드리지와 리틀(Andridge & Little, 2009)에 따르면, 응답성향을 새로운 층화변수로 복합설문 설계에 반영하는 방식이 복합설문 결측데이터를 대상으로 PMM 알고리즘을 사용한 MI 기법보다 더 효율적이라고 합니다. 왜냐하면 PMM 알고리즘과 같은 핫덱 방식의 경우 수혜사례(recipient)와 정확하게 동일한 제공사례(donor)를 찾는 것이 어려우므로, 결측값과 비교할 때 알고리즘 적용 과정에서 오차가 어느 정도 추가될 가능성이 높기 때문입니다. 물론 m회만큼 '다중투입(multiply impute)'을 하는 방식을 통해 이러한 오차가 어느 정도 상쇄될 수 있지만, 오차 상쇄는 제공사례의 규모(size of donors)가 작을 경우 기대하기 어렵습니다.

응답성향을 새로운 층화변수로 간주하는 방법은 이론적으로 명확할 수 있지만, 일반 이용자 입장에서 실제로 활용하기는 힘듭니다. 만약 결측값이 발생한 변수가 딱 하나만 존재하는 경우라면 상대적으로 간단한 방법으로 응답성향을 추정할 수 있을지도 모릅니다. 그러나 결측값은 보통 여러 변수에서 발견되며, 이러한 경우에 일반 이용자가 응답성

---

2 아울러 유셀(Yucel, 2017)은 시뮬레이션 데이터 분석을 기반으로 복합설문 다층모형 기반 MI 기법을 적용할 경우 MAR 가정이 어느 정도나 유효한지를 가늠하기 위하여 복합설문 결측데이터 상황에 맞는 민감도 분석을 추가로 실시하는 것을 제안합니다. 그러나 일반 이용자가 사용할 수 있는 복합설문 결측데이터에 대한 민감도 분석 패키지가 없다는 점에서 아직까지는 널리 활용되기 어렵다고 생각합니다.

향을 추정하는 것은 매우 어렵습니다. 이런 점에서 세 번째 기법 역시 일반 이용자가 활용하기에는 적절하다고 보기 어렵습니다.

4) 비모수접근방식을 기반으로 새로운 통합 모집단을 생성한 후 다중투입 기법을 적용

네 번째는 복합설문 데이터의 설계변수 관련 정보를 이용해 비모수접근방식(nonparametric approach)을 기반으로 복합설문 설계에서 자유로운 모집단을 새로 생성한 후, 이렇게 생성된 모집단 데이터를 대상으로 복합설문 데이터 분석을 실시하는 방법입니다. 구체적으로 비모수접근방식인 MI 기법을 적용하여 새롭게 통합 모집단을 생성하는 방법입니다. 즉 앞에서 소개한 복합설문 결측데이터 기법들이 복합설문의 설계변수를 어떻게 투입모형에 반영할 것인가에 초점을 맞추었다면, 이 방법은 결측데이터 처리방식(즉 MI)과 복합설문 설계를 분리하는 방식으로 결측데이터 문제에 접근하고 있습니다. 다시 말해, 복합설문 설계를 고려하지 않아도 되는 새로운 통합 모집단 데이터를 생성하는 방식으로 복합설문 결측데이터 분석을 실시합니다.

통상적 결측데이터 분석의 경우도 마찬가지지만 복합설문 결측데이터 분석에서도 결측값을 추정할 수 있는 보조변수(auxiliary variable) 활용은 매우 중요합니다. 예를 들어 학교-학생의 2단계로 진행되는 군집표집으로 데이터를 수집한 경우, 개인수준의 결측값은 물론 이를 추정할 수 있는 공변량 변수에도 군집효과가 발생합니다. 그러나 설문조사 과정에서 수집 가능한 학생수준의 변수와 달리, 학교수준의 변수는 복합설문 과정으로 충분히 확보하기 어려울 수 있습니다. 즉 1단계 표집단위인 학교와 관련된 정보들을 제공해줄 수 있는 다양한 정보를 결측데이터 분석 과정에 투입하면 훨씬 더 타당한 결측데이터 분석결과를 얻게 될 것입니다. 이와 관련하여 허 등(He et al., 2010)은 '변수-대-변수(variable-by-variable)' 관계를 토대로 하는 과거의 결측데이터 분석기법 범위를 넘어 이제는 '변수집단-대-변수집단[block(of variables)-by-block]'을 고려해야 한다고 주장합니다. 또한 동 등(Dong et al., 2014)은 복합설문 결측데이터 문제에 대처하기 위한 방법으로 통합 데이터 생성방법을 제안하였습니다.

조우 등(Zhou et al., 2016)이 제안한 2단계 복합설문 결측데이터 기법은 주목할 만합니다. 우선 첫 번째 단계에서는 '유한모집단 베이지안 부트스트랩 기법(FBPP, finite population Bayesian bootstrap method)'을 기반으로 복합설문 설계를 고려할 필요가 없도록 되돌립니다 (reversed). 다음으로 두 번째 단계에서는 모수통계 모형을 기반으로 통합 모집단(synthetic population)을 생성한 후 이를 대상으로 MI 기법을 실시합니다. 통합 모집단의 경우 가중치를 고려할 필요가 없다는 점에서 MI 기법을 실시하는 데 아무 문제가 없습니다. 조우 등이 제안한 이 방법은 매우 흥미로운 접근이라고 생각합니다. 그러나 이 방법 역시 일반 이용자 입장에서 쉽게 시도해보기 어렵다는 점에서 아직은 보편화되기 어려운 방법이라고 생각합니다.

지금까지 왜 통상적인 결측데이터 분석기법으로 복합설문 결측데이터 분석을 실시하기 어려운지, 그리고 복합설문 결측데이터 분석기법으로 언급되고 있는 방법들에는 어떤 것이 있으며, 일반 이용자 입장에서 활용하는 데 어떤 잠재적 문제점이 있는지 살펴보았습니다. 다시 말씀드리지만, 독자께서 본서를 접할 때는 일반 이용자들도 비교적 쉽게 접근하고 활용할 수 있는 복합설문 결측데이터 분석기법이 개발되었을 수도 있으니 주의 깊게 조사해보시길 권합니다.

5부
마무리

11장

복합설문 데이터 분석 시 고려사항

지금까지 층화표집과 군집표집 기법들을 활용하여 수집된 복합설문 데이터를 어떻게 분석하는지 대략 살펴보았습니다. 복합설문 데이터 분석의 핵심은 개념적으로 간단해 보이기도 합니다. 즉 데이터를 통해 모수를 추정하고 테스트 통계치를 산출할 때 복합설문 설계변수들을 고려하여 설계효과를 통제한다는 것이 바로 핵심입니다. 그러나 본서를 살펴본 독자들께서는 복합설문 설계를 반영한다는 것이 말처럼 그리 단순하지 않다는 점에 충분히 동의하실 것입니다.

본서에서는 R을 이용하여 공개된 복합설문 데이터를 2차 분석하고자 하는 일반 독자들을 대상으로 복합설문 설계와 관련된 기초적인 개념들을 설명하였습니다. 그리고 '제 16차 2020년 청소년건강행태조사' 데이터를 통해 어떻게 복합설문 데이터 분석을 진행하는지 소개하였습니다. 먼저 복합설문 데이터를 대상으로 기술통계분석이나 양변량 데이터 분석(카이제곱 테스트, 티-테스트, 피어슨 상관계수, 크론바흐의 알파 등), 다변량 데이터 분석[일반선형모형(GLM)과 같은 회귀모형]을 실시하는 경우를 소개하였고, 이후 사회과학에서 설문조사 데이터를 대상으로 실시하는 구조방정식 모형(SEM), 다층모형(MLM), 성향점수분석(PSA), 결측데이터 분석(missing data analysis) 등에 대해서도 간략하게 설명하였습니다.

복합설문 데이터 분석 시 고려해야 할 몇 가지 중요한 사항을 강조하면서 본서를 마무리하겠습니다.

- 첫째, 연구자가 데이터 분석을 통해 얻은 결과를 일반화할 모집단의 범위를 명확히 합니다. 1장에서 말씀드렸듯이 연구자가 상정하고 있는 표적모집단이 누구이며, 분석하려는 복합설문 데이터 표본과 어떤 관련을 맺고 있는지 명확하게 이해하고 밝혀야 합니다. 물론 복합설문 데이터의 일부 하위표본들을 선별한 후 하위모집단(subpopulation)으로 연구대상을 구체화할 수도 있습니다. 중요한 것은 연구자의 연구목적이 무엇인지를 연구자 스스로 명확하게 이해하고 독자들에게 투명하게 밝히는 것입니다.

- 둘째, 복합설문 데이터를 분석할 때, 특히 공개된 복합설문 데이터를 분석할 때 반드시 복합설문 설계를 이해한 후 설계변수가 무엇인지 명확하게 확인해야 합니다. 본서에서는 군집(cluster)변수, 층화(stratification)변수, 사후층화 가중치(post-stratification weight)변수, 유한모집단수정(FPC)지수의 4가지 설계변수를 분석에 고려하였습니다(물론 분석기법에 따라 유한모집단수정지수 변수는 고려대상에서 제외하기도 했습니다).

- 셋째, survey 패키지 혹은 srvyr 패키지에서 복합설문 설계 오브젝트를 지정할 때 복합설문 설계변수를 알맞게 지정했는지 확인해야 합니다. 복합설문 설계 오브젝트를 정확하게 지정한다면, 빈도분석이나 평균 및 표준편차 분석과 같은 기술통계분석, 변수와 변수의 관계를 테스트하는 일반적인 통계기법들을 추정하는 것이 그리 어렵지 않을 것입니다.

- 넷째, 만약 연구자의 필요에 따라 복합설문 데이터를 대상으로 구조방정식 모형, 다층모형, 성향점수분석, 결측데이터 분석과 같은 고급 분석기법을 적용하게 된다면, 먼저 복합설문 설계를 고려하지 않은 통상적인 데이터 상황에서 해당 기법들이 어떻게 활용되는지에 대해 충분히 학습하시기 바랍니다. 또한 이들 고급분석 기법을 복합설문 데이터에 적용하는 방법은 완전하게 합의되고 정착되지 않은 경우가 많으므로 본서의 내용을 넘어 독자께서 활동하고 있는 학문분과의 연구사례나 연구방식 제안 등을 충분히 조사해보시기 바랍니다. 이는 본서에 소개한 방법이라 하더라도 새롭게 문제점이 발견될 가능성이 있으며, 무엇보다 일반 이용자 입장에서 보다 쉽게 이용할 수 있는 R 패키지가 앞으로 개발될 수 있기 때문입니다.

최근 빅데이터(big data)가 강조되고 컴퓨팅 환경이 크게 개선되면서 복합설문 데이터와 다른 종류의 데이터를 융합하려는 시도들이 계속되고 있습니다. 아쉽게도 저희의 능력 부족으로 본서에서는 전통적인 방식의 복합설문 데이터 분석기법들을 설명하는 데 그쳤으며, 소지역 추정(SAE, small area estimation: Rao & Molina, 2015)을 비롯하여 복합설문 데이터 분석의 중요한 몇몇 영역을 다루지 못했습니다. 모쪼록 최근 이루어지고 있는 복합설문 데이터와 다른 데이터의 융합(data fusion), 이를 통한 새로운 연구분야(Chen et al., 2020; Yang et al., 2021)의 등장에 대해 이후 다른 지면을 통해 독자분들과 이야기 나눌 기회가 주어지길 바라면서 이만 본서를 마무리하겠습니다.

백영민 (2017). 《R를 이용한 사회과학데이터 분석: 구조방정식모형 분석》. 커뮤니케이션북스.

백영민 (2018a). 《R을 이용한 다층모형》. 한나래.

백영민 (2018b). 《R 기반 데이터과학: tidyverse 접근》. 한나래.

백영민 (2019). 《R 기반 제한적 종속변수 대상 회귀모형》. 한나래.

백영민·박인서 (2021a). 《R 기반 성향점수분석: 루빈 인과모형 기반 인과추론》. 한나래.

백영민·박인서 (2021b). 《R을 이용한 결측데이터 분석: 최대우도 및 다중투입 기법을 중심으로》. 한나래.

Allison, P. (2002). *Missing data*. Sage.

Andridge, R. R., & Little, R. J. (2009). The use of sample weights in hot deck imputation. *Journal of Official Statistics*, 25(1), 21–36.

Asparouhov, T. (2006). General multi-level modeling with sampling weights. *Communications in Statistics - Theory and Methods*, 35(3), 439–460. https://doi.org/10.1080/03610920500476598

Austin, P. C., Jembere, N., & Chiu, M. (2018). Propensity score matching and complex surveys. *Statistical Methods in Medical Research*, 27(4), 1240–1257. https://doi.org/10.1177/0962280216658920

Beaujean, A. A. (2014). Sample size determination for regression models using Monte Carlo methods in R. *Practical Assessment, Research, and Evaluation*, 19(1), 12.

Cai, T. (2013). Investigation of ways to handle sampling weights for multilevel model analyses. *Sociological Methodology*, 43(1), 178–219. https://doi.org/10.1177/0081175012460221

Carle, A. (2009). Fitting multilevel models in complex survey data with design weights: Recommendations. *BMC Medical Research Methodology*, 9, 9–49. https://doi.org/10.1186/1471-2288-9-49

Carnegie, N. B., Harada, M., & Hill, J. L. (2016). Assessing sensitivity to unmeasured confounding using a simulated potential confounder. *Journal of Research on Educational Effectiveness*, 9(3), 395–420.

Carpenter, J., & Kenward, M. (2013). *Multiple imputation and its application*. John Wiley & Sons.

Chen, S., Yang, S., & Kim, J. K. (2020). Nonparametric mass imputation for data integration. *Journal of Survey Statistics and Methodology*. https://doi.org/10.1093/jssam/smaa036

Desjardins, C. D., & Bulut, O. (2018). *Handbook of educational measurement and psychometrics using R*. CRC Press.

Dong, Q., Elliott, M. R., & Raghunathan, T. E. (2014). A nonparametric method to generate synthetic populations to adjust for complex sampling design features. *Survey Methodology*, 40(1), 29–46.

DuGoff, E. H., Schuler, M., & Stuart, E. A. (2014). Generalizing observational study results: Applying propensity score methods to complex surveys. *Health services research*, 49(1), 284–303. https://doi.org/10.1111/1475-6773.12090

Enders, C. K. (2010). *Applied missing data analysis*. Guilford press.

Finch, W. H., & French, B. F. (2015). *Latent variable modeling with R*. Routledge.

Finch, W. H., Bolin, J. E., & Kelley, K. (2014). *Multilevel modeling using R*. CRC Press. https://doi.org/10.1201/b17096

Graham, J. W., Olchowski, A. E., & Gilreath, T. D. (2007). How many imputations are really needed? Some practical clarifications of multiple imputation theory. *Prevention Science*, 8(3), 206–213. https://doi.org/10.1007/s11121-007-0070-9

Grund, S., Ludtke, O., & Robitzsch, A. (2018). Multiple imputation of missing data for multilevel models: Simulations and recommendations. *Organizational Research Methods*, 21(1), 111–149. https://doi.org/10.1177/1094428117703686

Guo, S., & Fraser, M. W. (2014). *Propensity score analysis: Statistical methods and applications*. Sage.

Hansen, M. H., Madow, W. G., & Tepping, B. J. (1983). An evaluation of model-dependent and probability-sampling inferences in sample surveys. *Journal of the American Statistical Association*, 78, 776–793.

He, Y. Zaslavsky, A. M., & Landrum, M. B. (2010). Multiple imputation in a large-scale complex survey: A practical guide. *Statistical Methods in Medical Research*, 19, 653–670. https://doi.org/10.1177/0962280208101273

Heeringa, S. G., West, B. T., & Berglund, P. A. (2017). *Applied survey data analysis*. CRC Press.

Jenkins, F. (2008). Multilevel analysis with informative weights. *Proceedings of the Joint Statistical Meeting, ASA Section on Survey Research Methods*, 2225–2233.

Judkins, D. R. (1990). Fay's method for variance estimation. *Journal of Official Statistics*, 6(3), 223–239.

Kim, J. K., Brick, J. M., Fuller, W., & Kalton, G. (2006). On the bias of the multiple-imputation variance estimator in survey sampling. *Journal of Royal Statistical Soceity*, 68(3), 509–521. https://doi.org/10.1111/j.1467-9868.2006.00546.x

Kish, L. (1965). *Survey sampling*. John Wiley & Sons.

Kish, L. (1995). Methods for design effects. *Journal of official Statistics*, 11(1), 55–77.

Kline, R. B. (2015). *Principles and practice of structural equation modeling (4th Ed.)*. Guilford Publications.

Kovačević, M. S., & Rai, S. N. (2003). A pseudo maximum likelihood approach to multilevel modelling of survey data. *Communications in Statistics-Theory and Methods*, 32(1), 103–121. https://doi.org/10.1081/STA-120017802

Krieger, A. M., & Pfeffermann, D. (1997). Testing of distribution functions from complex sample surveys. *Journal of Official Statistics*, 13(2), 123–142.

Lenis, D., Nguyen, T. Q., Dong, N., & Stuart, E. A. (2019). It's all about balance: Propensity score matching in the context of complex survey data. *Biostatistics*, 20(1), 147–163. https://doi.org/10.1093/biostatistics/kxx063

Little, R. J. (2004). To model or not to model? Competing modes of inference for finite population sampling. *Journal of the American Statistical Association*, 99, 546–556. https://doi.org/10.1198/016214504000000467

Little, R. J., & Rubin, D. B. (2020). *Statistical analysis with missing data*. John Wiley & Sons.

Little, R. J. & Vartivarian, S. (2003). On weighting the rates in non-response weights. *Statistics in Medicine*, 22, 1589–1599. https://doi.org/10.1002/sim.1513

Lohr, S. L. (2010). *Sampling: Design and analysis (2nd Ed.)*. Cengage Learning.

Lumley, T. (2011). *Complex surveys: A guide to analysis using R*. John Wiley & Sons.

Morgan, S. L., & Winship, C. (2015). *Counterfactuals and causal inference: Methods and principles for social research*. Cambridge University Press.

Muthén, B. O., & Muthén, L. K. (2021). *Mplus version 8 user's guide*. Muthén & Muthén.

Pfeffermann, D., Skinner, C. J., Holmes, D. J., Goldstein, H., & Rasbash, J. (1998). Weighting for unequal selection probabilities in multilevel models. *Journal of the Royal Statistical Society: Series B (Statistical Methodology)*, 60(1), 23–40. https://doi.org/10.1111/1467–9868.00106

Rabe–Hesketh, S., & Skrondal, A. (2006). Multilevel modelling of complex survey data. *Journal of the Royal Statistical Society: Series A (Statistics in Society)*, 169(4), 805–827.

Rao, J. N. K., & Molina, I. (2015). *Small area estimation (2nd Ed.)*. Wiley.

Raudenbush, S. W., & Bryk, A. S. (2002). *Hierarchical linear models: Applications and data analysis methods*. Sage.

Reiter, J. P., Raghunathan, T. E., & Kinney, S. K. (2006). The importance of modeling the sampling design in multiple imputation for missing data. *Survey Methodology*, 32(2), 143–150.

Ridgeway, G., Kovalchik, S. A., Griffin, B. A., & Kabeto, M. U. (2015). Propensity score analysis with survey weighted data. *Journal of Causal Inference*, 3(2), 237–249. https://doi.org/10.1515/jci–2014–0039

Rosenbaum, P. R. (2015). Two R packages for sensitivity analysis in observational studies. *Observational Studies*, 1(1), 1–17.

Rosenbaum, P. R. (2017). *Observation and experiment: An introduction to causal inference*. Harvard University Press. https://doi.org/10.4159/9780674982697

Rosenbaum, P. R., & Rubin, D. B. (1983). The central role of the propensity score in observational studies for causal effects. *Biometrika*, 70(1), 41–55.

Särndal, C. E., Swensson, B., & Wretman, J. (2003). *Model assisted survey sampling*. Springer.

Snijders, T. A., & Bosker, R. J. (2011). *Multilevel analysis: An introduction to basic and advanced multilevel modeling*. Sage.

Thomas, D. R., & Rao, J. N. K. (1987). Small-sample comparisons of level and power for simple goodness-of-fit statistics under cluster sampling. *Journal of the American Statistical Association*, 82(398), 630–636.

Valliant, R., & Dever, J. A. (2017). *Survey weights: A step-by-step guide to calculation.* STATA Press.

Van Buuren, S. (2018). *Flexible imputation of missing data.* CRC press.

Wickham, H., & Grolemund, G. (2017). *R for data sience.* O'Relly

Yang, S., Kim, J. K., & Hwang, Y. (2021). Integration of data from probability surveys and big found data for finite population inference using mass imputation., *Survey Methodology*, 47(1), 29–58.

Yee, T. W., & Wild, C. J. (1996). Vector generalized additive models. *Journal of the Royal Statistical Society: Series B (Methodological)*, 58(3), 481–493.

Yucel, R. (2017). Impact of the non-distinctness and non-ignorability on the inference by multiple imputation in multivariate multilevel data: a simulation assessment. *Journal of Statistical Computation and Simulation*, 87(9), 1813–1826. https://doi.org/10.1080/00949655.2017.1288233

Zanutto, E. (2006). A comparison of propensity score and linear regression analysis of complex survey data. *Journal of Data Science*, 4(1), 67–91.

Zhou, H., Elliott, M. R., & Raghunathan, T. E. (2016). A two-step semiparametric method to accommodate sampling weights in multiple imputation. *Biometrics*, 72(1), 242–252. https://doi.org/10.1111/biom.12413

주제어 찾아보기